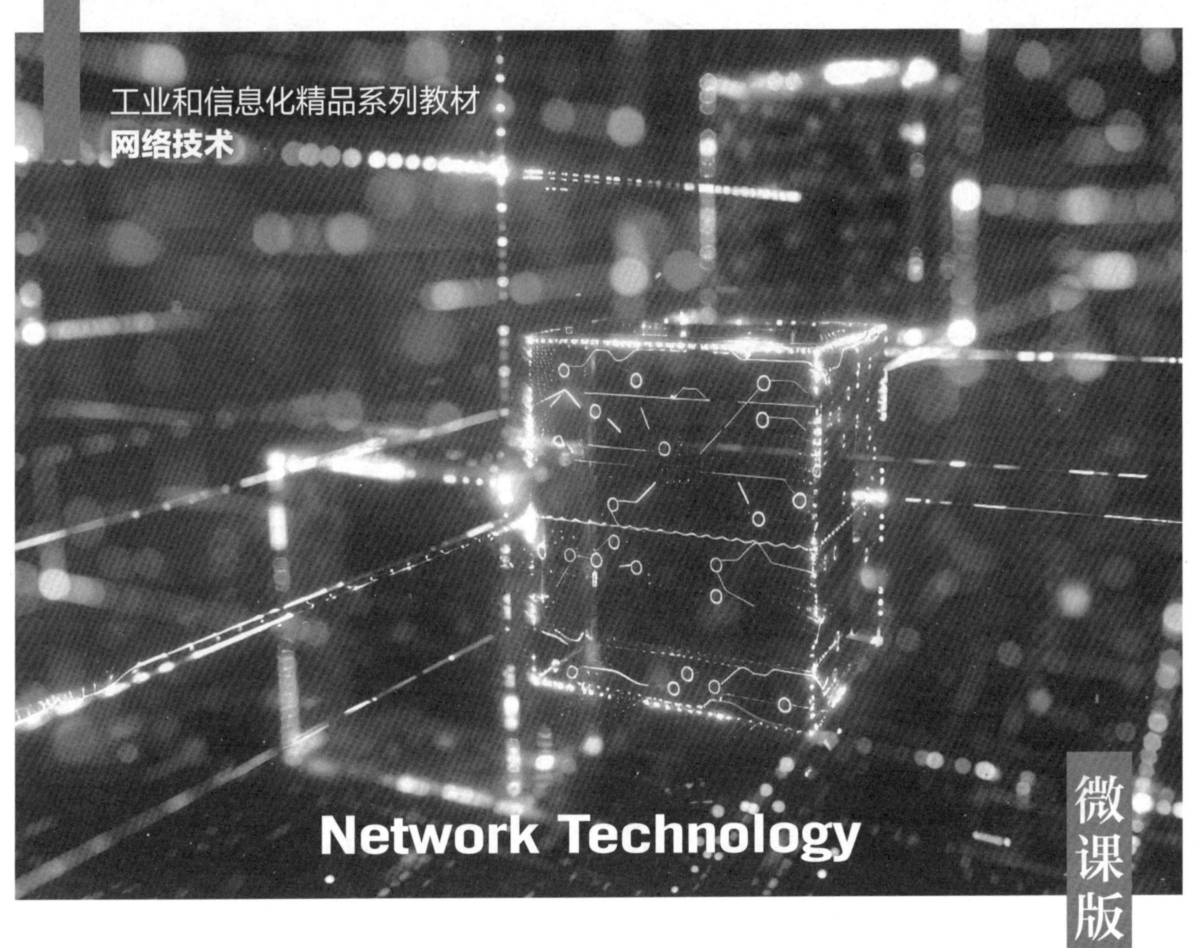

微课版

Linux 网络操作系统实用教程（CentOS 8）（第2版）

崔升广 ◉ 主编
崔凯 王智学 ◉ 副主编

人 民 邮 电 出 版 社
北 京

图书在版编目（CIP）数据

Linux 网络操作系统实用教程 : CentOS 8 : 微课版 / 崔升广主编. -- 2 版. -- 北京 : 人民邮电出版社, 2024. -- (工业和信息化精品系列教材). -- ISBN 978-7-115-65119-8

Ⅰ. TP316.85

中国国家版本馆 CIP 数据核字第 2024R395F3 号

内 容 提 要

本书以目前广泛使用的 CentOS 8 为例，由浅入深、全面系统地讲解 Linux 操作系统的基本概念和常用网络服务配置。本书共 8 章，包括认识与安装 Linux 操作系统、Linux 基本操作命令、用户组群与文件目录权限管理、磁盘配置与管理、网络配置与管理、软件包管理、Shell 编程基础、常用服务器配置与管理。

本书既可作为高校计算机相关专业的教材，也可作为广大计算机爱好者自学 Linux 操作系统的辅导书，还可作为网络管理员的参考书。

♦ 主　　编　崔升广
　副 主 编　崔　凯　王智学
　责任编辑　郭　雯
　责任印制　王　郁　焦志炜

♦ 人民邮电出版社出版发行　　北京市丰台区成寿寺路 11 号
　邮编　100164　　电子邮件　315@ptpress.com.cn
　网址　https://www.ptpress.com.cn
　北京市鑫霸印务有限公司印刷

♦ 开本：787×1092　1/16
　印张：16.25　　　　　　2024 年 11 月第 2 版
　字数：481 千字　　　　　2024 年 11 月北京第 1 次印刷

定价：59.80 元

读者服务热线：(010)81055256　印装质量热线：(010)81055316

反盗版热线：(010)81055315

广告经营许可证：京东市监广登字 20170147 号

前　言

Linux 操作系统自诞生以来为 IT 行业做出了巨大的贡献。随着虚拟化、云计算、大数据和人工智能等技术的发展，Linux 操作系统更是飞速发展。Linux 操作系统具有稳定性、安全性和开源性等特性，已成为中小型企业搭建网络服务的首选，占据整个服务器行业的半壁江山。本书以培养学生在 Linux 操作系统中的实际应用技能为目标，以 CentOS 8 为平台，详细介绍在虚拟机上安装 CentOS 8 的方法，讲解常用的 Linux 操作命令及 Vim 编辑器的使用方法；通过具体配置案例，讲解常用网络服务器的配置与管理方法，包括 Samba 服务器、FTP 服务器、DHCP 服务器、DNS 服务器、Apache 服务器。为了适应时代发展，编者在本书编写过程中融入党的二十大精神等思政元素，遵循网络工程师职业素养养成和专业技能提升的规律，突出职业能力、职业素养、工匠精神和质量意识培育。

本书融入了编者丰富的教学经验和多位长期从事 Linux 操作系统运维工作的资深工程师的实践经验，从 Linux 操作系统初学者的视角出发，由浅入深地介绍 Linux 操作系统的相关知识及配置实例，是培养应用型人才的教学与训练教材。本书以实际项目转化的案例为主线。读者在学习本书的过程中，不仅可以完成基础技术的学习，还能够进行实际项目的开发与实现。

本书配有课程标准、教学大纲、微课视频、PPT、教案、实训指导书、试题库、课后习题及答案等丰富的数字教学资源，读者可登录人邮教育社区（www.ryjiaoyu.com）下载和使用本书相关资源。作为教学用书时，本书的参考学时为 90 学时，各章参考学时如下。

章	学时
第 1 章　认识与安装 Linux 操作系统	8
第 2 章　Linux 基本操作命令	12
第 3 章　用户组群与文件目录权限管理	12
第 4 章　磁盘配置与管理	10
第 5 章　网络配置与管理	8
第 6 章　软件包管理	12
第 7 章　Shell 编程基础	12
第 8 章　常用服务器配置与管理	16
学时总计	90

本书由崔升广任主编，崔凯、王智学任副主编。崔升广编写第 1～7 章，崔凯、王智学编写第 8 章，崔升广负责全书的统稿。

由于编者水平有限，书中难免存在不足之处，殷切希望广大读者批评指正，编者将不胜感激。联系方式为人邮教师服务 QQ 群（群号：837556986）。

编　者

2024 年 3 月

目 录

第4章

第5章

第1章 认识与安装Linux操作系统

回顾 Linux 的历史，可以说它是“踩着巨人的肩膀”逐步发展起来的，Linux 在很大程度上借鉴了 UNIX 操作系统的成功经验，继承并发展了 UNIX 的优良传统。由于 Linux 具有开源的特性，因此一经推出，便得到了广大操作系统开发爱好者的积极响应和支持，这也是 Linux 得以迅速发展的关键因素之一。本章主要讲解 Linux 的发展历史，Linux 的版本，Linux 的特性，Linux 操作系统的安装方法，登录、注销、退出 Linux 操作系统的方法等基本操作，以及系统克隆与快照管理，同时讲解远程连接管理 Linux 操作系统的方法。

【教学目标】

① 了解 Linux 的发展历史。
② 掌握 Linux 操作系统及 VMware Workstation 虚拟机的安装方法。
③ 掌握登录、注销、退出 Linux 操作系统的方法。
④ 掌握系统克隆与快照管理的方法。
⑤ 掌握 SecureCRT 与 SecureFX 远程连接管理 Linux 操作系统的方法。

【素质目标】

① 强调 Linux 作为开源技术代表的创新价值，鼓励学生积极探索、勇于尝试新技术，并能够在实践中创新。
② 讲解 Linux 遵循 GPL 等开源许可协议的重要性，使学生理解尊重知识产权和遵守相关法律法规的意义。
③ 引导学生培养精益求精的工作态度和敬业精神。

1.1 Linux 概述

Linux 操作系统是一种类 UNIX 操作系统。Linux 操作系统来源于 UNIX，是 UNIX 在计算机上的完整实现。UNIX 操作系统是一种主流、经典的操作系统，UNIX 操作系统是 1969 年由肯・汤普森（Ken Thompson）工程师在美国贝尔实验室开发的。1973 年，肯・汤普森与丹尼斯・里奇（Dennis Ritchie）一起用 C 语言重写了 UNIX 操作系统，大幅增强了其可移植性。由于 UNIX 具有良好且稳定的性能，因此在计算机领域中得到了广泛应用。

1.1.1 Linux 的发展历史

美国电话电报公司由于政策改变，在 Version 7 UNIX 推出之后，发布了新的使用条款，将 UNIX 源代码私有化，在大学中不能使用 UNIX 源代码。1987 年，荷兰的阿姆斯特丹自由大学计算机科学系的安德鲁・塔嫩鲍姆（Andrew Tanenbaum）教授为了能在课堂上教授学生操作系统运行的实务细节，决定在不使用任何美国电话电报公司的 UNIX 源代码的前提下，自行开发与 UNIX 兼容的操作系统，以避免版权上的争议。他将开发的操作系统命名为MINIX，意为小型UNIX（mini-UNIX）。MINIX是一种基于微内核架构的类UNIX操作系统，除了启动的部分用汇编语言编写外，其他大部分是用C语言编写的，其内核系统分为内核、内存管理及文件管理3部分。

MINIX最有名的用户是芬兰人莱纳斯·托瓦尔兹（Linus Torvalds），他在芬兰的赫尔辛基大学用MINIX操作系统搭建了一种新的、内核与MINIX兼容的操作系统。1991年10月5日，莱纳斯在一台FTP服务器上发布了这个消息，将此操作系统命名为Linux。在设计原理上，Linux和MINIX大相径庭，MINIX在内核设计上采用了微内核，但Linux和原始的UNIX相同，都采用了宏内核的设计。

V1.1　Linux的发展历史

Linux操作系统增加了很多功能，被完善并发布到互联网中，所有人都可以免费下载、使用它的源代码。Linux的早期版本并没有考虑用户的使用，只提供了核心的框架，使得Linux编程人员可以享受编制内核的乐趣，这也使得Linux操作系统内核十分强大与稳定。随着互联网的发展与兴起，Linux操作系统迅速发展，许多优秀的程序员都加入了Linux操作系统的编写行列之中。随着编程人员的扩充和完整的操作系统基本软件的出现，Linux操作系统开发人员认识到Linux已经逐渐变成一个成熟的操作系统平台。1994年3月，其内核1.0推出，这标志着Linux第一个版本的诞生。

Linux一开始要求所有的源代码必须公开，且任何人不得从Linux交易中获利。然而，这种纯粹的自由软件的设想对于Linux的普及和发展是不利的，于是Linux开始转向通用公共许可证（General Public License，GPL）项目，成为GNU（GNU's Not UNIX）阵营中的主要一员。GNU项目是由理查德·斯托曼（Richard Stallman）于1983年提出的，他建立了自由软件基金会，并提出GNU项目的目的是开发一种完全自由的、与UNIX类似但功能更强大的操作系统，以便为所有计算机用户提供一种功能齐全、性能良好的基本系统。

Linux凭借优秀的设计、不凡的性能，加上IBM、Intel、CA、Core、Oracle等国际知名企业的大力支持，市场份额逐步扩大，逐渐成为主流操作系统之一。

1.1.2　Linux的版本

Linux操作系统的标志是一只可爱的小企鹅，如图1.1所示。它寓意着开放和自由，这也是Linux操作系统的精髓。

Linux是一种诞生于网络、成长于网络且成熟于网络的操作系统。Linux操作系统具有开源的特性，是基于Copyleft（无版权）的软件模式进行发布的。Copyleft是与Copyright（版权所有）相对立的名称，这造就了Linux操作系统发行版本多样的格局。目前，Linux操作系统已经有超过300个发行版本，被普遍使用的有以下几个。

图1.1　Linux操作系统的标志

1. Red Hat Enterprise Linux

Red Hat Enterprise Linux（红帽企业Linux）是现在著名的Linux版本，有越来越多的用户在使用。2022年5月18日，红帽（Red Hat）公司宣布推出RHEL 9（红帽企业Linux 9），这是世界领先的企业Linux操作系统的最新版本。RHEL 9为混合云创新提供了更灵活、更稳定的基础，并为跨物理、虚拟化、私有云、公有云、边缘部署、应用程序和工作负载部署提供了更快、更一致的体验。

V1.2　Linux的版本

2. CentOS

CentOS（Community Enterprise Operating System，社区企业操作系统）是Linux的发行版之一，它基于Red Hat Enterprise Linux，是依照开放源代码规定释出的源代码所编译而成的。由于CentOS和Red Hat Enterprise Linux参照的是同样的源代码，因此有些要求稳定性强的服务器以 CentOS 代替 Red Hat Enterprise Linux 使用。两者的不同之处在于，CentOS 不包含封闭源代码软件。

CentOS 完全免费，不存在 Red Hat Enterprise Linux 需要序列号的问题，CentOS 拥有的 yum 命令支持在线升级，可以即时更新系统，不像 Red Hat Enterprise Linux 那样需要购买支持服务；CentOS 修补了许多 Red Hat Enterprise Linux 的漏洞；CentOS 在大规模的系统下也能够发挥很好的性能，能够提供可靠、稳定的运行环境。

3. Fedora

Fedora 是由社区支持的 Fedora 项目组开发并由红帽公司赞助的 Linux 发行版。Fedora 包含各种免费和在开源许可下分发的软件。Fedora 是基于 Red Hat Enterprise Linux 的上游源码发展起来的商业化发行版。作为一种开放、创新且具有前瞻性的操作系统，Fedora 鼓励任何人自由地使用、修改及重新发布其内容。它由一个强大而活跃的社区驱动，该社区致力于不断推进技术边界。现在乃至未来，Fedora 社区成员将通过持续的努力，确保提供并维护自由开放源代码的软件及支持开放标准的环境。

4. Mandrake

Mandrake 由一个推崇 Linux 的小组于 1998 年创立，它的目标是尽量让工作变得更简单。Mandrake 提供了一个优秀的图形用户界面，它的最新版本中包含许多 Linux 软件包。

作为 Red Hat Enterprise Linux 的一个分支，Mandrake 被定位为桌面市场的最佳 Linux 版本。它支持服务器上的安装，且效果还不错。Mandrake 的安装非常简单，为初级用户设置了简单的安装选项，还为磁盘分区制作了一个适合各类用户的简单的图形用户界面。其中，Linux 软件包的选择流程非常标准，安装软件时还提供对软件组和单个工具包的选项。在 Mandrake 安装完毕后，用户只需重启系统并登录。

5. Debian

Debian 诞生于 1993 年 8 月 13 日，它的目标是提供一个稳定容错的 Linux 版本。支持 Debian 的不是某家公司，而是许多在其改进过程中投入了大量时间的开发人员，这种改进吸取了早期 Linux 的开发经验。

Debian 以其稳定性著称，虽然它的早期版本 Slink 有一些问题，但是它的现有版本 Potato 已经相当稳定了。Potato 版本更多地使用了可插拔认证模块（Pluggable Authentication Module，PAM），综合了一些更易于处理的、需要认证的软件（如 Winbind for Samba）。

6. Ubuntu

Ubuntu 是一种以桌面应用为主的 Linux 操作系统，其名称来自非洲南部祖鲁语或豪萨语的“ubuntu”（可译为乌班图）一词，意思是“人性”“我的存在是因为大家的存在”，是非洲传统的一种价值观，类似于我国的“仁爱”思想。Ubuntu 基于 Debian 发行版和 Unity 桌面环境，与 Debian 的不同之处在于，其每 6 个月会发布一个新版本。Ubuntu 的目标是为一般用户提供一种最新的、相当稳定的、主要由自由软件构建而成的操作系统。Ubuntu 具有庞大的社区力量，用户可以方便地从社区获得帮助。随着云计算的流行，Ubuntu 推出了一种云计算环境搭建的解决方案，可以在其官方网站找到相关信息。

1.1.3 Linux 的特性

Linux 操作系统是目前发展较快的操作系统，这与 Linux 具有的良好特性是分不开的。它包含 UNIX 的全部功能和特性。Linux 操作系统作为一种免费、自由、开放的操作系统，发展势不可当，它高效、安全、稳定，支持多种硬件平台，用户界面友好，网络功能强大，支持多任务、多用户。

（1）开放性。Linux 操作系统遵循世界标准规范，特别是遵循开放系统互连（Open System Interconnection，OSI）国际标准，可方便地实现互连。另外，源代码开放的 Linux 是免费的，这使 Linux 的获得非常方便。用户能控制源代码，即按照需求对部件进行配置，以及自主设定系统的安全参数等。

V1.3 Linux 的特性

（2）多用户。Linux 操作系统资源可以被不同用户使用，每个用户都对自己的资源（如文件、设备）有特定的权限，互相不影响。

（3）多任务。使用 Linux 操作系统的计算机可同时执行多个程序，而各个程序的运行互相独立。

（4）良好的用户界面。Linux 操作系统为用户提供了图形用户界面。它利用鼠标、菜单、窗口、滚动条等元素，给用户呈现一个直观、易操作、交互性强、友好的图形用户界面。

（5）设备独立性强。Linux 操作系统将所有外部设备统一当作文件，只要安装它们的驱动程序，任何用户都可以像使用文件一样操作、使用这些设备，而不必知道它们的具体存在形式。Linux 是具有设备独立性的操作系统，它的内核具有高度适应能力。

（6）提供丰富的网络功能。Linux 操作系统是在 Internet 基础上产生并发展起来的，因此，完善的内置网络是 Linux 的一大特点，Linux 操作系统支持 Internet 访问、文件传输和远程访问等操作。

（7）可靠、安全。Linux 操作系统采取了许多安全技术措施，包括读写控制、子系统保护、审计跟踪、核心授权等，这为网络多用户环境中的用户提供了必要的安全保障。

（8）良好的可移植性。Linux 是一种可移植的操作系统，能够在微型计算机到大型计算机的任何环境和任何平台上运行。Linux 操作系统从一个平台转移到另一个平台时仍然能用其自身的方式运行。

（9）支持多文件系统。Linux 操作系统可以把许多不同的文件系统以挂载形式连接到本地主机上，包括 Ext2/3、FAT32、NTFS、OS/2 等文件系统，以及网络中其他计算机共享的文件系统等，是数据备份、同步的良好平台。

1.2 Linux 操作系统的安装方法

在学习 Linux 操作系统的过程中必定要进行大量的实验操作，而完成这些实验操作最方便的方式就是借助虚拟机（Virtual Machine）。虚拟机是指通过软件模拟的、具有完整硬件系统功能的、运行在一个完全隔离环境中的完整计算机系统。使用虚拟机，一方面，可以很方便地搭建各种实验环境；另一方面，可以很好地保护真机，尤其是在完成诸如磁盘分区、安装系统的操作时，对真机没有任何影响。

虚拟机软件有很多，本书选用了 VMware Workstation。VMware Workstation 是一款功能强大的桌面虚拟机软件，其可在单一桌面上同时运行不同的操作系统，并完成开发、调试、部署等操作。

1.2.1 虚拟机的安装

1. VMware Workstation

通过 VMware Workstation，用户可以在一台物理计算机上模拟一台或多台虚拟的计算机，这些虚拟机可以完全像真正的计算机那样进行工作，例如，用户可以在虚拟机上安装操作系统、安装应用程序、访问网络资源等。对于用户而言，VMware Workstation 只是运行在用户物理计算机上的一个应用程序，但是对于在 VMware Workstation 中运行的应用程序而言，它就是一台真正的计算机。VMware Workstation 可以在计算机平台和终端用户之间建立一种环境，而终端用户是基于建立的环境来操作软件的。在计算机科学中，虚拟机是指可以像真实计算机一样运行程序的计算机的软件实现。因此，当在虚拟机中进行软件测试时，系统同样可能会崩溃，但是崩溃的只是虚拟机中的操作系统，而不是物理计算机中的操作系统，且使用虚拟机的“Undo”（复原）功能后，可以马上使虚拟机恢复到安装软件之前的状态。

2. VMware Workstation 的安装

（1）下载 VMware-workstation-full-17.0.0-20800274 软件安装包，双击该安装包，进入“欢迎使用 VMware Workstation Pro 安装向导”界面，如图 1.2 所示。

（2）单击“下一步”按钮，进入“最终用户许可协议”界面，勾选“我接受许可协议中的条款”复选框，如图 1.3 所示。

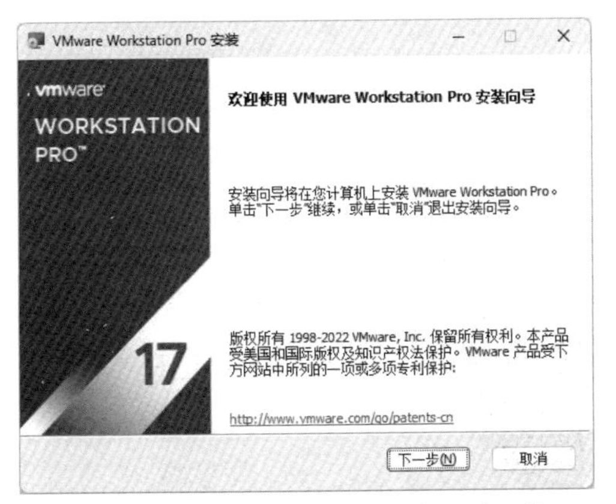

图 1.2 “欢迎使用 VMware Workstation Pro 安装向导”界面

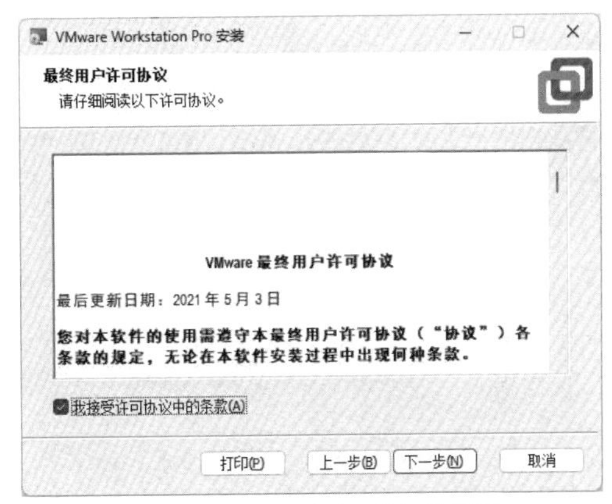

图 1.3 “最终用户许可协议”界面

（3）单击“下一步”按钮，进入“自定义安装”界面，如图 1.4 所示。

（4）保留默认设置，单击“下一步”按钮，进入“用户体验设置”界面，勾选此界面中的复选框，如图 1.5 所示。

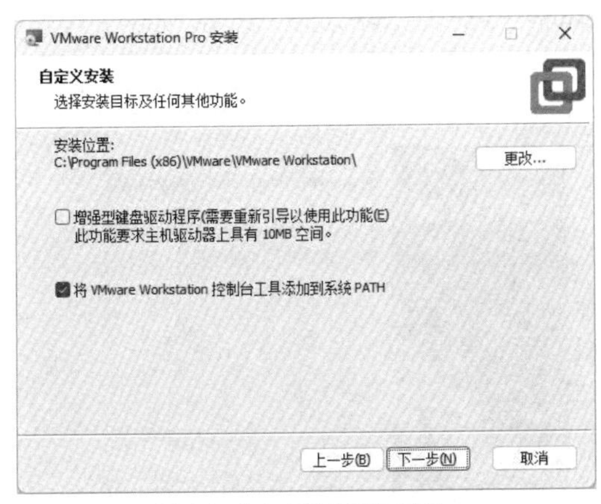
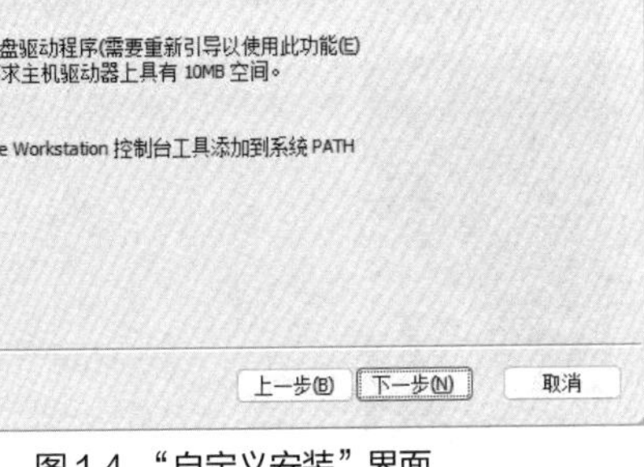

图 1.4 “自定义安装”界面

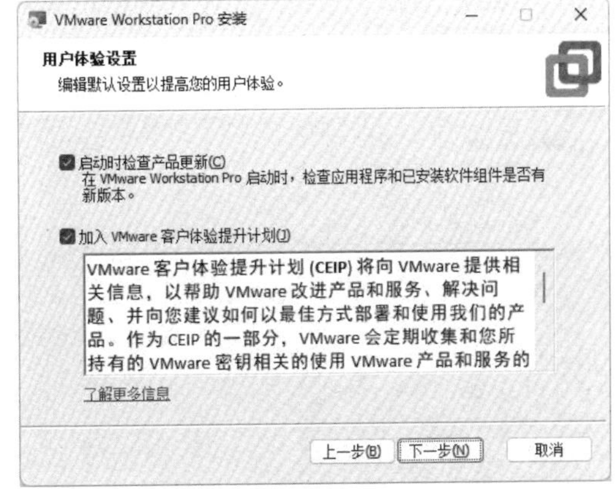

图 1.5 “用户体验设置”界面

（5）单击“下一步”按钮，进入“快捷方式”界面，勾选此界面中的复选框，如图 1.6 所示。

（6）单击“下一步”按钮，进入“已准备好安装 VMware Workstation Pro”界面，如图 1.7 所示。

（7）单击“安装”按钮，进入“正在安装 VMware Workstation Pro”界面，开始安装软件，如图 1.8 所示。

（8）安装完成，进入“VMware Workstation Pro 安装向导已完成”界面，如图 1.9 所示。

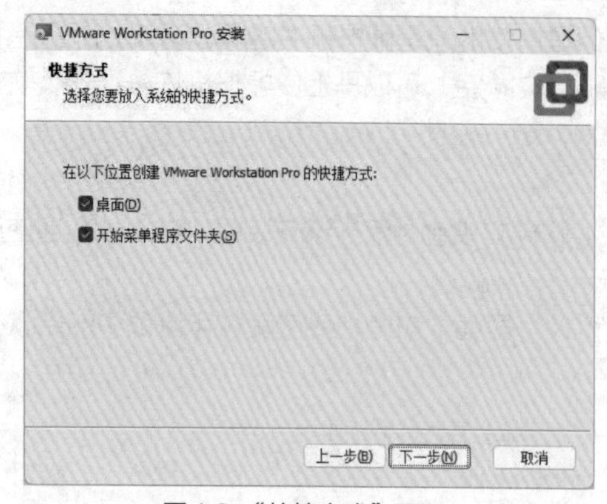

图1.6 “快捷方式”界面

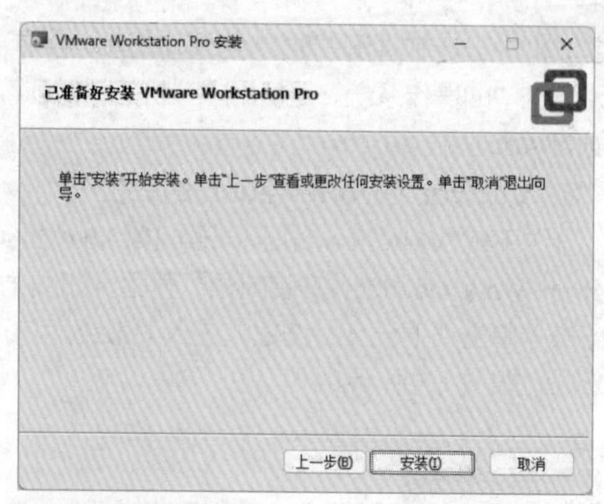

图1.7 “已准备好安装VMware Workstation Pro”界面

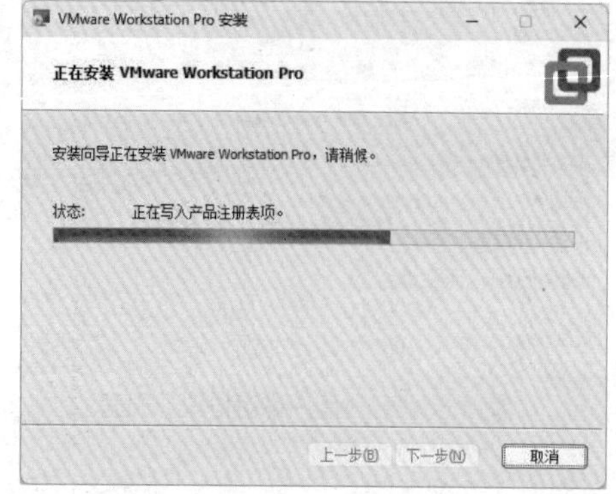

图1.8 “正在安装VMware Workstation Pro”界面

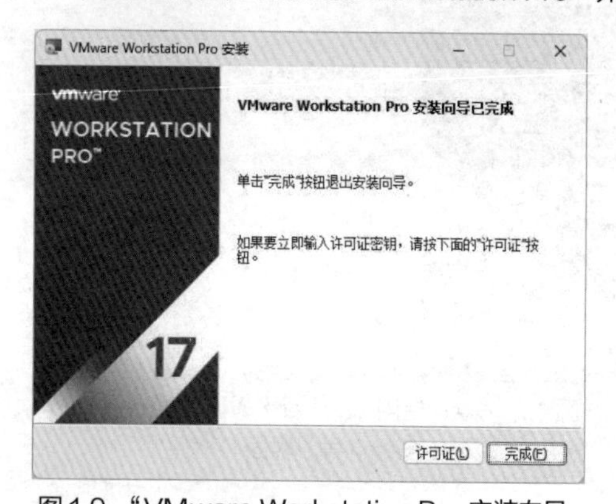

图1.9 “VMware Workstation Pro安装向导已完成”界面

（9）单击“许可证”按钮，进入“输入许可证密钥”界面，输入许可证密钥，如图1.10所示。

（10）单击“输入”按钮，返回“VMware Workstation Pro安装向导已完成”界面，如图1.11所示，单击“完成”按钮，完成安装。

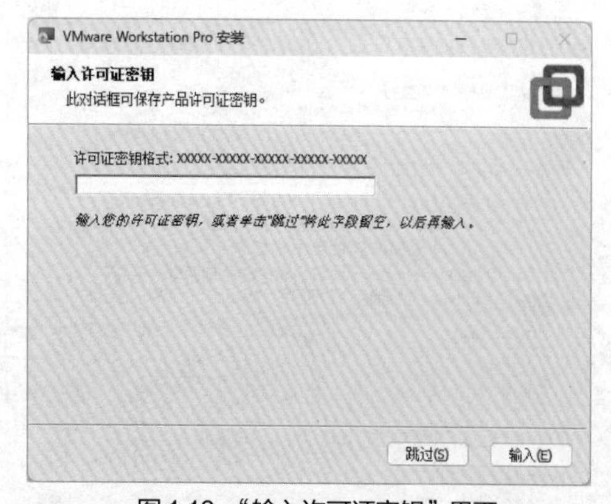

图1.10 “输入许可证密钥”界面

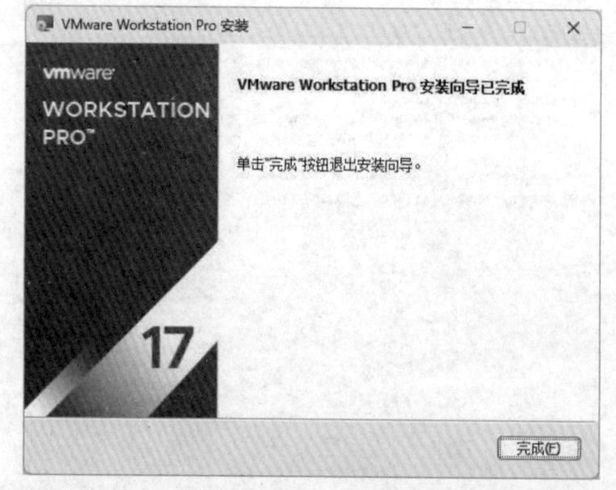

图1.11 返回“VMware Workstation Pro安装向导已完成”界面

1.2.2 Linux操作系统的安装

从CentOS官网下载Linux的发行版本CentOS的安装包。本书使用的下载文件为CentOS-Stream-

8-x86_64-latest-dvd1.iso镜像文件，当前版本为CentOS Stream 8，双击桌面上的VMware Workstation Pro快捷方式，打开软件。

（1）此时会打开“VMware Workstation”窗口，如图1.12所示。

图1.12 “VMware Workstation”窗口

（2）单击“创建新的虚拟机”图标，弹出“新建虚拟机向导”的“欢迎使用新建虚拟机向导”界面，进行虚拟机安装，默认选中“典型(推荐)”单选按钮，如图1.13所示。

V1.4 Linux操作系统的安装

（3）单击“下一步”按钮，进入“安装客户机操作系统”界面，可以选中“安装程序光盘”单选按钮，也可以选中“安装程序光盘映像文件(iso)”单选按钮并浏览及选中相应的文件，还可以选中“稍后安装操作系统”单选按钮，如图1.14所示。

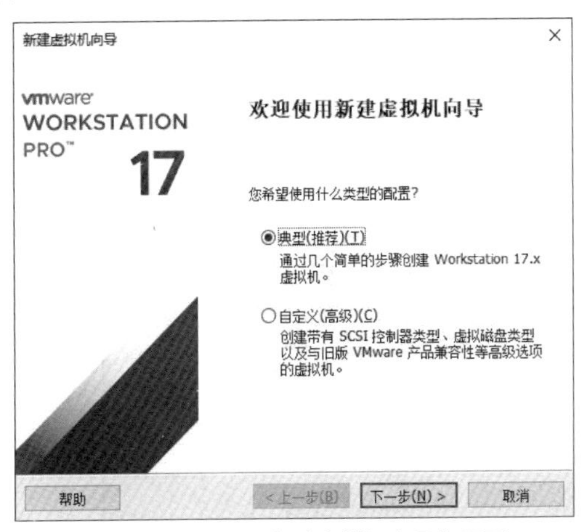

图1.13 “欢迎使用新建虚拟机向导”界面

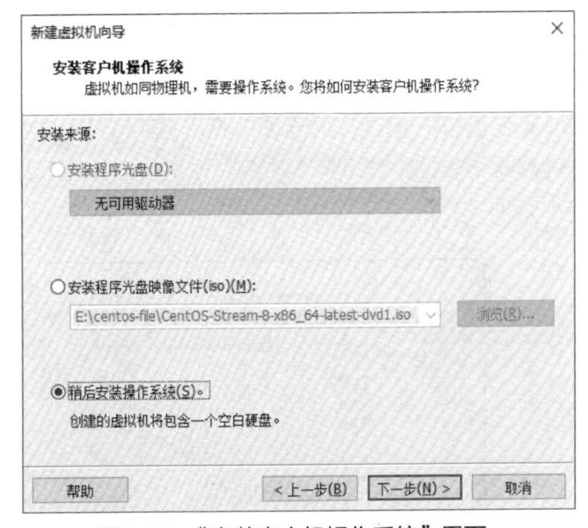

图1.14 “安装客户机操作系统”界面

（4）这里选中“稍后安装操作系统”单选按钮，创建的虚拟机将包含一个空白硬盘，单击“下一步”按钮，进入“选择客户机操作系统”界面，在“客户机操作系统”区域中选中“Linux”单选按钮，在“版本”区域中选择“CentOS 8 64 位”选项，如图1.15所示。

（5）单击“下一步”按钮，进入“命名虚拟机”界面，选择系统文件安装位置，如图1.16所示。

（6）单击“下一步”按钮，进入“指定磁盘容量”界面，保留默认设置，如图1.17所示。

（7）单击“下一步”按钮，进入“已准备好创建虚拟机”界面，如图1.18所示。

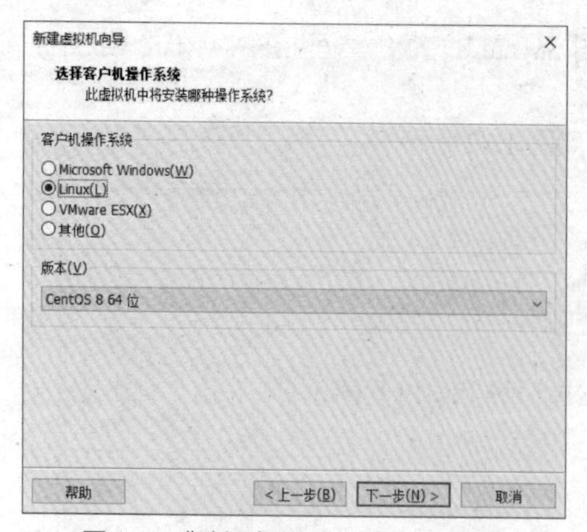

图1.15 “选择客户机操作系统”界面

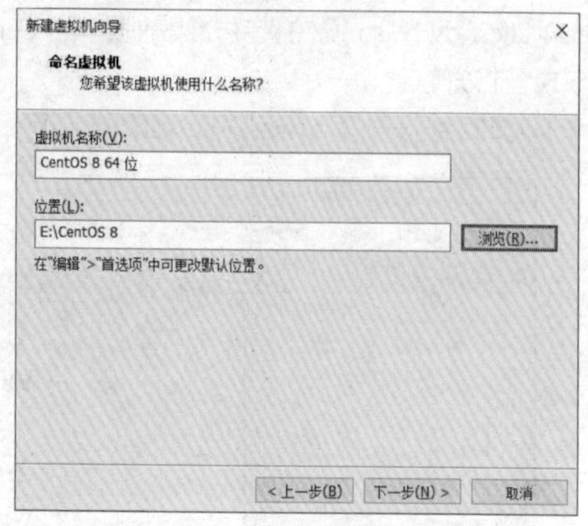

图1.16 “命名虚拟机”界面

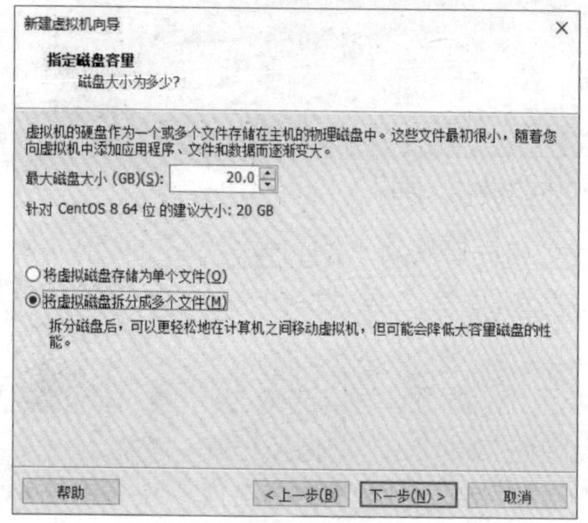

图1.17 “指定磁盘容量”界面

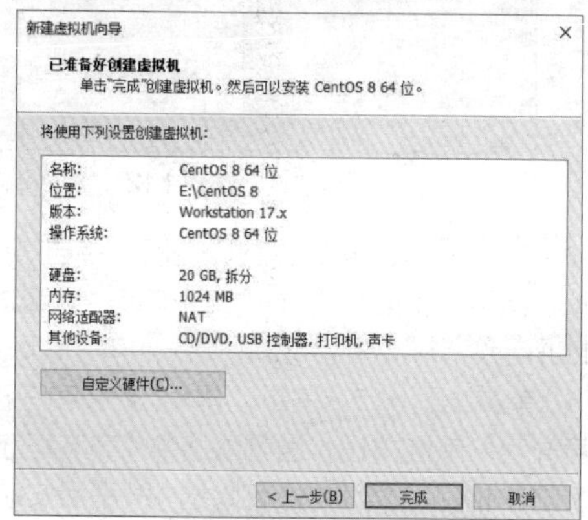

图1.18 “已准备好创建虚拟机”界面

（8）单击“自定义硬件”按钮，弹出“硬件”对话框，进行硬件相关信息配置。选择“内存”选项，设置内存容量大小，如图1.19所示；选择“处理器”选项，设置处理器数量，如图1.20所示；选择“新CD/DVD(IDE)”选项，在“连接”区域中选中“使用ISO映像文件”单选按钮，设置ISO镜像文件路径，单击“浏览”按钮，选择ISO文件CentOS-Stream-8-x86_64-latest-dvd1.iso的保存位置，如图1.21所示。

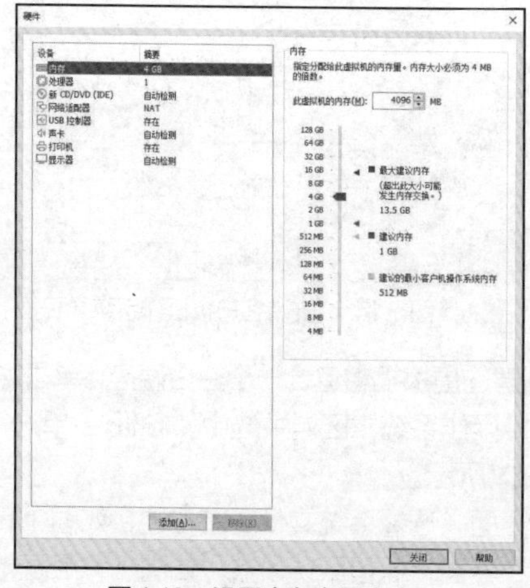

图1.19 设置内存容量大小

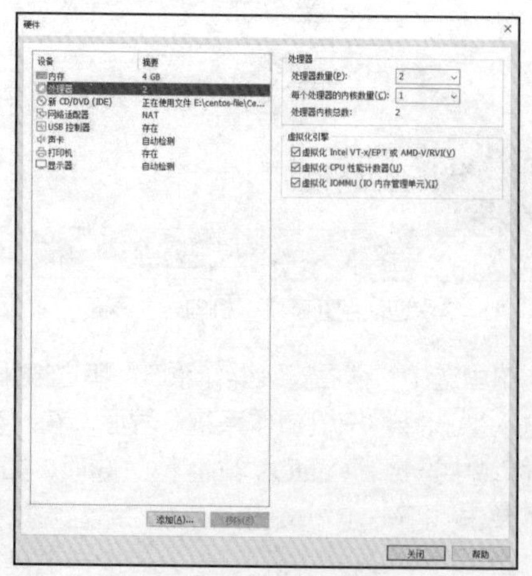

图1.20 设置处理器数量

（9）单击“关闭”按钮，完成虚拟机设置，返回开启虚拟机界面，如图 1.22 所示。

图 1.21　选择“新 CD/DVD(IDE)”选项

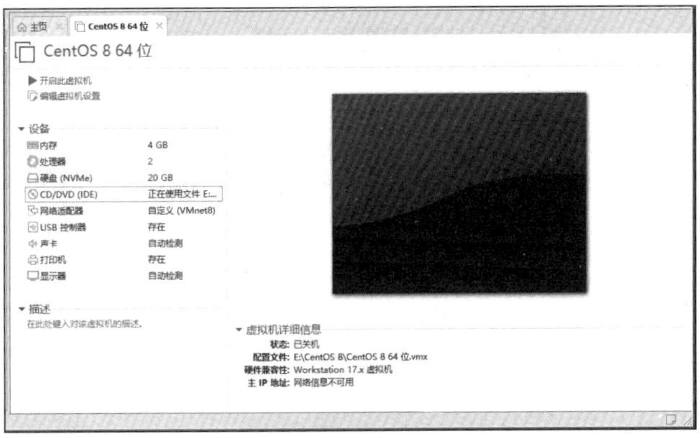

图 1.22　开启虚拟机界面

（10）选择“开启此虚拟机”选项，安装 CentOS，如图 1.23 所示。

（11）设置语言，选择“中文”→“简体中文(中国)”选项，如图 1.24 所示，单击“继续”按钮。

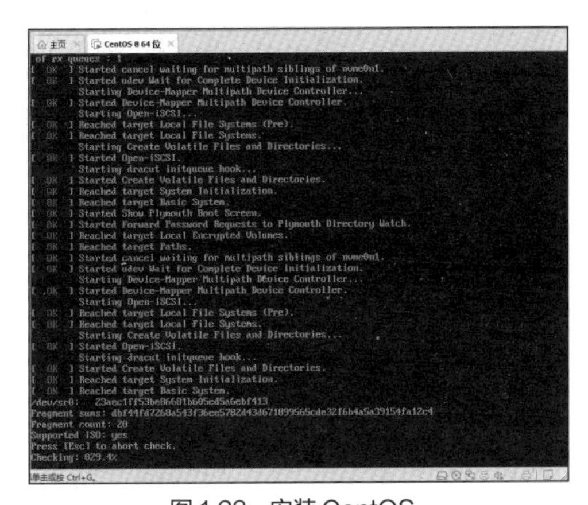

图 1.23　安装 CentOS

图 1.24　设置语言

（12）进入“安装信息摘要”界面，如图 1.25 所示，选择“安装目的地”选项，进入“安装目标位置”界面，如图 1.26 所示，保留默认设置，单击“完成”按钮，返回“安装信息摘要”界面。

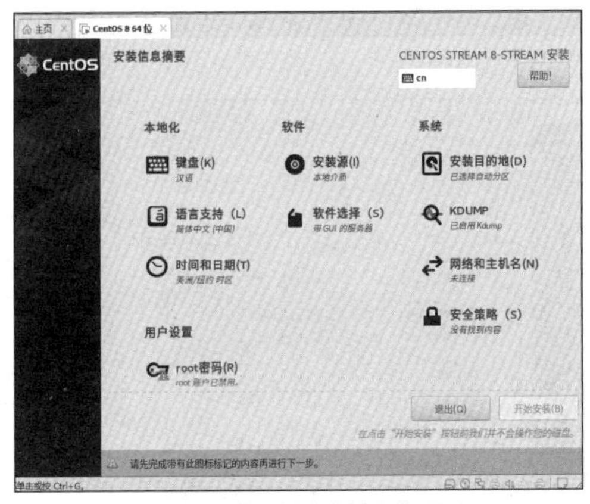

图 1.25　“安装信息摘要”界面

图 1.26　“安装目标位置”界面

（13）选择“软件选择”选项，进入“软件选择”界面，安装图形化CentOS，选中“带GUI的服务器”单选按钮，如图1.27所示，单击“完成”按钮，返回“安装信息摘要”界面。

（14）选择“root密码”选项，设置root密码，如图1.28所示，单击“完成”按钮，返回“安装信息摘要”界面。

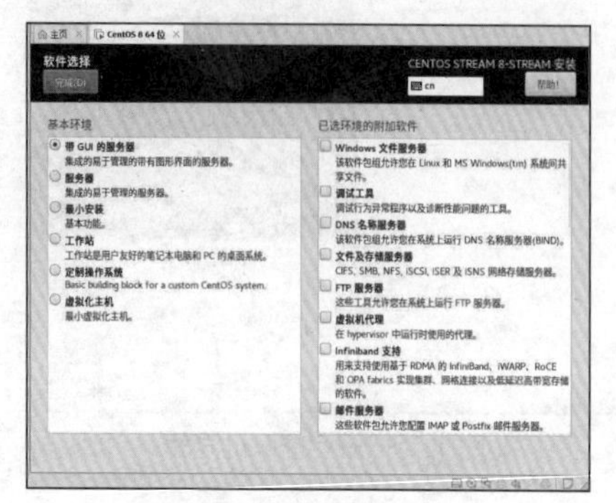

图1.27 “软件选择”界面

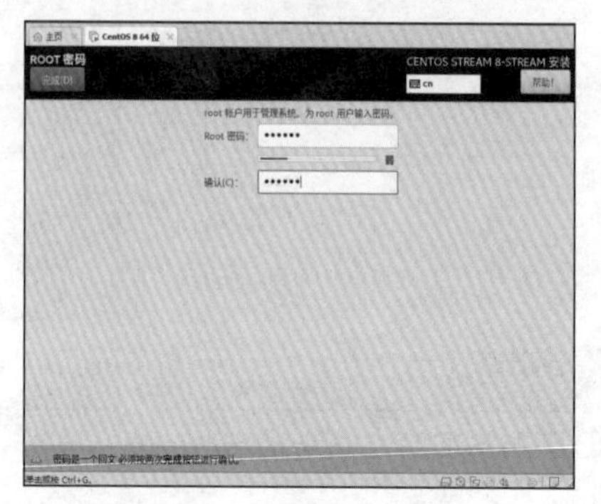

图1.28 设置root密码

（15）选择“创建用户”选项，进入“创建用户”界面，设置用户名和密码，如图1.29所示，单击“完成”按钮，返回“安装信息摘要”界面，此时可以进行安装，如图1.30所示。

图1.29 “创建用户”界面

图1.30 “安装信息摘要”界面之“开始安装”

（16）单击“开始安装”按钮，进入“安装进度”界面，如图1.31所示，CentOS 8的安装时间稍长，需要耐心等待。待安装完成，单击“重启系统”按钮，进入“初始设置”界面，如图1.32所示。选择“许可信息”选项，进入“许可信息”界面，勾选“我同意许可协议”复选框，如图1.33所示。单击“完成”按钮，进入CentOS登录界面，如图1.34所示。

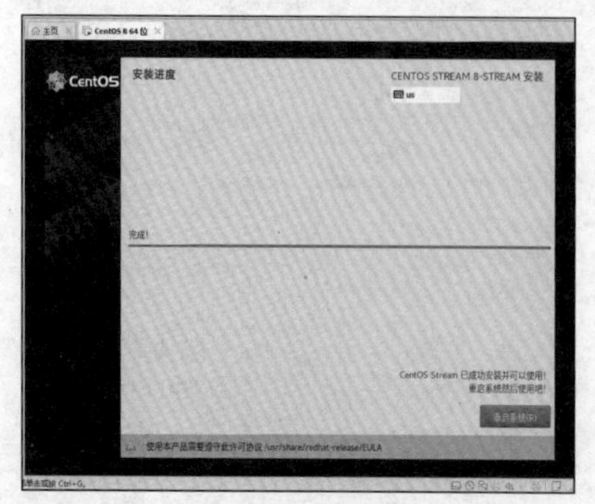

图1.31 “安装进度”界面

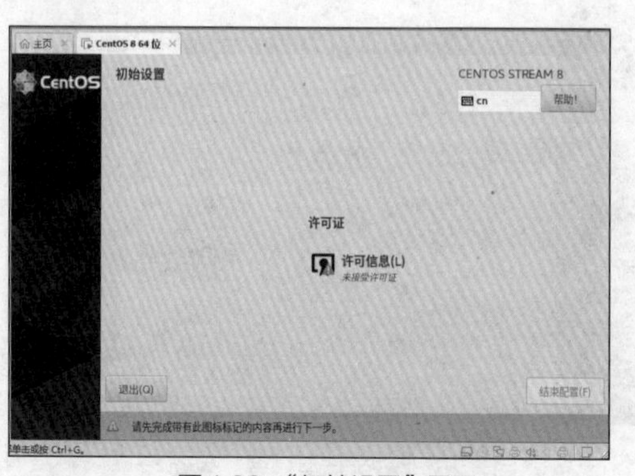

图1.32 “初始设置”界面

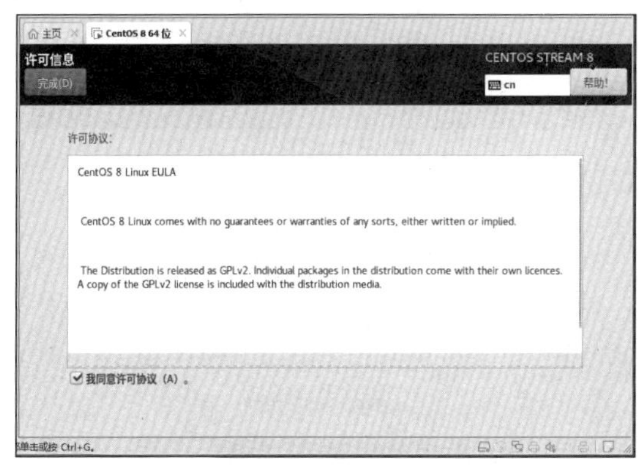

图 1.33 “许可信息”界面

图 1.34 CentOS 登录界面

（17）在 CentOS 登录界面中，可以选择指定用户登录。选择“未列出？”选项，进入用户登录界面，以超级管理员（root）用户登录，输入用户名，如图 1.35 所示。单击“下一步”按钮，进入密码登录界面，输入密码，如图 1.36 所示。单击“登录”按钮，进入“欢迎”界面，选择“汉语”选项，如图 1.37 所示。单击“前进”按钮，进入“输入”界面，如图 1.38 所示。

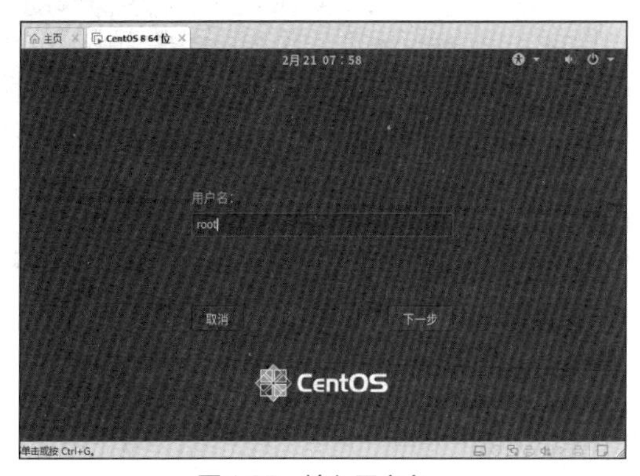

图 1.35 输入用户名

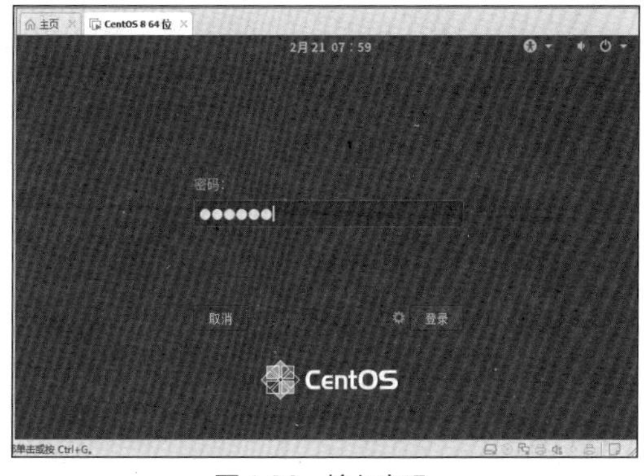

图 1.36 输入密码

图 1.37 “欢迎”界面

图 1.38 “输入”界面

（18）保留默认设置，单击“前进”按钮，进入“隐私”界面，如图 1.39 所示。保留默认设置，单击“前进”按钮，进入“准备好了”界面，如图 1.40 所示。单击“开始使用 CentOS Stream”按钮，进入“Getting Started”界面，如图1.41所示。单击关闭按钮，进入CentOS主窗口界面，如图1.42所示。

图1.39 “隐私”界面

图1.40 “准备好了”界面

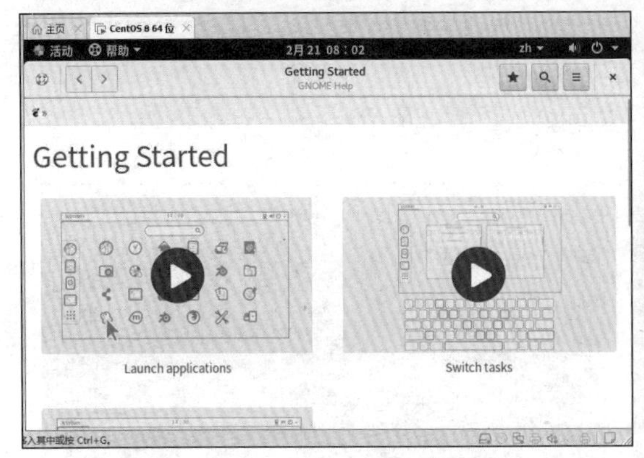

图1.41 “Getting Started”界面

图1.42 CentOS主窗口界面

1.3 Linux操作系统的登录与管理

在完成Linux操作系统的安装之后，需要熟练掌握Linux操作系统的登录、注销、重启、关机等操作，同时需要掌握虚拟机下的系统克隆与快照管理功能，以及如何使用SecureCRT与SecureFX远程连接管理Linux操作系统。

1.3.1 图形化系统应用程序与系统管理

1. 图形化系统应用程序

Linux操作系统安装完成后，在虚拟机中启动CentOS 8，选择“开启此虚拟机”选项，进入系统登录界面，表示CentOS 8已经成功启动。此时选择登录用户，输入密码，进入CentOS主窗口界面，选择“活动”面板，将鼠标指针移动到显示应用程序图标上，可显示系统中的全部应用程序，如图1.43所示。

2. 图形化系统管理

如果要在图形用户界面中退出系统，则可单击界面右上角的“关机”按钮⏻，如图1.44所示。此时，弹出面板的右下角也有一个“关机”按钮⏻，单击该按钮，可以进行重启系统、关机操作，如图1.45所示。单击“root”右侧的 ▸ 图标，可以进行注销用户操作，如图1.46所示。

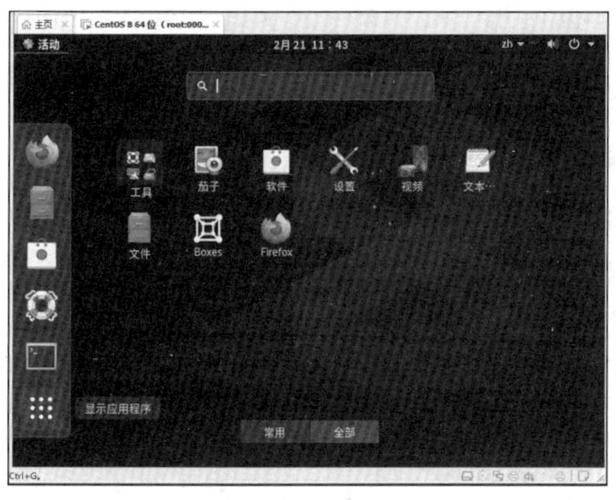

图 1.43　显示系统中的全部应用程序

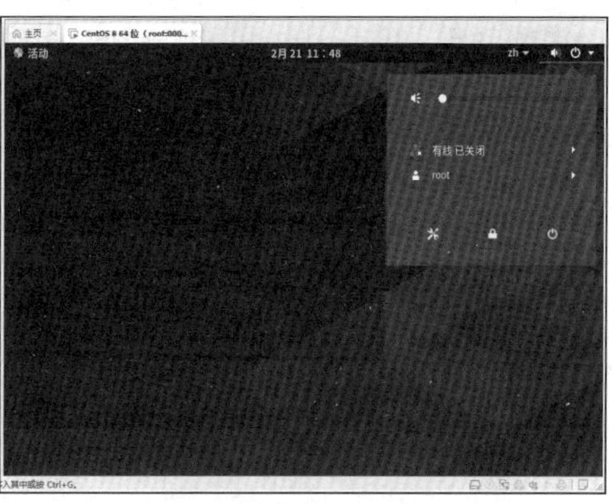

图 1.44　“关机”按钮

图 1.45　重启系统、关机

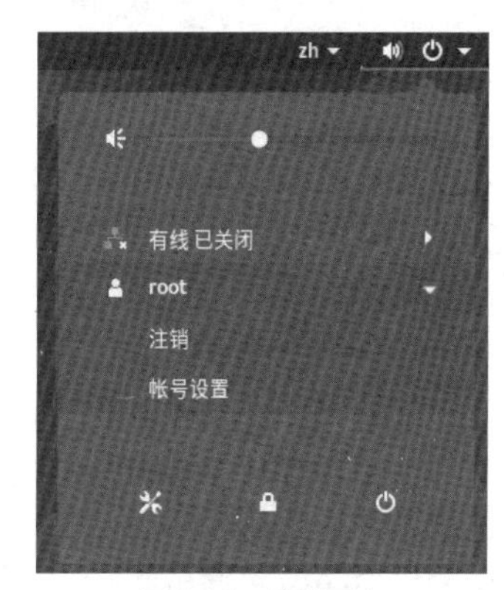

图 1.46　注销用户

3. 文本模式下系统的关闭与重启

在 Linux 中，shutdown -r now 命令用于立即停止并重新启动系统，reboot 命令用于重新启动系统，二者都为重启系统命令，但在使用方法上是有区别的。

（1）shutdown 命令可以安全地关闭或重启 Linux 操作系统，它在系统关闭之前会给系统中的所有登录用户发送一条警告信息。该命令还允许用户指定一个时间参数，用于指定什么时间关闭系统。时间参数可以是一个精确的时间，也可以是一个从现在开始的时间段。

精确时间的格式是 hh:mm，表示小时和分钟，时间段由小时和分钟数表示。系统执行该命令后会自动进行数据同步的工作。

shutdown 命令的一般格式如下。

```
shutdown [选项] [时间] [警告信息]
```

shutdown 命令各选项及其功能说明如表 1.1 所示。

表 1.1　shutdown 命令各选项及其功能说明

选项	功能说明
-k	并不是真正关机，而是发送警告信息给所有用户
-r	关机后立即重新启动系统
-h	关机后不重新启动系统
-f	快速关机，重新启动时跳过文件系统检查
-n	快速关机且不经过 init 程序
-c	取消一个已经运行的 shutdown 命令

需要特别说明的是，该命令只能由用户 root 使用。

halt 是最简单的关机命令，其实际上是调用 shutdown -h 命令。执行 halt 命令时，会结束应用进程，文件系统写操作完成后会停止内核的运行。

```
[root@localhost ~]# shutdown -h now                    //立刻关闭系统
```

（2）reboot 命令的工作过程与 halt 类似，其作用是重新启动系统，而 halt 命令的作用是关机。其参数也与 halt 类似，使用 reboot 命令重启系统时是删除所有进程，而不是平稳地终止它们。因此，使用 reboot 命令可以快速地关闭系统，但当还有其他用户在该系统中工作时，会引起数据的丢失，所以使用 reboot 命令的场合主要是单用户模式。

```
[root@localhost ~]# reboot                             //立刻重启系统
[root@localhost ~]# shutdown -r 00:05                  //5 min 后重启系统
[root@localhost ~]# shutdown -c                        //取消 shutdown 命令
[root@localhost ~]# exit                               //退出终端窗口
```

4. 系统终端界面切换

Linux 是一个多用户操作系统，默认情况下，Linux 会提供 6 个终端（Terminal）来使用户登录，切换的方式为按“Ctrl+Alt+F1”～“Ctrl+Alt+F6”组合键。按“Ctrl+Alt+F3”组合键可以进入文本模式终端界面，如图 1.47 所示。此外，系统会为这 6 个终端界面以 tty1、tty2、tty3、tty4、tty5、tty6 的方式进行命名。

安装完图形化终端界面后，若想进入纯文本模式，则可以通过按以上组合键进行切换。如果想从文本模式进入图形化终端界面，则可以按“Ctrl+Alt+F2”组合键，图形化终端界面如图 1.48 所示。

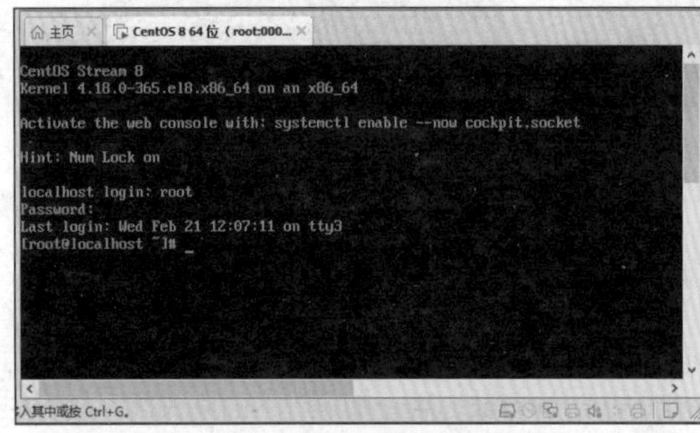

图 1.47 文本模式终端界面

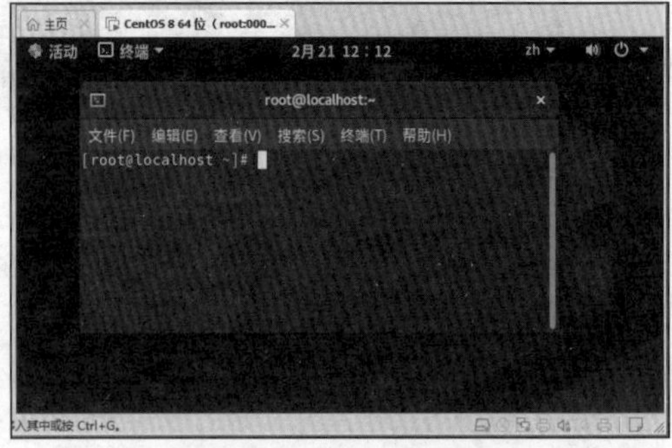

图 1.48 图形化终端界面

1.3.2 系统克隆与快照管理

人们经常用虚拟机做各种试验，初学者很可能会由于操作错误而导致系统崩溃、无法启动；在进行集群操作的时候，通常需要使用多台服务器进行测试，如搭建 MySQL 服务器、Redis 服务器、Tomcat 服务器、nginx 服务器等。搭建一台服务器已经非常费时、费力，当系统崩溃或无法启动，需要重新安装操作系统或部署多台服务器的时候，将会花费更多时间。那么应如何操作呢？系统克隆将会很好地解决这个问题。

V1.5 系统克隆

1. 系统克隆

在虚拟机中安装好操作系统后，可以进行系统克隆，多克隆几份备用，以便日后在多台计算机上进行测试，这样可以避免重新安装操作系统，使用更加方便、快捷。

（1）进入 VMware Workstation 主界面，关闭虚拟机中的操作系统，选择需要克隆的操作系统，选择“虚拟机”→“管理”→“克隆”命令，如图 1.49 所示。

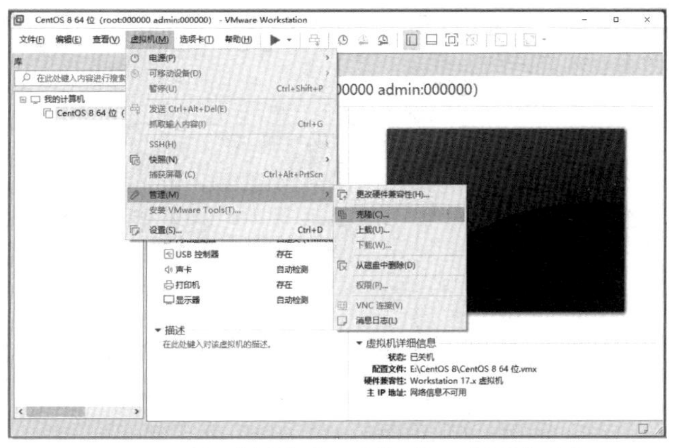

图 1.49　选择“虚拟机”→“管理”→“克隆”命令

（2）进入“欢迎使用克隆虚拟机向导”界面，如图 1.50 所示。单击“下一步”按钮，进入“克隆源”界面，如图 1.51 所示，选择克隆源，可以选中“虚拟机中的当前状态”或“现有快照(仅限关闭的虚拟机)”单选按钮，单击“下一步”按钮。

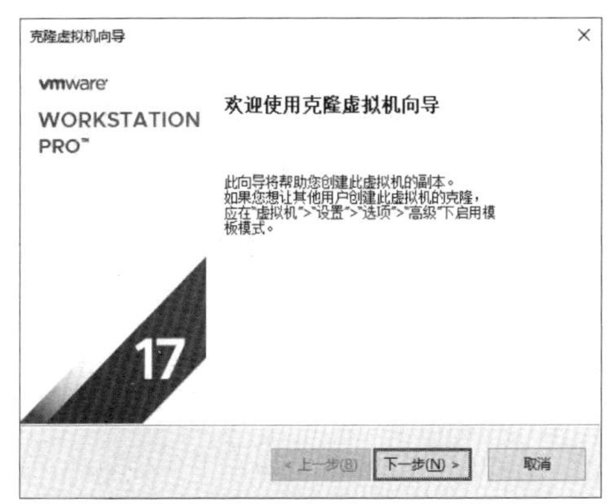

图 1.50　“欢迎使用克隆虚拟机向导”界面

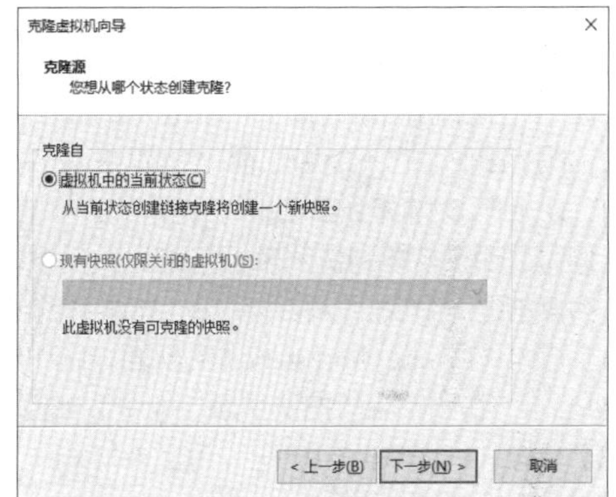

图 1.51　“克隆源”界面

（3）进入“克隆类型”界面，可以选中“创建链接克隆”单选按钮，也可以选中“创建完整克隆”单选按钮，如图 1.52 所示，单击“下一步”按钮。

（4）进入“新虚拟机名称”界面，为虚拟机设置名称，并选择安装位置，如图 1.53 所示，单击“完成”按钮。

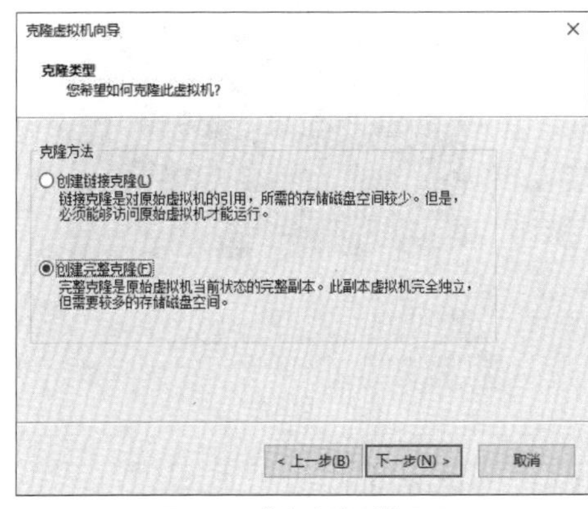

图 1.52　“克隆类型”界面

图 1.53　“新虚拟机名称”界面

（5）进入“正在克隆虚拟机”界面，如图1.54所示。待完成克隆后，单击“关闭”按钮，返回VMware Workstation主界面，如图1.55所示。

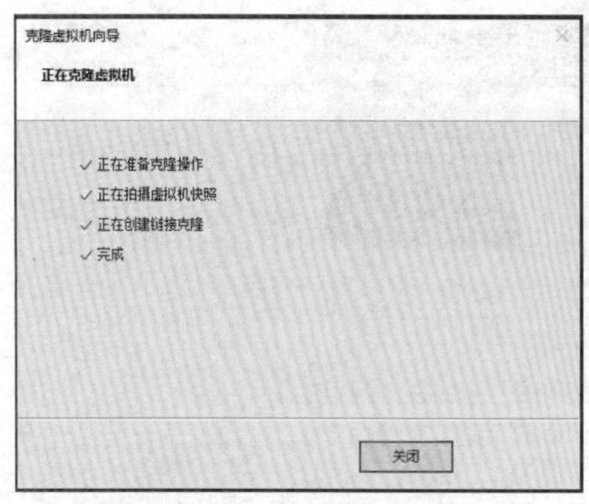

图1.54 “正在克隆虚拟机”界面

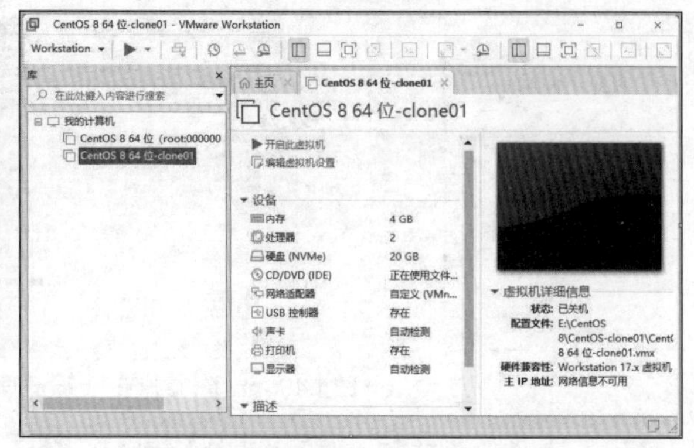

图1.55 系统克隆完成后的VMware Workstation主界面

2. 快照管理

V1.6 快照管理

快照是VMware Workstation中的一个特色功能。当用户创建一个虚拟机快照时，会创建一个DELTA文件，这是一个特定的文件，也是redo-log日志。DELTA文件是建立在虚拟机磁盘格式（Virtual Machine Disk Format，VMDK）文件基础上的变更位图，因此，它不能增长得比VMDK文件大。当快照被删除或快照管理被恢复时，DELTA文件将被自动删除。

人们可以通过恢复到快照来保持磁盘文件系统和系统存储，即对于设置好的系统，为其创建一个快照以保存备份，如果系统出现问题，则可以从快照中恢复系统。

（1）进入VMware Workstation主界面，启动虚拟机中的系统，选择要快照保存备份的系统，选择“虚拟机”→“快照”→“拍摄快照”命令，如图1.56所示。为系统快照设置名称，如图1.57所示。

（2）单击“拍摄快照”按钮，返回VMware Workstation主界面，系统拍摄快照完成。

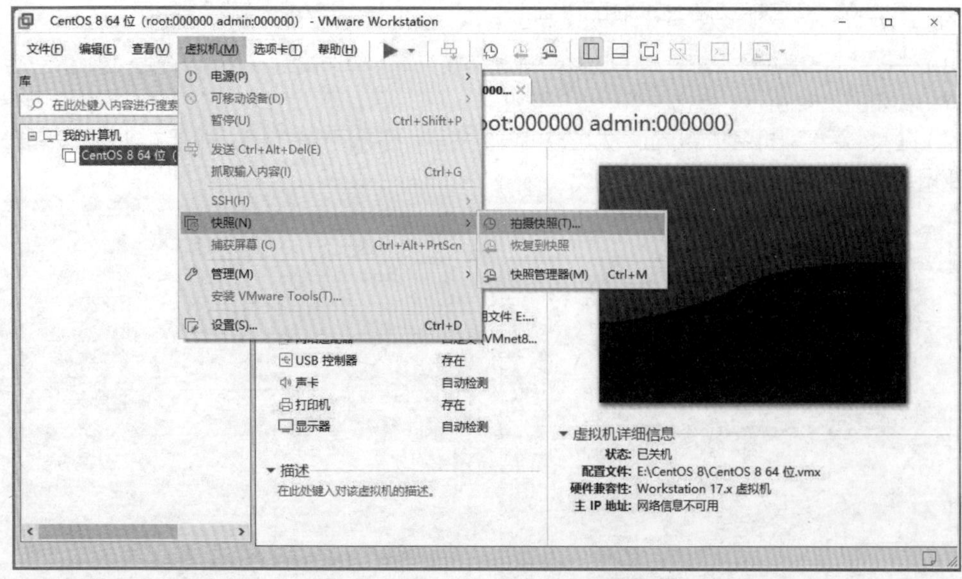

图1.56 选择“虚拟机”→“快照”→“拍摄快照”命令

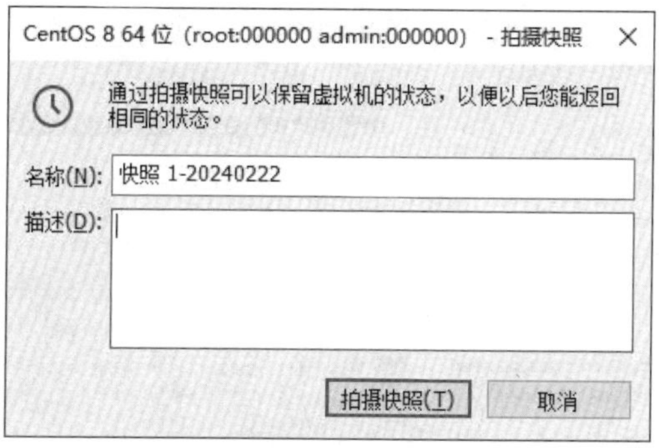

CentOS 8 64 位（root:000000 admin:000000） - 拍摄快照

通过拍摄快照可以保留虚拟机的状态，以便以后您能返回相同的状态。

名称(N): 快照 1-20240222

描述(D):

拍摄快照(T) 取消

图 1.57 为系统快照设置名称

1.3.3 远程连接管理 Linux 操作系统

安全远程登录（Secure Combined Rlogin and Telnet，SecureCRT）和安全传输（FTP、SFTP 和 FTP over SSH2，SecureFX）都是由 VanDyke Software 出品的安全外壳（Secure Shell，SSH）传输工具。SecureCRT 可以进行远程连接，SecureFX 可以进行远程可视化文件传输。

1. SecureCRT

SecureCRT 是一个支持 SSH（SSH1 和 SSH2）的终端仿真程序，简单地说，其为 Windows 下登录 UNIX 或 Linux 服务器主机的软件。SecureCRT 支持 SSH，同时支持 Telnet 协议和远程登录（Remote Login，RLOGIN）协议。SecureCRT 是一种用于连接运行包括 Windows、UNIX 和视频管理软件（Video Management System，VMS）的理想工具。其通过使用内含的 VCP 命令行程序可以进行加密文件的传输；包含 CRT Telnet 客户机的所有特点，包括自动注册、对不同主机保持不同的特性、输出、颜色设置、可变屏幕尺寸、用户定义的键位图，能在命令行中运行或在浏览器中运行；可使用文本编辑，具有易于使用的工具栏等。SecureCRT 的 SSH 协议支持 DES、3DES 和 RC4 密码以及 RSA 鉴别。在 SecureCRT 中配置本地端口转发时，涉及源服务器、跳板机、目标服务器，源服务器与目标服务器不能直接 ping 通，需要配置本地端口转发，并将本机的请求转发到目标服务器。

2. SecureFX

SecureFX 支持 3 种文件传送协议：FTP、安全文件传送协议（Secure File Transfer Protocol，SFTP）和 FTP over SSH2。SecureFX 可以提供安全文件传输服务，无论用户连接的是哪一种操作系统的服务器，它都能提供安全的传输服务。SecureFX 主要用于 Linux 操作系统，如 Red Hat Enterprise Linux、Ubuntu 的客户机文件传输程序，用户可以选择利用 SFTP 通过加密的 SSH2 实现安全传输，也可以利用 FTP 进行标准传输。SecureFX 具有 Explorer 风格的界面，易于使用，同时提供强大的自动化能力，可以实现自动化的安全文件传输。新版本的 SecureFX 采用了一个密码库，改进了 X.509 证书的认证能力，可以轻松开启多个会话，并提高了 SSH 代理的功能。

总的来说，SecureCRT 是 Windows 下登录 UNIX 或 Linux 服务器主机的软件；SecureFX 是一款 FTP 软件，用于实现 Windows 和 UNIX 或 Linux 的文件互动。

3. SecureCRT 远程连接配置

为了方便操作，使用 SecureCRT 连接 Linux 服务器，选择相应的虚拟机操作系统。

（1）在 VMware Workstation 主界面中，选择“编辑”→“虚拟网络编辑器”命令，如图 1.58 所示。

（2）弹出“虚拟网络编辑器”对话框，选择“VMnet8”选项，设置 NAT 模式的子网 IP 地址为“192.168.100.0”，如图 1.59 所示。

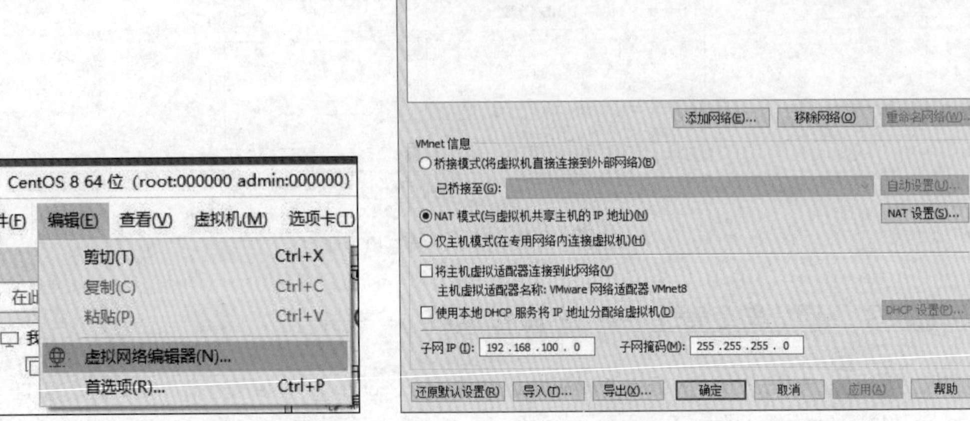

图1.58 选择“编辑”→“虚拟网络编辑器”命令

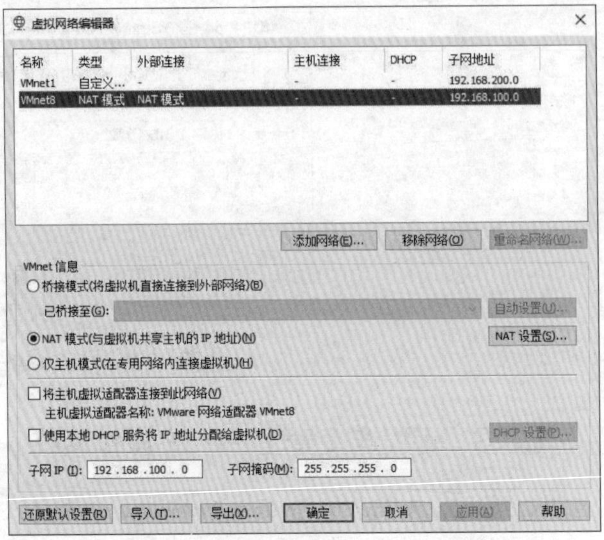

图1.59 设置NAT模式的子网IP地址

（3）单击“NAT设置”按钮，弹出“NAT设置”对话框，设置网关IP地址，如图1.60所示。

（4）选择“控制面板”→“网络和Internet”→“网络连接”选项，查看VMnet8连接，如图1.61所示。

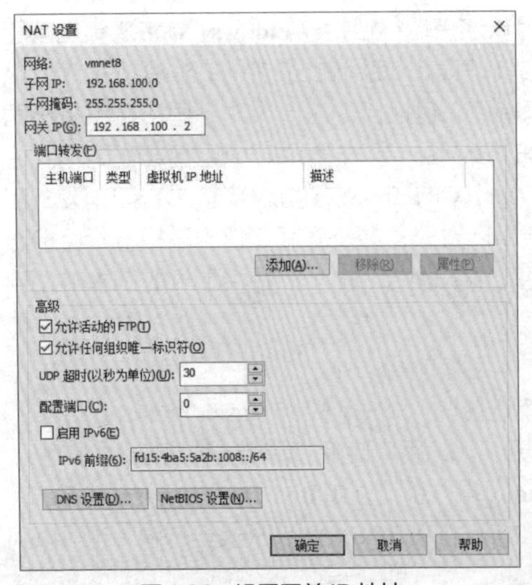

图1.60 设置网关IP地址

图1.61 查看VMnet8连接

（5）双击“VMnet8”选项，查看VMnet8的IP地址，如图1.62所示。

（6）进入Linux操作系统主界面，单击界面右上角的“关机”按钮，选择“有线已关闭”选项，设置有线连接，如图1.63所示。

（7）选择“有线设置”选项，进入“网络”界面，如图1.64所示。

（8）单击“有线”区域中的按钮，进入“有线”界面，选择“IPv4”选项卡，设置IP地址、子网掩码、网关、DNS等相关信息，如图1.65所示。

（9）设置完成后，单击“应用”按钮，返回“网络”界面，单击关闭按钮，使按钮状态变为打开，单击按钮，查看网络配置详细信息，如图1.66所示。

（10）在Linux操作系统中，使用Firefox浏览器访问网络，如图1.67所示。

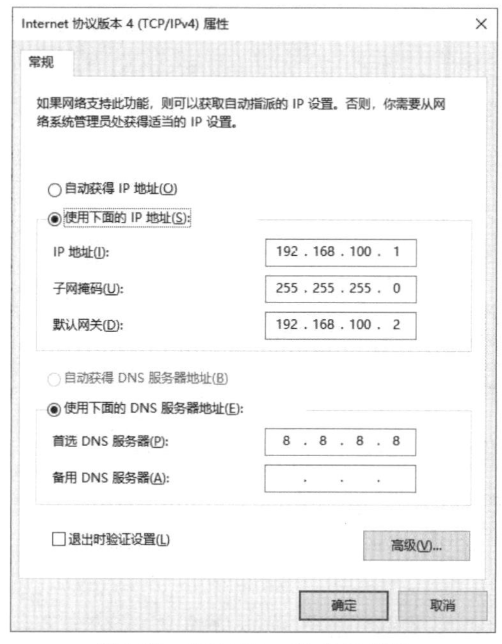

图 1.62　查看 VMnet8 的 IP 地址

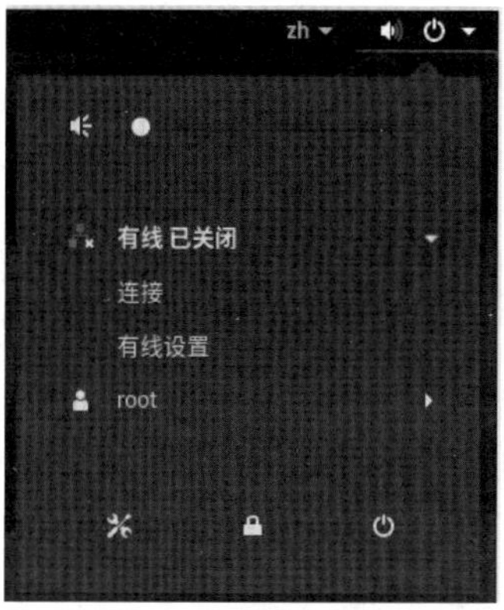

图 1.63　设置有线连接

图 1.64　“网络”界面

图 1.65　“IPv4”选项卡

图 1.66　查看网络配置详细信息

图 1.67　使用 Firefox 浏览器访问网络

（11）安装 SecureCRT 软件。双击 SecureCRTPortable.exe 文件，如图 1.68 所示。根据安装向导，完成 SecureCRT 软件的安装。

图 1.68　安装 SecureCRT 软件

（12）启动 SecureCRT 软件，单击工具栏中的快速连接图标，如图 1.69 所示。

（13）弹出“快速连接”对话框，设置“主机名”为“192.168.100.100”，“用户名”为“root”，如图 1.70 所示。

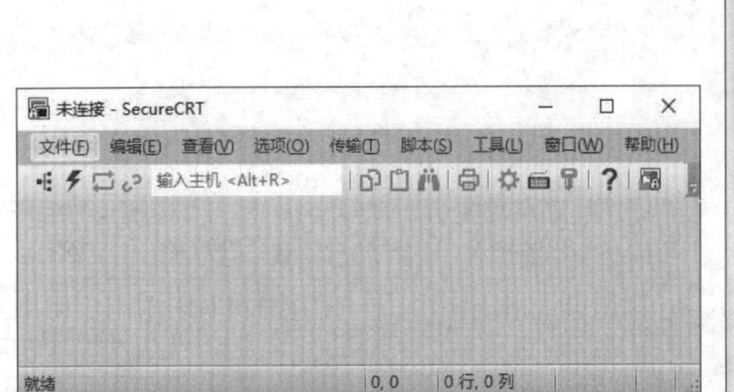

图 1.69　单击工具栏中的图标

图 1.70　“快速连接”对话框

（14）单击“连接”按钮，弹出“新建主机密钥”对话框，弹出相关提示信息，如图 1.71 所示。

（15）单击“接受并保存”按钮，弹出“输入 Secure Shell 密码”对话框，输入用户名和密码，如图 1.72 所示，进行登录。

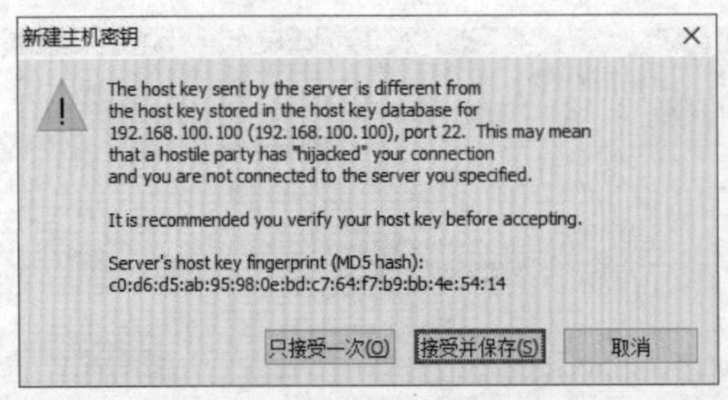

图 1.71　“新建主机密钥”对话框

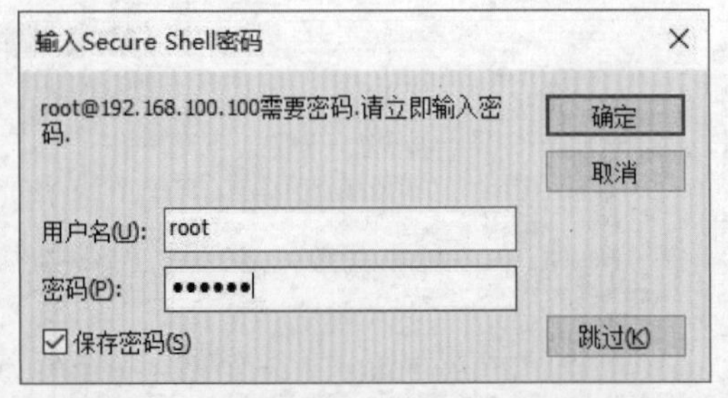

图 1.72　“输入 Secure Shell 密码”对话框

（16）单击“确定”按钮，成功连接网络主机 192.168.100.100，如图 1.73 所示。

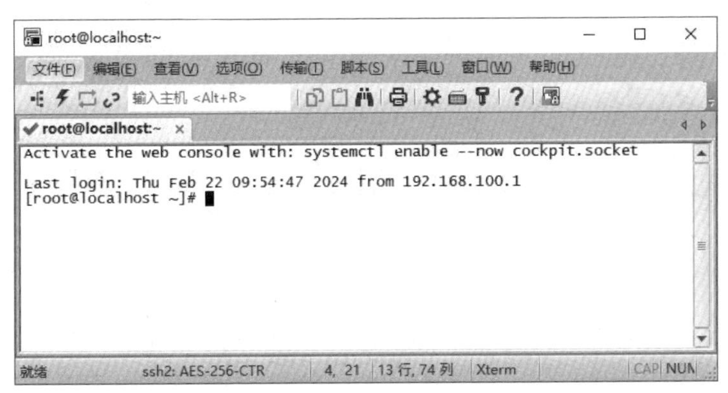

图1.73　成功连接网络主机192.168.100.100

4. SecureFX远程连接文件传输配置

（1）安装SecureFX软件。双击SecureFXPortable.exe文件，如图1.74所示。根据安装向导，完成SecureFX软件的安装。

图1.74　安装SecureFX软件

（2）启动SecureFX软件，如图1.75所示。

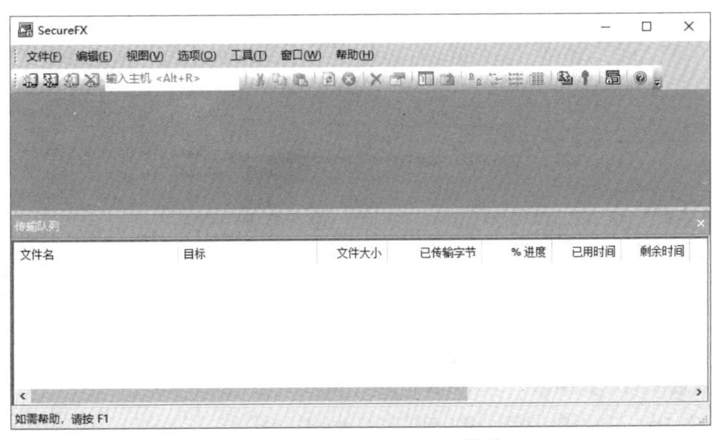

图1.75　启动SecureFX软件

（3）单击工具栏中的图标，弹出“快速连接”对话框，设置“主机名”为“192.168.100.100”，“用户名”为“root”，如图1.76所示。单击“连接”按钮，弹出“输入Secure Shell密码”对话框，输入用户名和密码，进行登录。

（4）显示配置结果，如图1.77所示。

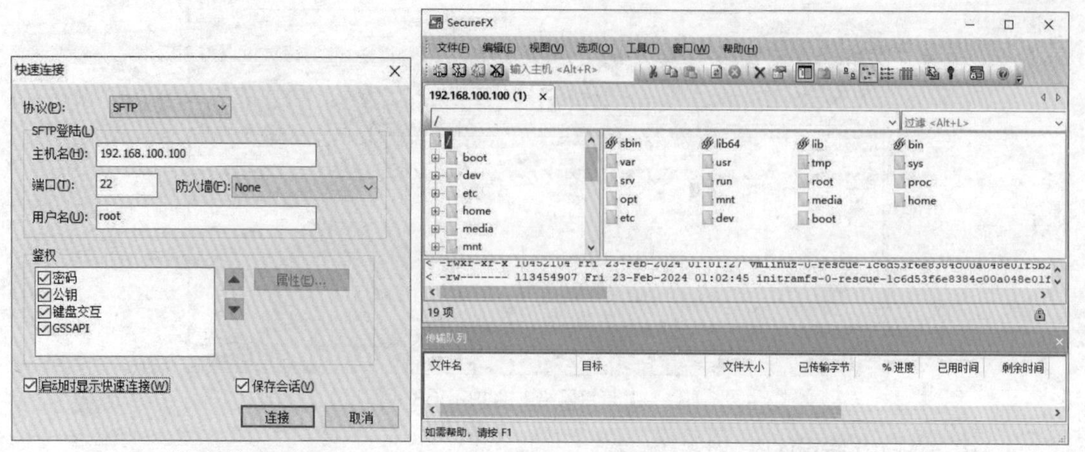

图1.76 “快速连接”对话框　　　　图1.77 显示配置结果

（5）使用SecureFX传输文件。将Windows 10中C盘下的文件test01.txt传输到Linux操作系统的/mnt/data目录下，并将其拖动到传输队列中，如图1.78所示。

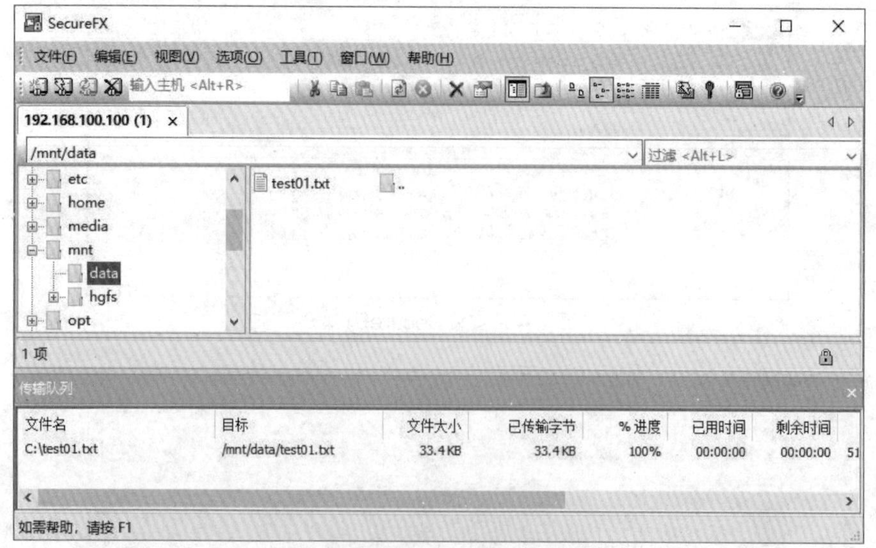

图1.78 使用SecureFX传输文件

（6）查看网络主机192.168.100.100的传输结果，如图1.79所示。

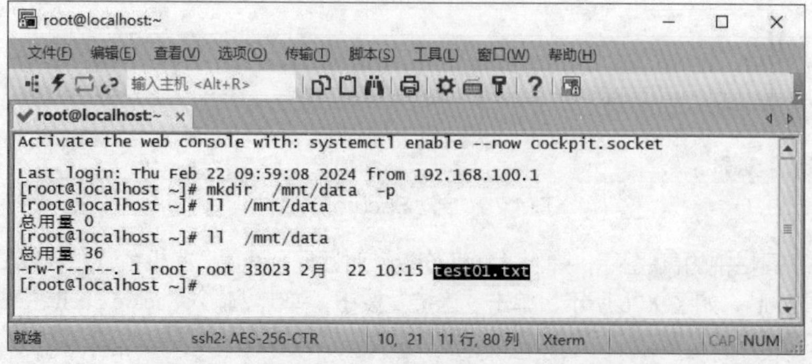

图1.79 查看网络主机192.168.100.100的传输结果

实训

在某台物理机上安装 Windows 10，并安装 VMware Workstation，为待安装的 Linux 操作系统创建一个虚拟环境，即创建一台虚拟机。

本实训的任务是在 Windows 物理机上安装 VMware Workstation，并在其中安装 CentOS 8，使用系统克隆与快照管理功能以及 SecureCRT 与 SecureFX 远程连接管理 Linux 操作系统。

【实训目的】

（1）了解采用虚拟机方式安装操作系统的方法。

（2）掌握修改虚拟机配置的方法。

（3）掌握安装 CentOS 8 的具体步骤和过程。

（4）掌握虚拟机的系统克隆与快照管理功能的使用方法。

（5）掌握 SecureCRT 与 SecureFX 远程连接管理 Linux 操作系统的方法。

【实训内容】

（1）在 Windows 物理机上安装 VMware Workstation。

（2）在 VMware Workstation 中修改相关设置，创建 CentOS 8 虚拟机，使用镜像文件安装 CentOS 8。

（3）在 VMware Workstation 虚拟机中，使用系统克隆与快照管理功能对 CentOS 8 进行备份与恢复操作。

（4）使用 SecureCRT 与 SecureFX 远程连接管理 Linux 操作系统，使用 SecureCRT 管理 CentOS 8，使用 SecureFX 在 Windows 操作系统与 Linux 操作系统上传输文件。

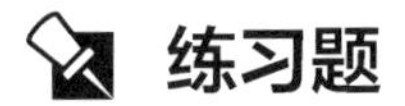

练习题

1. 选择题

（1）下列不属于 Linux 操作系统特点的是（　　）。

A. 多用户　　B. 单任务　　C. 开放性　　D. 设备独立性

（2）Linux 最早是由计算机爱好者（　　）开发的。

A. Linus Torvalds　　B. Andrew Tanenbaum

C. Ken Thompson　　D. Dennis Ritchie

（3）（　　）是自由软件。

A. Windows XP　　B. UNIX　　C. Linux　　D. Mac OS

（4）Linux 操作系统中可以实现关机操作的命令是（　　）。

A. shutdown -k now　B. shutdown -r now　C. shutdown -c now　D. shutdown -h now

2. 简答题

（1）简述 Linux 的版本及特性。

（2）如何安装 CentOS 8?

（3）如何进行系统克隆与快照管理?

（4）如何使用 SecureCRT 与 SecureFX 远程连接管理 Linux 操作系统?

第2章 Linux基本操作命令

02

Linux 操作系统的一个重要特点就是提供了丰富的命令。对用户来说，如何在文本模式和终端模式下实现对 Linux 操作系统的文件和目录的浏览、操作等各种管理，是衡量用户对 Linux 操作系统应用水平的一个重要方面，如使用复制、移动、删除、查看、磁盘挂载以及进程和作业控制等命令，可根据需要完成各种管理操作任务，所以掌握常用的 Linux 命令是非常必要的。本章主要介绍 Shell 命令基础、Linux 文件及目录管理、Vi 及 Vim 编辑器的使用、文件管理进阶以及 Linux 组合键的使用。

【教学目标】

① 了解 Shell 命令基础。
② 掌握 Linux 操作系统的目录结构以及各目录的主要作用。
③ 掌握文件及目录显示类、操作类，文件内容的显示和处理类，文件查找类的相关命令。
④ 掌握 Vi、Vim 编辑器的使用方法。
⑤ 理解硬链接与软链接、通配符与文件名变量、输入/输出重定向与管道的配置方法。
⑥ 掌握 Linux 组合键的使用方法。

【素质目标】

① 通过小组项目或团队作业，模拟企业级运维场景，使学生学会使用 Shell 命令协同完成任务，培养良好的沟通与团队协作能力。
② 强调在操作 Linux 时对命令精确执行的重要性，培养学生认真细致、一丝不苟的职业素养。
③ 理解开源文化，尊重知识产权，鼓励学生参与开源社区，激发创新意识。

2.1 Shell 命令基础

Linux 操作系统的 Shell 作为操作系统的外壳，为用户提供使用操作系统的接口。Shell 是命令语言、命令解释程序及程序设计语言的统称。

Shell 是用户和 Linux 内核之间的接口程序，如果把 Linux 内核想象成一个球体的球心，Shell 就是围绕 Linux 内核的外层。当从 Shell 或其他程序向 Linux 传递命令时，Linux 内核会做出相应的反应。

2.1.1 Shell 简介

Shell 是一个命令语言解释器，它拥有自己的 Shell 命令集，Shell 也能被系统中的其他应用程序所调用。用户在命令提示符后输入的命令都先由 Shell 解释，再传给 Linux 内核。

V2.1　Shell 简介

有一些命令，如改变工作目录命令 cd，是包含在 Shell 内部的；还有一些命令，如复制命令 cp 和移动命令 mv，是存在于文件系统中某个目录下的单独程序。对于用户而言，不必关心一条命令是包含在 Shell 内部还是一个单独程序。

Shell 会先检查命令是否为内部命令，若不是，则检查其是否为一个应用程序（这里的应用程序可以是 Linux 本身的实用程序，如 ls 和 rm；也可以是购买的商业程序，如 xv；还可以是自由软件，如 Emacs）。此后，Shell 会在搜索路径中寻找这些应用程序（搜索路径就是一个能找到可执行程序的目录列表）。如果输入的命令不是一条内部命令，且在路径中没有找到这个可执行文件，则会显示一条错误信息。如果成功找到命令，则该命令或应用程序将被分解为系统调用并传给 Linux 内核。

Shell 的另一个重要特性是它自身是一种解释型的程序设计语言，Shell 支持绝大多数在高级程序设计语言中能见到的程序元素，如函数、变量、数组和程序控制结构。Shell 具有普通程序设计语言的很多特点，例如，其具有循环结构和分支结构等，用 Shell 编写的 Shell Script 与其他应用程序具有同样的效果。Shell 简单、易学，任何在命令提示符后输入的命令都能放到一个可执行的 Shell Script 中。

Shell 是使用 Linux 操作系统的主要环境，Shell 的学习和使用是学习 Linux 不可或缺的一部分。Linux 操作系统提供的图形用户界面——X Window，就像 Windows 一样，有窗口、菜单和图标，可以通过鼠标进行相关的管理操作。在图形用户界面的“活动”面板中选择“终端”选项，打开虚拟终端，即可启动 Shell，如图 2.1 所示，在终端中输入的命令就是依靠 Shell 来解释执行的。一般的 Linux 操作系统不仅有图形用户界面，还有纯文本模式。在没有安装图形用户界面的 Linux 操作系统中，开机后会自动进入纯文本模式，此时就启动了 Shell，在该模式下可以通过输入命令和系统进行交互。

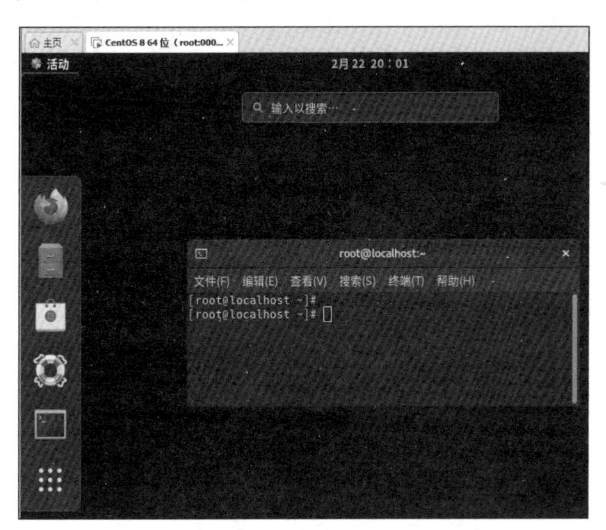

图 2.1　启动 Shell

当用户成功登录后，系统将执行 Shell Script，提供命令提示符。对于普通用户，用“$”作为命令提示符；对于超级用户，用“#”作为命令提示符。一旦出现命令提示符，用户就可以输入命令和所需的参数，系统将执行这些命令。若要中止命令的执行，则可以按“Ctrl+C”组合键；若用户想退出 Shell，则可以输入 exit、logout 命令或按文件结束符（“Ctrl+D”组合键）。

2.1.2　Shell 命令格式及一般规律

1. Shell 命令的基本格式

Linux 操作系统中的命令其实就是 Shell 命令，Shell 命令的基本格式如下。

```
command [选项] [参数]
```

（1）command为命令名称，例如，查看当前目录下的文件或文件夹的命令是ls。

（2）[选项]表示可选，是对命令的特别定义，以连接符“-”开始。多个选项可以用一个连接符“-”连接起来，例如，ls -l -a与ls -la的作用是相同的。有些命令不写选项和参数也能执行，有些命令在必要的时候可以附带选项和参数。

ls 命令是一个常用的命令，它属于目录操作命令，用来查看当前目录下的文件和目录。ls 命令后可以加选项，也可以不加选项，不加选项的写法如下。

```
[root@localhost ~]# ls
anaconda-ks.cfg  initial-setup-ks.cfg  公共  模板  视频  图片  文档  下载  音乐  桌面
[root@localhost ~]#
```

ls 命令后不加选项和参数时，执行命令就只能实现最基本的功能，即显示当前目录下的文件名。那么，加入选项后，会出现什么结果呢？

```
[root@localhost ~]# ls  -l
总用量 8
-rw-------. 1 root root 1647 6月   8 01:27 anaconda-ks.cfg
-rw-r--r--. 1 root root 1695 6月   8 01:30 initial-setup-ks.cfg
drwxr-xr-x. 2 root root    6 6月   8 01:41 公共
……
drwxr-xr-x. 2 root root   40 6月   8 01:41 桌面
[root@localhost ~]#
```

例如，上述命令在ls后加了-l选项，可以看到显示的内容明显增多了。-l是长格式（Long List）的意思，即显示文件的详细信息。

可以看到，选项的作用是调整命令的功能。如果没有选项，那么执行命令就只能实现最基本的功能；如果有选项，那么执行命令能实现更多功能。

Shell命令的选项又分为短格式选项和长格式选项两类。

① 短格式选项是长格式选项的简写，用一个“-”和一个字母表示，如ls -l。

② 长格式选项是完整的英文单词，用两个“-”和一个单词表示，如ls --all。

一般情况下，一个短格式选项会有一个对应的长格式选项。但也有例外，例如，ls 命令的短格式选项-l就没有对应的长格式选项，所以具体的命令选项需要通过帮助手册来查询。

（3）[参数]为跟在[选项]后的参数，或者是 command 的参数。参数可以是文件，也可以是目录，可以没有，也可以有多个，有些命令必须使用多个操作参数，例如，cp命令必须指定源操作对象和目标操作对象。

（4）command [选项] [参数]中的各项目之间用空格隔开，无论有几个空格，Shell都视其为一个空格。

2. 输入命令时键盘操作的一般规律

（1）命令、文件名、参数等都要区分英文大小写，例如，md与MD是不同的。

（2）命令、选项、参数之间必须有一个或多个空格。

（3）命令太长时，可以使用“\”符号来转义换行符，以实现一条命令跨多行。

```
[root@localhost ~]# hostnamectl set-hostname \      //输入“\”符号来转义换行符
> test1                                             //输入主机名为test1
[root@localhost ~]# bash                            //执行bash命令
[root@test1 ~]#
```

（4）按“Enter”键以后，该命令才会被执行。

2.1.3 显示系统信息的命令

1. who——查看用户登录信息

who 命令主要用来查看当前登录用户的信息，命令如下。

```
[root@localhost ~]# who  -a           //显示所有登录用户的信息
           系统引导 2024-02-22 19:57
           运行级别 5 2024-02-22 19:58
root     + pts/0       2024-02-22 19:58   .         2192 (192.168.100.1)
root     + tty2        2024-02-22 19:59 00:09      2303 (tty2)
[root@localhost ~]#
```

2. whoami——显示当前操作用户

whoami 命令用于显示当前操作用户的用户名，命令如下。

```
[root@localhost ~]# whoami
root
[root@localhost ~]#
```

3. hostname/hostnamectl——显示或设置当前系统的主机名

（1）hostname 命令用于显示当前系统的主机名，命令如下。

```
[root@localhost ~]# hostname                          //显示当前系统的主机名
localhost                                             //主机名为 localhost
[root@localhost ~]#
```

（2）hostnamectl 命令用于设置当前系统的主机名，命令如下。

```
[root@localhost ~]# hostnamectl set-hostname test1 //设置当前系统的主机名为 test1
[root@localhost ~]# bash                              //执行命令
[root@test1 ~]#
[root@test1 ~]# hostname
test1
[root@test1 ~]#
```

4. date——显示当前时间和日期

date 命令用于显示当前时间和日期，命令如下。

```
[root@localhost ~]# date
2024 年 02 月 22 日 星期四 20:05:25 EST
[root@localhost ~]#
```

5. cal——显示日历

cal 命令用于显示日历信息，命令如下。

```
[root@localhost ~]# cal
         二月 2024
日 一 二 三 四 五 六
             1  2  3
 4  5  6  7  8  9 10
11 12 13 14 15 16 17
18 19 20 21 22 23 24
25 26 27 28 29
[root@localhost ~]#
```

6. clear——清空屏幕

clear 命令相当于 DOS 下的 cls 命令，用于清空屏幕显示内容，命令如下。

```
[root@localhost ~]# clear
[root@localhost ~]#
```

2.1.4 Shell 使用技巧

1. 命令和文件名的自动补齐功能

Linux 操作系统中的命令有许多实用的功能，如自动补齐功能。在命令行模式下，输入字符后，按两次“Tab”键，Shell 会列出以这些字符开始的所有可用命令。如果只有一个命令匹配，则按一次“Tab”键会自动将其补全。当然，除了补全命令外，还可以补全路径和文件名。

```
[root@localhost ~]# mkd<Tab>
mkdict    mkdir    mkdosfs   mkdumprd
[root@localhost ~]#
```

这里 Shell 列出了所有以字符串 mkd 开头的可用命令，这种功能在平常的应用中是经常使用的。

在命令行模式下进行操作时，一定要经常使用“Tab”键，这样可以避免拼写错误导致的输入错误。

2. 历史命令

若要查看最近使用过的命令，则可以在终端中执行 history 命令。

寻找历史命令最简单的方法就是利用上、下方向键，找回最近执行过的命令，减少输入命令的次数，这在需要重复执行命令时非常方便。例如，每按一次上方向键，就会把上一次执行的命令显示出来，可以按“Enter”键执行该命令。

在用某账号登录系统后，历史命令列表将根据历史命令文件进行初始化，历史命令文件的文件名由环境变量 HISTFILE 指定。历史命令文件的默认名称是.bash_history（以“.”开头的文件是隐藏文件），该文件通常在用户主目录下，如用户 root 的历史命令文件的存储路径为/root/.bash_history，普通用户的历史命令文件的存储路径为/home/*/.bash_history。

```
[root@localhost ~]# cat    /root/.bash_history       //显示用户 root 历史命令文件的内容
ip address
ifconfig
ll /mnt
ls /mnt/data
clear
[root@localhost ~]#
[root@localhost ~]# cat    /home/*/.bash_history     //显示普通用户历史命令文件的内容
su -
[root@localhost ~]#
```

Shell 在历史命令文件中保留了一定数目的、已经在终端中输入过的命令，这个数目取决于环境变量 HISTSIZE（默认保存 1000 条命令，此值可以更改）。但是 Shell 执行命令时，不会立刻将命令写入历史命令文件，而是先存放在内存的缓冲区中，该缓冲区被称为历史命令列表，等退出 Shell 后再将历史命令列表中的命令写入历史命令文件中，也可以执行 history -w 命令，要求 Shell 立刻将历史命令列表中的命令写入历史命令文件中。这里要分清楚两个概念——历史命令文件与历史命令列表。

history 命令可以用来显示和编辑历史命令，其格式如下。

语法 1：

```
history  [n]
```

功能：当 history 命令没有参数时，将显示整个历史命令列表的内容，如果使用 *n* 参数，则将显示

n 条历史命令。

【实例 2.1】 显示最近 5 条历史命令，命令如下。

```
[root@localhost ~]# history 5
   27  dir
   28  clear
   29  ip address
   30  ifconfig
   31  history 5
[root@localhost ~]#
```

每条命令前都有一个序号，可以按照表 2.1 所示的格式快速执行历史命令。

表 2.1 快速执行历史命令

格式	功能
!*n*	重新执行第 *n* 条命令，*n* 表示序号（执行 history 命令后可以看到序号）
!-*n*	重复执行前 *n* 条命令
!!	重新执行上一条命令
!string	执行最近用到的以 string 开头的历史命令
!?string[?]	执行最近用到的包含 string 的历史命令
<Ctrl+R>	在历史命令列表中查询某条历史命令

【实例 2.2】 对于实例 2.1 中序号为 30 的历史命令 ifconfig，输入“!30”并执行，命令如下。

```
[root@localhost ~]# !30                              //输入“!30”并执行
ifconfig
ens160: flags=4163<UP,BROADCAST,RUNNING,MULTICAST>  mtu 1500
        inet 192.168.100.100  netmask 255.255.255.0  broadcast 192.168.100.255
        inet6 fe80::9e65:474e:a21:97c6  prefixlen 64  scopeid 0x20<link>
        ether 00:0c:29:80:54:9b  txqueuelen 1000  (Ethernet)
        RX packets 10906  bytes 841566 (821.8 KiB)
        RX errors 0  dropped 0  overruns 0  frame 0
        TX packets 2619  bytes 298610 (291.6 KiB)
        TX errors 0  dropped 0 overruns 0  carrier 0  collisions 0
…
 [root@localhost ~]#
```

语法 2：

```
history  [选项]  [filename]
```

history 命令各选项及其功能说明如表 2.2 所示。

表 2.2 history 命令各选项及其功能说明

选项	功能说明
-a	把当前的历史命令添加到历史命令文件中
-c	清空历史命令列表
-n	将历史命令文件中的内容添加到当前历史命令列表中
-r	将历史命令文件中的内容更新（替换）到当前历史命令列表中
-w	将历史命令列表中的内容写入历史命令文件，并覆盖历史命令文件原来的内容
filename	如果 filename 选项没有被指定，则 history 命令将使用环境变量 HISTFILE 指定的文件名

【实例 2.3】自定义历史命令列表。

（1）新建一个文件（如/root/history.txt），用来存储常用命令，每条命令占一行，命令如下。

```
[root@localhost ~]# pwd                          //查看当前目录路径
/root
[root@localhost ~]# touch history.txt            //新建 history.txt 文件
[root@localhost ~]# cat history.txt              //显示文件内容，内容不为空
[root@localhost ~]#
```

（2）清空历史命令列表，命令如下。

```
[root@localhost ~]# history  -c
[root@localhost ~]#
```

（3）将历史命令列表中的内容写入历史命令文件，并覆盖历史命令文件原来的内容，命令如下。

```
[root@localhost ~]# dir
aa.txt          history.txt              mkfs.ext2   mkrfc2734  视频  下载
anaconda-ks.cfg  initial-setup-ks.cfg  mkfs.msdos  公共       图片  音乐
font.map   mkfontdir                 mkinitrd    模板       文档  桌面
[root@localhost ~]# ll                                   //显示详细信息
总用量 16
-rw-r--r--. 1 root root   88 6月  21 14:55 aa.txt
-rw-------. 1 root root 1647 6月   8 01:27 anaconda-ks.cfg
-rw-r--r--. 1 root root    0 6月  20 22:37 font.map
…
drwxr-xr-x. 2 root root   40 6月   8 01:41 桌面
[root@localhost ~]# history -w /root/history.txt    //写入并覆盖历史命令文件原有的内容
[root@localhost ~]# cat /root/history.txt           //显示 history.txt 文件的内容
dir
ll
history -w /root/history.txt
[root@localhost ~]#
```

3. 命令别名

用户可以为某一个复杂的命令创建一个简单的别名，当用户使用这个别名时，系统就会自动地找到并执行这个别名对应的真实命令，从而提高工作效率。

可以使用 alias 命令查询当前已经定义的 alias 列表。使用 alias 命令可以创建别名，使用 unalias 命令可取消一条别名记录。alias 命令的格式如下。

```
alias  [别名]=[命令名称]
```

功能：设置命令的别名，如果不加任何参数，仅输入 alias 命令，则将列出当前所有的别名设置。alias 命令仅对该次登录系统有效，如果希望每次登录系统都能够使用该命令的别名，则需要编辑该用户的.bashrc 文件（用户 root 的文件存放路径为/root/.bashrc，普通用户的文件存放路径为/home/*/.bashrc），按照如下格式添加一行命令。

```
alias  别名='需要替换的命令名称'
```

保存.bashrc 文件，再次登录系统时，即可使用命令的别名。

注意  在定义别名时，等号两边不能有空格，等号右边的命令名称一般会包含空格或特殊字符，此时需要使用单引号。

显示用户 root 的.bashrc 文件内容的命令如下。

```
[root@localhost ~]# cat   /root/.bashrc        //显示用户 root 的.bashrc 文件的内容
# .bashrc
# User specific aliases and functions
alias rm='rm -i'
alias cp='cp -i'
alias mv='mv -i'
# Source global definitions
if [ -f /etc/bashrc ]; then
        . /etc/bashrc
fi
[root@localhost ~]#
```

【实例 2.4】执行不加任何参数的 alias 命令，将列出当前所有的别名设置，显示如下。

```
[root@localhost ~]# alias                 //执行不加任何参数的 alias 命令
alias cp='cp -i'
alias egrep='egrep --color=auto'
…
alias which='alias | /usr/bin/which --tty-only --read-alias --show-dot --show-tilde'
[root@localhost ~]#
```

【实例 2.5】为 ls -l /home 命令设置别名 displayhome，再执行 unalias displayhome 命令，若取消别名设置，则 displayhome 已经不是命令。设置命令别名的命令如下。

```
[root@localhost home]# alias displayhome='ls -l /home'
[root@localhost home]# displayhome
总用量 0
drwx------. 5 user01 user01 121 6月  21 22:20 user01
drwxr-xr-x. 2 root   root    20 6月  21 22:21 user02
drwxr-xr-x. 2 root   root    20 6月  21 22:21 user03
[root@localhost home]#
```

查看当前别名设置信息，命令如下。

```
[root@localhost home]# alias
alias cp='cp -i'
alias displayhome='ls -l /home'
alias egrep='egrep --color=auto'
alias fgrep='fgrep --color=auto'
…
alias which='alias | /usr/bin/which --tty-only --read-alias --show-dot --show-tilde'
[root@localhost home]#
```

取消别名设置的命令如下，此时 displayhome 已经不是命令。

```
[root@localhost home]# unalias  displayhome
[root@localhost home]# displayhome
bash: displayhome: 未找到命令...
[root@localhost home]#
```

4．命令帮助

由于 Linux 操作系统的命令以及选项和参数太多，因此建议用户不要去记住所有命令的用法，借助 Linux 操作系统提供的各种帮助工具，可以很好地解决此类问题。

（1）利用 whatis 命令来查询命令。

```
[root@localhost ~]# whatis  ls
ls (1)                  - 列出目录内容
```

```
ls (1p)                  - 列出目录内容
[root@localhost ~]#
```

（2）利用ls命令的--help选项来查询命令。

```
[root@localhost ~]# ls --help
用法：ls [选项]... [文件]...
List information about the FILEs (the current directory by default).
Sort entries alphabetically if none of -cftuvSUX nor --sort is specified.
Mandatory arguments to long options are mandatory for short options too.
  -a, --all                  不隐藏任何以"."开始的项目
  -A, --almost-all           列出除"."及".."以外的任何项目
      --author               与-l 同时使用时将列出每个文件的作者
  -b, --escape               以八进制溢出序列表示不可输出的字符
      --block-size=SIZE      scale sizes by SIZE before printing them; e.g.,
                             '--block-size=M' prints sizes in units of
                             1,048,576 bytes; see SIZE format below
…
```

（3）利用man命令来查询命令。

```
[root@localhost ~]# man ls
LS(1)                   General Commands Manual                    LS(1)
NAME
       ls, dir, vdir - 列出目录内容
提要
       ls [选项] [文件名...]
       POSIX 标准选项：[-CFRacdilqrtu1]
GNU 选项（短格式）：
       [-1abcdfgiklmnopqrstuxABCDFGLNQRSUX] [-w cols] [-T cols] [-I pattern]
[--full-time] [--format={long,ver-
       bose,commas,across,vertical,single-column}]
[--sort={none,time,size,extension}]
       [--time={atime,access,use,ctime,status}] [--color[={none,auto,always}]]
[--help] [--version] [--]
描述（ DESCRIPTION ）
      程序ls先列出非目录的文件项，再列出每一个目录中的"可显示"文件。如果
      没有选项之外的参数（即文件名部分为空）出现，则默认为"."（当前目录）。
     …
```

（4）利用info命令来查询命令。

```
[root@localhost ~]# info ls
File: coreutils.info,  Node: What information is listed,  Next: Sorting the output,
Prev: Which files are listed\
, Up: ls invocation
10.1.2 What information is listed
…
     Finally, output a line of the form:
          //DIRED-OPTIONS// --quoting-style=WORD
     where WORD is the quoting style (*note Formatting the file
     names::).
```

（5）其他获取帮助的方法。

① 查询系统中的帮助文档。

② 通过官网获取Linux操作系统文档。

2.2 Linux 文件及目录管理

文件系统是 Linux 操作系统的重要组成部分，文件系统中的文件是数据的集合，文件系统不仅包含文件中的数据，还包含文件系统的结构，所有 Linux 用户和程序“看到”的文件、目录、软链接及文件保护信息等都存储在文件系统中。学习 Linux，不限于学习各种命令，了解整个 Linux 文件系统的目录结构及各个目录的功能同样至关重要。

2.2.1 Linux 操作系统的目录结构

V2.2 Linux 操作系统的目录结构

Linux 操作系统安装完成以后，会自动建立一套完整的目录结构，虽然各个 Linux 发行版之间有一些差异，但是基本上都会遵循传统 Linux 操作系统建立目录的方法，即最底层的目录称为根目录，用“/”表示，Linux 操作系统的主要目录结构如图 2.2 所示。

Linux 的文件系统结构不同于 Windows 操作系统，Linux 操作系统只有一棵文件树，整个文件系统是以一个树根“/”为起点的，所有的文件和外部设备（如磁盘、光驱、打印机等）都以文件的形式挂载在这棵文件树上。通常，Linux 发行版的根目录下含有/boot、/dev、/etc、/home、/media、/mnt、/opt、/proc、/root、/run、/srv、/sys、/tmp、/usr、/var、/bin、/lib、/lib64、/sbin 等目录。

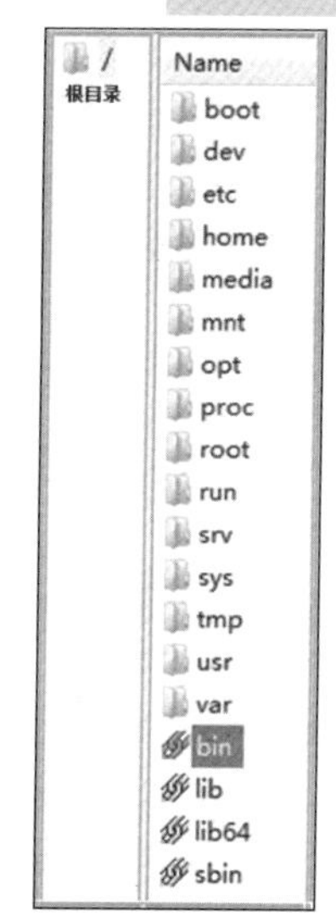

图 2.2 Linux 操作系统的主要目录结构

其主要目录说明如下。

/boot：系统启动目录，存放的是启动 Linux 时的一些核心文件，包括链接文件、映像文件、内核文件和启动引导程序文件等。

/dev：Linux 设备文件保存位置，dev 是 device（设备）的缩写，该目录下存放的是 Linux 的外部设备，Linux 中的设备都是以文件的形式存在的。

/etc：用来存放系统管理员所需要的配置文件和子目录的文件，该目录的内容一般只能由系统管理员进行修改，密码文件、网络配置信息、系统内所有采用默认安装方式（RPM 安装）的服务配置文件都保存在该目录下，如用户信息、服务的启动脚本、常用服务的配置文件等。

/home：普通用户的主目录（也称为家目录）。在创建用户时，每个用户都要有一个默认登录和保存自己数据的位置，即用户的主目录，所有普通用户的主目录都是在/home 下建立一个和用户名相同的目录，并为该用户分配一块空间。例如，用户 user01 的主目录是/home/user01，这个目录主要用于存放与用户有关的私人文件。

/media：挂载目录，建议用来挂载媒体设备，如软盘和光盘。

/mnt：挂载目录，该目录是空的，建议用来挂载额外的设备，如 U 盘、移动磁盘和其他操作系统的分区。

/opt：第三方安装的软件的保存位置，手动安装的源代码包软件都可以安装到该目录下。但建议将软件放到/usr/local 目录下，也就是说，/usr/local 目录也可以用来安装软件。

/proc：虚拟目录，是系统内存的映射，可直接访问该目录来获取系统信息。该目录中的数据并不保存在磁盘中，而是保存在内存中。该目录主要用于保存系统的内核、进程、外部设备状态和网络状态等。例如，/proc/cpuinfo 用于保存 CPU 信息，/proc/devices 用于保存设备驱动程序的列表，/proc/filesystems 用于保存文件系统列表，/proc/net 用于保存网络协议信息。

/root：系统管理员的主目录，普通用户的主目录在/home目录下，系统管理员的主目录在根目录下。

/run：用于存放自系统启动以来描述系统信息的文件。

/srv：服务数据目录。一些系统服务启动之后，可以在该目录下保存所需要的数据。

/sys：为用户提供一种方便的途径来查看和修改系统内核和硬件设备的相关信息。通过对该目录的了解和使用，用户可以更好地管理和控制Linux操作系统的运行状态，从而提高系统的稳定性和性能。

/tmp：临时目录，是系统用于存放临时文件的目录。在该目录下，所有用户都可以访问和写入。建议该目录下不要存放重要数据，应每次开机都把该目录清空。

/usr：用于存储系统软件资源，即应用程序和文件。用户要用到的程序和文件几乎都存放在该目录下，如命令、帮助文件等。

/var：用于存放运行时需要改变数据的文件，也是某些大文件的溢出区，如各种服务的日志文件（系统启动日志等）。

/bin：存放基本系统的用户命令。基本系统所需要的命令也是最小系统所需要的命令，这些命令都位于该目录下，如ls、rm、cp等命令。普通用户和用户root都可以执行该目录下的文件，位于/bin下的命令在单用户模式下也可以执行。

/lib与/lib64：用于保存系统调用的函数库，包含最基本的共享库和内核模块，存放用于启动系统和执行root文件系统的命令，如/bin/sbin的二进制文件的共享库，或者存放32位/64位（可使用file命令查看）文件。

/sbin：用于保存系统管理员命令，拥有系统管理员用户权限的用户可以执行相应操作。

2.2.2 文件及目录显示类命令

1. pwd——显示当前工作目录

V2.3 文件及目录显示类命令

pwd是print working directory的缩写，用于以绝对路径的形式显示当前工作目录。

每次打开终端时，系统都会处在某个当前工作目录中，一般打开终端后默认的当前工作目录是用户的主目录。

```
[root@localhost ~]# pwd                    //显示当前工作目录
/root
[root@localhost ~]#
```

2. cd——改变当前工作目录

cd是change directory的缩写，用于改变当前工作目录。其格式如下。

```
cd    [绝对路径或相对路径]
```

路径是目录或文件在系统中的存放位置。例如，如果要编辑ifcfg-ens160文件，要先知道此文件的存放位置，此时就需要用路径来表示。

路径是由目录和文件名构成的。例如，/etc是一条路径，/etc/sysconfig是一条路径，/etc/sysconfig/network-scripts/ifcfg-ens160也是一条路径。

路径的分类如下。

（1）绝对路径：从根目录开始的路径，如/usr、/usr/local/、/usr/local/etc等是绝对路径，它指向系统中一个绝对的位置。

（2）相对路径：路径不是从根目录开始的，相对路径的起点为当前目录。例如，如果现在位于/usr目录，那么相对路径local/etc所指示的位置为/usr/local/etc。也就是说，相对路径所指示的位置，除了相对路径本身之外，还受到当前位置的影响。

Linux操作系统中常见的目录有/bin、/usr/bin、/usr/local/bin，如果只有一个相对路径bin，那么它指示的位置可能是这 3 个目录中的任意一个，也可能是其他目录。使用 cd 命令时，特殊符号表示的目录如表 2.3 所示。

表 2.3 特殊符号表示的目录

特殊符号	表示的目录
~	代表当前登录用户的主目录
~用户名	表示切换至指定用户的主目录
-	代表上次所在目录
.	代表当前目录
..	代表上级目录

如果只输入 cd，未指定目标目录名，则表示返回到当前用户的主目录，等同于 cd~。一般用户的主目录默认在/root 下，如用户 root 的默认主目录为/root。为了能够进入指定的目录，用户必须拥有对指定目录的执行和读权限。

【实例 2.6】以用户 root 身份登录系统，并进行目录切换等操作，命令如下。

```
[root@localhost ~]# pwd                        //显示当前工作目录
/root
[root@localhost ~]# cd /etc                    //以绝对路径进入 etc 目录
[root@localhost etc]# cd yum.repos.d           //以相对路径进入 yum.repos.d 目录
[root@localhost yum.repos.d]# pwd
/etc/yum.repos.d
[root@localhost yum.repos.d]# cd .             //当前目录
[root@localhost yum.repos.d]# cd ..            //上级目录
[root@localhost etc]# pwd
/etc
[root@localhost etc]# cd ~                     //当前登录用户的主目录
[root@localhost ~]# pwd
/root
[root@localhost ~]# cd -                       //上次所在目录
/etc
[root@localhost etc]#
```

3. ls——显示目录文件

ls 是 list 的缩写，不加参数时，ls 命令用来显示当前目录清单，是 Linux 中最常用的命令之一。通过 ls 命令不仅可以查看 Linux 文件夹包含的文件，还可以查看文件及目录的权限、目录信息等。其格式如下。

```
ls    [选项]    目录或文件名
```

ls 命令各选项及其功能说明如表 2.4 所示。

表 2.4 ls 命令各选项及其功能说明

选项	功能说明
-a	显示所有文件，包括隐藏文件，如“.”“..”
-d	仅可以查看目录的属性参数及信息
-h	以易于阅读的格式显示文件或目录的大小
-i	查看任意一个文件的节点
-l	长格式输出，显示详细信息，包含文件属性
-L	递归显示，即列出某个目录及子目录中的所有文件和目录
-t	以文件和目录的更改时间排序显示

【实例 2.7】使用 ls 命令，进行显示目录文件相关操作，执行以下命令。

（1）显示所有文件，包括隐藏文件，如“.”“..”。

```
[root@localhost ~]# ls -a
.                  .bash_profile  .esd_auth         mkfontdir   .tcshrc    文档
..                 .bashrc        font.map          mkfs.ext2   .Viminfo   下载
aa.txt             .cache         history.txt       mkfs.msdos  公共       音乐
anaconda-ks.cfg    .config        .ICEauthority     mkinitrd    模板       桌面
…
[root@localhost ~]#
```

（2）长格式输出，显示详细信息，包含文件属性。

```
[root@localhost ~]# ls  -l
总用量 16
-rw-r--r--. 1 root root   85 6月  25 14:04 aa.txt
-rw-------. 1 root root 1647 6月   8 01:27 anaconda-ks.cfg
-rw-r--r--. 1 root root    0 6月  20 22:37 font.map
…
[root@localhost ~]#
```

2.2.3 文件及目录操作类命令

V2.4 文件及目录操作类命令

1. touch——创建文件或修改文件的存取时间

touch 命令可以用来创建文件或修改文件的存取时间，如果指定的文件不存在，则会生成一个空文件。其格式如下。

```
touch ［选项］ 目录或文件名
```

touch 命令各选项及其功能说明如表 2.5 所示。

表 2.5 touch 命令各选项及其功能说明

选项	功能说明
-a	只把文件存取时间修改为当前时间
-d	把文件的存取时间和修改时间格式修改为 yyyymmdd
-m	只把文件的修改时间修改为当前时间

【实例 2.8】使用 touch 命令创建一个或多个文件，执行以下命令。

```
[root@localhost ~]# cd  /mnt                                            //切换目录
[root@localhost mnt]# touch  file01.txt                                 //创建一个文件
[root@localhost mnt]# touch  file02.txt  file03.txt  file04.txt         //创建多个文件
[root@localhost mnt]# touch * //把当前目录下所有文件的存取时间和修改时间修改为当前时间
[root@localhost mnt]# ls  -l  //查看修改结果
总用量 0
-rw-r--r--. 1 root root 0 6月  25 16:10 file01.txt
-rw-r--r--. 1 root root 0 6月  25 16:10 file02.txt
-rw-r--r--. 1 root root 0 6月  25 16:10 file03.txt
-rw-r--r--. 1 root root 0 6月  25 16:10 file04.txt
[root@localhost mnt]#
```

使用 touch 命令把/mnt 目录下的所有文件的存取时间和修改时间修改为 2024 年 6 月 26 日，执行以下命令。

```
[root@localhost mnt]# touch  -d  20240626  /mnt/*
[root@localhost mnt]# ls  -l
总用量 0
-rw-r--r--. 1 root root 0 6月  26 2024 file01.txt
-rw-r--r--. 1 root root 0 6月  26 2024 file02.txt
-rw-r--r--. 1 root root 0 6月  26 2024 file03.txt
-rw-r--r--. 1 root root 0 6月  26 2024 file04.txt
[root@localhost mnt]#
```

2. mkdir——创建目录

mkdir 命令用于创建指定目录名的目录，要求用户在创建的当前目录中具有写权限，并且指定的目录名不能是当前目录中已有的目录名。目录可以是绝对路径，也可以是相对路径。其格式如下。

```
mkdir [选项]    目录名
```

mkdir 命令各选项及其功能说明如表 2.6 所示。

表 2.6　mkdir 命令各选项及其功能说明

选项	功能说明
-p	递归创建目录，如果父目录不存在，则此时可以与子目录一起创建，即可以一次创建多个层级的目录
-m	给创建的目录设定权限，默认权限是 drwxr-xr-x
-v	输入目录创建的详细信息

【实例 2.9】使用 mkdir 命令创建目录，执行以下命令。

```
[root@localhost mnt]# mkdir user01                    //创建目录 user01
[root@localhost mnt]# ls  -l
总用量 0
-rw-r--r--. 1 root root 0 6月  26 2024 file01.txt
-rw-r--r--. 1 root root 0 6月  26 2024 file02.txt
-rw-r--r--. 1 root root 0 6月  26 2024 file03.txt
-rw-r--r--. 1 root root 0 6月  26 2024 file04.txt
drwxr-xr-x. 2 root root 6 6月  25 16:30 user01
[root@localhost mnt]# mkdir -v user02                 //创建目录 user02
mkdir: 已创建目录 "user02"
[root@localhost mnt]# ls -l
总用量 0
-rw-r--r--. 1 root root 0 6月  26 2024 file01.txt
-rw-r--r--. 1 root root 0 6月  26 2024 file02.txt
-rw-r--r--. 1 root root 0 6月  26 2024 file03.txt
-rw-r--r--. 1 root root 0 6月  26 2024 file04.txt
drwxr-xr-x. 2 root root 6 6月  25 16:30 user01
drwxr-xr-x. 2 root root 6 6月  25 16:32 user02
[root@localhost mnt]# mkdir -p /mnt/user03/a01  /mnt/user03/a02
                                   //在 user03 目录下，同时创建目录 a01 和目录 a02
[root@localhost mnt]# ls  -l  /mnt/user03
总用量 0
drwxr-xr-x. 2 root root 6 6月  25 16:35 a01
```

```
drwxr-xr-x. 2 root root 6 6月  25 16:43 a02
[root@localhost mnt]#
```

3. rmdir——删除目录

rmdir 是常用的命令，该命令的功能是删除空目录，一个目录被删除之前必须是空的，删除某个目录时必须具有对其父目录的写权限。其格式如下。

```
rmdir  [选项]  目录名
```

rmdir 命令各选项及其功能说明如表 2.7 所示。

表 2.7　rmdir 命令各选项及其功能说明

选项	功能说明
-p	递归删除目录，当子目录删除后其父目录为空时，父目录也一同被删除。如果整个路径被删除或者由于某种原因保留部分路径，则系统会在标准输出上显示相应的信息
-v	显示命令执行过程

【实例 2.10】使用 rmdir 命令删除目录，执行以下命令。

```
[root@localhost mnt]# rmdir  -v  /mnt/user03/a01
rmdir: 正在删除目录 "/mnt/user03/a01"
[root@localhost mnt]# ls  -l  /mnt/user03
总用量 0
drwxr-xr-x. 2 root root 6 6月  25 16:43 a02
[root@localhost mnt]#
```

4. rm——删除文件或目录

rm 既可以删除一个目录中的一个文件或多个文件/目录，又可以将某个目录及其下的所有文件及子目录都删除。其格式如下。

```
rm    [选项]    目录或文件名
```

rm 命令各选项及其功能说明如表 2.8 所示。

表 2.8　rm 命令各选项及其功能说明

选项	功能说明
-f	强制删除，删除文件或目录时不提示用户
-i	在删除文件或目录前会询问用户是否进行删除操作
-r	删除某个目录及其中的所有的文件和子目录
-d	删除空文件或目录
-v	显示命令执行过程

【实例 2.11】使用 rm 命令删除文件或目录，执行以下命令。

```
[root@localhost ~]# ls  -l  /mnt                //显示目录下的信息
总用量 0
drwxr-xr-x. 2 root root  6 6月  25 16:34 a03
-rw-r--r--. 1 root root  0 6月  26 2024 file01.txt
-rw-r--r--. 1 root root  0 6月  26 2024 file02.txt
-rw-r--r--. 1 root root  0 6月  26 2024 file03.txt
-rw-r--r--. 1 root root  0 6月  26 2024 file04.txt
drwxr-xr-x. 2 root root  6 6月  25 16:30 user01
drwxr-xr-x. 3 root root 17 6月  25 16:34 user02
drwxr-xr-x. 3 root root 17 6月  25 16:55 user03
```

```
[root@localhost ~]# rm  -r  -f  /mnt/*              //强制删除目录及其中的所有文件和子目录
[root@localhost /]# ls  -l  /mnt                     //显示目录下的信息
总用量 0
[root@localhost /]#
```

5. cp——复制文件或目录

要将一个文件或目录复制到另一个文件或目录下，可以使用 cp 命令。该命令的功能非常强大，参数也很多，除了单纯的复制之外，还可以建立连接文件、复制整个目录，以及在复制的同时对文件进行重命名操作等，这里仅介绍几个常用的选项。其格式如下。

```
cp    [选项]    源目录或文件名  目标目录或文件名
```

cp 命令各选项及其功能说明如表 2.9 所示。

表 2.9　cp 命令各选项及其功能说明

选项	功能说明
-a	将文件的属性一起复制
-f	强制复制，无论目标文件或目录是否已经存在。如果目标文件或目录存在，则先删除再复制（即覆盖），并且不提示用户
-i	-i 和-f 选项相反，如果目标文件或目录存在，则提示用户是否覆盖已有的文件
-n	不覆盖已存在的文件（使-i 选项失效）
-p	保持指定的属性，如模式、所有权、时间戳等，与-a 选项类似，常用于备份
-r	递归复制目录，即包含目录下的各级子目录的所有内容
-s	只创建符号链接而不复制文件
-u	只在源文件比目标文件新或目标文件不存在时才进行复制
-v	显示命令执行过程

【实例 2.12】使用 cp 命令复制文件或目录，执行以下命令。

```
[root@localhost ~]# cd /mnt
[root@localhost mnt]# touch  a01.txt  a02.txt  a03.txt
[root@localhost mnt]# mkdir  user01  user02  user03
[root@localhost mnt]# dir
a01.txt  a02.txt  a03.txt  user01  user02  user03
[root@localhost mnt]# ls -l
总用量 0
-rw-r--r--. 1 root root 0 6月  25 20:27 a01.txt
-rw-r--r--. 1 root root 0 6月  25 20:27 a02.txt
-rw-r--r--. 1 root root 0 6月  25 20:27 a03.txt
drwxr-xr-x. 2 root root 6 6月  25 20:28 user01
drwxr-xr-x. 2 root root 6 6月  25 20:28 user02
drwxr-xr-x. 2 root root 6 6月  25 20:28 user03
[root@localhost mnt]#cd ~
[root@localhost ~]# cp  -r  /mnt/a01.txt  /mnt/user01/test01.txt
cp：是否覆盖"/mnt/user01/test01.txt"? y
[root@localhost ~]# ls  -l  /mnt/user01/test01.txt
-rw-r--r--. 1 root root 0 6月  25 20:41 /mnt/user01/test01.txt
[root@localhost ~]#
```

6. mv——移动文件或目录

使用 mv 命令可以为文件或目录重命名或将文件由一个目录移入另一个目录。如果在同一个目录下移动文件或目录，则该操作可理解为给文件或目录重命名。其格式如下。

```
mv  [选项]  源目录或文件名  目标目录或文件名
```

mv 命令各选项及其功能说明如表 2.10 所示。

表 2.10 mv 命令各选项及其功能说明

选项	功能说明
-f	覆盖前不询问用户
-i	覆盖前询问用户
-n	不覆盖已存在的文件
-v	显示命令执行过程

【实例 2.13】使用 mv 命令移动文件或目录，执行以下命令。

```
[root@localhost ~]# ls -l /mnt                                    //显示/mnt 目录信息
总用量 0
-rw-r--r--. 1 root root   0 6月  25 20:27 a01.txt
-rw-r--r--. 1 root root   0 6月  25 20:27 a02.txt
-rw-r--r--. 1 root root   0 6月  25 20:27 a03.txt
drwxr-xr-x. 2 root root  24 6月  25 20:29 user01
drwxr-xr-x. 2 root root  24 6月  25 20:30 user02
drwxr-xr-x. 6 root root 104 6月  25 20:37 user03
[root@localhost ~]# mv -f /mnt/a01.txt  /mnt/test01.txt     /*将 a01.txt 重命名为
test01.txt*/
[root@localhost ~]# ls -l /mnt                                    //显示/mnt 目录信息
总用量 0
-rw-r--r--. 1 root root   0 6月  25 20:27 a02.txt
-rw-r--r--. 1 root root   0 6月  25 20:27 a03.txt
-rw-r--r--. 1 root root   0 6月  25 20:27 test01.txt
drwxr-xr-x. 2 root root  24 6月  25 20:29 user01
drwxr-xr-x. 2 root root  24 6月  25 20:30 user02
drwxr-xr-x. 6 root root 104 6月  25 20:37 user03
[root@localhost ~]#
```

7. tar——打包、归档文件或目录

使用 tar 命令可以把整个目录的内容打包为一个文件，而许多用于 Linux 操作系统的程序会打包为 TAR 文件的形式，tar 命令是 Linux 中最常用的备份命令之一。

tar 命令可用于建立、还原、查看、管理文件，也可以方便地添加新文件到备份文件中，还可以用于更新部分备份文件，以及解压缩、删除指定的文件。这里仅介绍几个常用的选项，以便于日常的系统管理工作。其格式如下。

```
tar  [选项]  文件目录列表
```

tar 命令各选项及其功能说明如表 2.11 所示。

表 2.11 tar 命令各选项及其功能说明

选项	功能说明
-c	创建一个新归档，如果需要备份一个目录或一些文件，则要使用这个选项
-f	使用归档文件或设备，这个选项通常是必选的，该选项后面一定要跟文件名
-z	用 gzip 来压缩或解压缩文件，加上该选项后可以对文件进行压缩，解压缩时也一定要使用该选项

续表

选项	功能说明
-v	详细地列出处理的文件信息，若无此选项，则 tar 命令不会显示文件信息
-r	把要存档的文件添加到档案文件的末尾，使用该选项时，可将忘记的目录或文件添加到备份文件中
-t	列出归档文件的内容，可以查看哪些文件已经备份
-x	从归档文件中释放文件

【实例 2.14】使用 tar 命令打包、归档文件或目录。

（1）将/mnt 目录打包为文件 test01.tar，并将其存放在/root/user01 目录下作为备份，命令如下。

```
[root@localhost ~]# rm  -rf  /mnt/*                    //删除/mnt 目录下的所有目录和文件
[root@localhost ~]# ls  -l  /mnt
总用量 0
[root@localhost ~]# touch  /mnt/a01.txt  /mnt/a02.txt   //新建两个文件
[root@localhost ~]# mkdir  /mnt/test01  /mnt/test02     //新建两个目录
[root@localhost ~]# ls -l /mnt
总用量 0
-rw-r--r--. 1 root root 0 6月  25 22:32 a01.txt
-rw-r--r--. 1 root root 0 6月  25 22:32 a02.txt
drwxr-xr-x. 2 root root 6 6月  25 22:46 test01
drwxr-xr-x. 2 root root 6 6月  25 22:46 test02
[root@localhost ~]# mkdir  /root/user01                 //新建目录
[root@localhost ~]# tar  -cvf  /root/user01/test01.tar  /mnt
                         //将/mnt 目录下的所有文件打包为文件 test01.tar
tar: 从成员名中删除开头的"/"
/mnt/
/mnt/a01.txt
/mnt/a02.txt
/mnt/test01
/mnt/test02
[root@localhost ~]# ls  /root/user01
test01.tar
[root@localhost ~]#
```

（2）对于在/root/user01 目录下生成的压缩文件 test01.tar，使用 gzip 命令进行压缩，生成压缩文件 test01.tar.gz，原归档文件 test01.tar 就不存在了，命令如下。

```
[root@localhost ~]# gzip  /root/user01/test01.tar
[root@localhost ~]# ls  -l  /root/user01
总用量 8
-rw-r--r--. 1 root root 190 6月  25 22:36 test01.tar.gz
[root@localhost ~]#
```

（3）对于在/root/user01 目录下生成的压缩文件 test01.tar.gz，可以一次性完成归档和压缩操作，命令如下。

```
[root@localhost ~]# tar  -zcvf  /root/user01/test01.tar.gz  /mnt
tar: 从成员名中删除开头的"/"
/mnt/
/mnt/a01.txt
/mnt/a02.txt
```

```
/mnt/test01
/mnt/test02
[root@localhost ~]# ls  -l  /root/user01
总用量 16
-rw-r--r--. 1 root root 10240 6月  25 22:36 test01.tar.gz
[root@localhost ~]#
```

（4）对文件 test01.tar.gz 进行解压缩。

```
[root@localhost ~]# cd  /root/user01
[root@localhost user01]# ls  -l
总用量 4
4 -rw-r--r--. 1 root root 175 6月  25 23:13 test01.tar.gz
[root@localhost user01]# gzip -d test01.tar.gz
[root@localhost user01]# tar -xf test01.tar
```

也可以一次性完成解压缩操作。

```
[root@localhost user01]# tar  -zxf  test01.tar.gz
[root@localhost user01]# ls  -l
总用量 4
drwxr-xr-x. 4 root root  64 6月  25 23:13 mnt
-rw-r--r--. 1 root root 175 6月  25 23:13 test01.tar.gz
[root@localhost user01]# cd  mnt
[root@localhost mnt]# ls  -l
总用量 0
-rw-r--r--. 1 root root 0 6月  25 23:12 a01.txt
-rw-r--r--. 1 root root 0 6月  25 23:12 a02.txt
drwxr-xr-x. 2 root root 6 6月  25 23:13 test01
drwxr-xr-x. 2 root root 6 6月  25 23:13 test02
[root@localhost mnt]#
```

可通过查看用户目录下的文件列表，检查命令执行的情况。选项-f 之后的文件名是由用户自己定义的，通常应命名为便于识别的名称，并加上相对应的压缩名称，如 xxx.tar.gz。在实例 2.14 中，如果加上-z 选项，则调用 gzip 进行压缩，通常以.tar.gz 来代表使用 gzip 压缩过的 TAR 文件。注意，在压缩时，文件不能处于要压缩的目录及子目录内。

8. du——查看文件或目录的容量大小

使用 du 命令可以查看文件或目录的容量大小。其格式如下。

```
du    [选项]    文件或目录
```

du 命令各选项及其功能说明如表 2.12 所示。

表 2.12　du 命令各选项及其功能说明

选项	功能说明
-a	显示每个指定文件的磁盘使用情况，或者显示目录中的每个文件各自的磁盘使用情况
-b	显示目录或文件大小，以 B（Byte，字节）为单位
-c	除了显示目录或文件的大小外，还显示所有目录或文件大小的总和
-D	显示用指定符号链接的源文件大小
-h	以 KB、MB、GB 为单位，提高信息的可读性
-H	与-h 选项相同，但是 K、M、G 以 1000 为换算单位，而不以 1024 为换算单位
-l	重复计算硬件连接的文件
-L	显示选项中用指定符号链接的源文件大小

续表

选项	功能说明
-s	仅显示总计，即当前目录容量的大小
-S	显示每个目录的大小时，不含其子目录的大小
-x	以一开始处理时的文件系统为准，若遇到其他不同的文件系统目录，则略过

【实例 2.15】使用 du 命令查看文件或目录的容量大小，执行以下命令。

```
[root@localhost /]# du  -h  /boot        //以 KB、MB、GB 为单位显示文件或目录容量的大小
0       /boot/efi/EFI/CentOS/fw
5.9M    /boot/efi/EFI/CentOS
1.9M    /boot/efi/EFI/BOOT
7.7M    /boot/efi/EFI
7.7M    /boot/efi
2.4M    /boot/grub2/i386-pc
3.2M    /boot/grub2/locale
2.5M    /boot/grub2/fonts
8.0M    /boot/grub2
4.0K    /boot/grub
147M    /boot
[root@localhost /]# du  -hs  /boot       //仅显示总计，即当前目录容量的大小
147M    /boot
[root@localhost /]#
```

2.2.4 文件内容的显示和处理类命令

1. cat——显示文件内容

cat 命令的作用是连接文件或标准输入/输出。这个命令常用来显示文件内容，或者将几个文件连接起来显示，又或者从标准输入读取内容并输出，其常与重定向符号配合使用。其格式如下。

```
cat  [选项]  文件名
```

cat 命令各选项及其功能说明如表 2.13 所示。

表 2.13 cat 命令各选项及其功能说明

选项	功能说明
-A	等价于-vET
-b	对非空输出行进行编号
-e	等价于-vE
-E	在每行结束处显示$
-n	由 1 开始对所有输出的行进行编号
-s	当有连续两行及以上的空白行时，将其替换为一个空白行
-t	与-vT 等价
-T	将跳格字符显示为^I
-v	用一种特殊形式显示控制字符，可使用^和 M-引用，“Tab”键之外

【实例 2.16】使用 cat 命令来显示文件内容，执行以下命令。

```
[root@localhost ~]# dir
a1-test01.txt    history.txt          mkfs.ext2   mkrfc2734  公共  图片  音乐
anaconda-ks.cfg  initial-setup-ks.cfg mkfs.msdos  mnt              模板  文档  桌面
font.map         mkfontdir            mkinitrd    user01     视频  下载
[root@localhost ~]# cat a1-test01.txt  //显示 a1-test01.txt 文件的内容
```

```
aaaaaaaaaaaaaaaa
bbbbbbbbbbbbbb
cccccccccccccccc
[root@localhost ~]# cat -nE a1-test01.txt     /*显示a1-test01.txt文件的内容，由1开始对所有输出的行进行编号，并在每行结束处显示$*/
     1  aaaaaaaaaaaaaaaa$
     2  bbbbbbbbbbbbbb$
     3  cccccccccccccccc$
[root@localhost ~]#
```

2. tac——反向显示文件内容

tac命令与cat命令相反，只适用于显示内容较少的文件。其格式如下。

```
tac  [选项]   文件名
```

tac命令各选项及其功能说明如表2.14所示。

表2.14 tac命令各选项及其功能说明

选项	功能说明
-b	在行前添加分隔标志
-r	分隔标志视作正则表达式来解析
-s	使用指定字符串代替换行作为分隔标志

【实例2.17】使用tac命令来反向显示文件内容，执行以下命令。

```
[root@localhost ~]# tac  -r  a1-test01.txt
cccccccccccccccc
bbbbbbbbbbbbbb
aaaaaaaaaaaaaaaa
[root@localhost ~]#
```

3. more——逐页显示文件中的内容

配置文件和日志文件通常都采用文本格式，这些文件通常有很长的内容，无法在一屏内全部显示出来，所以在处理这种文件时需要分页显示，此时可以使用more命令。其格式如下。

```
more  [选项]   文件名
```

more命令各选项及其功能说明如表2.15所示。

表2.15 more命令各选项及其功能说明

选项	功能说明
-d	显示帮助信息
-f	统计逻辑行数而不是屏幕行数
-l	抑制换页后的暂停
-p	不滚屏，清屏并显示文本
-c	不滚屏，显示文本并清理行尾
-u	抑制下画线
-s	将多个空行替换为一行
-NUM	指定每屏显示的行数为NUM
+NUM	从文件第NUM行开始显示
+/STRING	从匹配搜索字符串STRING的文件位置开始显示
-v	输出版本信息并退出

【实例 2.18】使用 more 命令来逐页显示文件中的内容，执行以下命令。

```
[root@localhost ~]# more  /etc/passwd
root:x:0:0:root:/root:/bin/bash
bin:x:1:1:bin:/bin:/sbin/nologin
daemon:x:2:2:daemon:/sbin:/sbin/nologin
......
--More--(45%)
```

如果 more 命令后面接的文件长度大于屏幕输出的行数，则会出现类似实例 2.18 中最后一行显示的当前显示内容占全部内容的百分比。

4. less——逐页显示文件中的内容

less 命令的功能比 more 命令更强大，用法也更灵活。less 命令是 more 命令的改进版。more 命令只能向下翻页，less 命令可以向上、向下翻页，按“Enter”键下移一行，按“Space”键下移一页，按“B”键上移一页，按“Q”键退出。less 命令还支持在文本文件中进行快速查找，可在按“/”键后输入查找的内容。其格式如下。

```
less  [选项]   文件名
```

less 命令各选项及其功能说明如表 2.16 所示。

表 2.16　less 命令各选项及其功能说明

选项	功能说明
-i	搜索时忽略字母大小写，但搜索中包含的大写字母除外
-I	搜索时忽略字母大小写，但搜索中包含的小写字母除外
-f	强制打开二进制文件等
-c	从上到下刷新屏幕
-m	显示读取文件的百分比
-M	显示读取文件的百分比、行号及总行数
-N	在每行前输入行号
-s	将连续多个空白行替换为一个空白行
-Q	在终端下不响铃

【实例 2.19】使用 less 命令来逐页显示文件中的内容，执行以下命令。

```
[root@localhost ~]# less -N /etc/passwd
     1 root:x:0:0:root:/root:/bin/bash
     2 bin:x:1:1:bin:/bin:/sbin/nologin
     3 daemon:x:2:2:daemon:/sbin:/sbin/nologin
…
```

5. head——查看文件的前 *n* 行

head 命令用来查看文件的前几行内容，默认情况下显示文件前 10 行的内容。其格式如下。

```
head  [选项]   文件名
```

head 命令各选项及其功能说明如表 2.17 所示。

表 2.17　head 命令各选项及其功能说明

选项	功能说明
-c	显示文件的前 *n* 个字节，如-c5 表示显示文件的前 5 个字节
-n	后面接数字，表示显示前面几行
-q	不显示包含给定文件名的文件头
-v	总是显示包含给定文件名的文件头

【实例 2.20】使用 head 命令来查看文件的前几行的内容，执行以下命令。

```
[root@localhost ~]# head  -n5  -v  /etc/passwd
==> /etc/passwd <==
root:x:0:0:root:/root:/bin/bash
bin:x:1:1:bin:/bin:/sbin/nologin
daemon:x:2:2:daemon:/sbin:/sbin/nologin
adm:x:3:4:adm:/var/adm:/sbin/nologin
lp:x:4:7:lp:/var/spool/lpd:/sbin/nologin
[root@localhost ~]#
```

6. tail——查看文件的最后 *n* 行

tail 命令用来查看文件的最后几行的内容，默认情况下显示文件最后 10 行的内容，可以使用 tail 命令来查看日志文件被更改的过程。其格式如下。

```
tail  [选项]   文件名
```

tail 命令各选项及其功能说明如表 2.18 所示。

表 2.18　tail 命令各选项及其功能说明

选项	功能说明
-c	显示文件的前 *n* 个字节，如-c5 表示显示文件的前 5 个字节
-f	随着文件的增长，输出相应数据，即实时跟踪文件，直到按“Ctrl+C”组合键才停止显示
-F	实时跟踪文件，如果文件不存在，则继续尝试
-n	后面接数字时，表示显示最后几行
-q	不显示包含给定文件名的文件头
-v	总是显示包含给定文件名的文件头

【实例 2.21】使用 tail 命令来查看文件的最后几行的内容，执行以下命令。

```
[root@localhost ~]# tail  -n5  -v  /etc/passwd
==> /etc/passwd <==
postfix:x:89:89::/var/spool/postfix:/sbin/nologin
tcpdump:x:72:72::/:/sbin/nologin
csg:x:1000:1000:root:/home/csg:/bin/bash
user01:x:1001:1001:user01:/home/user01:/bin/bash
user0:x:1002:1002:user01:/home/user0:/bin/bash
[root@localhost ~]#
```

7. file——查看文件或目录的类型

如果想知道某个文件或目录的类型，如文件是 ASCII 文件、数据文件还是二进制文件，则可以使用 file 命令。其格式如下。

```
file  [选项]     文件名
```

file 命令各选项及其功能说明如表 2.19 所示。

表 2.19　file 命令各选项及其功能说明

选项	功能说明
-b	列出文件辨识结果时，不显示文件名称
-c	详细显示命令执行过程，以便于排错或分析程序执行的过程
-f	列出文件中指定文件名的文件类型
-F	使用指定分隔符号替换输出文件名后默认的“:”分隔符
-i	输出 MIME 类型的字符串
-L	查看软链接对应文件的类型
-v	显示版本信息
-z	尝试解读压缩文件的内容

【实例 2.22】使用 file 命令来查看文件或目录的类型，执行以下命令。

```
[root@localhost ~]# dir
a01.txt          font.map               mkfontdir   mkinitrd   user01  视频  下载
a1-test01.txt    history.txt            mkfs.ext2   mkrfc2734  公共    图片  音乐
anaconda-ks.cfg  initial-setup-ks.cfg   mkfs.msdos  mnt               模板    文档  桌面
[root@localhost ~]# file  a01.txt
a01.txt: ASCII text
[root@localhost ~]# file  /etc/passwd
/etc/passwd: ASCII text
[root@localhost ~]# file  /var/log/messages
/var/log/messages: UTF-8 Unicode text, with very long lines
[root@localhost ~]#
```

8. wc——统计

在命令行模式下工作时，如果用户想要知道一个文件中的单词数量、字节数，甚至行数，则可以使用 wc 命令来查看文件。其格式如下。

```
wc  [选项] 文件名
```

wc 命令各选项及其功能说明如表 2.20 所示。

表 2.20　wc 命令各选项及其功能说明

选项	功能说明
-c	显示字节数
-m	显示字符数
-l	显示行数
-L	显示最长行的长度
-w	显示单词数量

【实例 2.23】使用 wc 命令来统计指定文件中的行数、字节数、字符数，并对统计结果进行输出，执行以下命令。

```
[root@localhost ~]# cat  a1-test01.txt
aaaaaaaaaaaaaaaaa
bbbbbbbbbbbbbbbbb
ccccccccccccccccc
[root@localhost ~]# lwc  a1-test01.txt
 3  3  51  a1-test01.txt
[root@localhost ~]#
```

9. sort——排序

sort 命令用于对文本文件内容进行排序。其格式如下。

```
sort  [选项]   文件名
```

sort 命令各选项及其功能说明如表 2.21 所示。

表 2.21　sort 命令各选项及其功能说明

选项	功能说明
-b	忽略前导的空白区域
-c	检查输入是否已排序，若已排序，则不进行操作
-d	只考虑空白区域和字母字符
-f	忽略字母大小写

续表

选项	功能说明
-i	除了040～176中的ASCII字符外，忽略其他字符
-m	将几个排好序的文件合并
-M	将前面3个字母依照月份的缩写进行排序
-n	依照数值的大小进行排序
-o	将排序结果写入文件，而非标准输出
-r	逆序输出排序结果
-s	禁用last-resort比较，以稳定比较算法
-t	使用指定的分隔符代替非空格到空格的转换
-u	配合-c选项时，严格校验排序；不配合-c选项时，只输出一次排序结果
-z	以0字节作为行尾标志

【实例2.24】使用sort命令，以行为单位对文本文件的内容进行排序，执行以下命令。

```
[root@localhost ~]# cat  testfile01.txt      //查看testfile01.txt文件的内容
test 10
open 20
hello 30
welcome 40
[root@localhost ~]# sort  testfile01.txt    //对testfile01.txt文件的内容进行排序
hello 30
open 20
test 10
welcome 40
[root@localhost ~]#
```

sort命令将以默认的方式使文本文件的第一列以ASCII编码的次序排列，并将结果作为标准输出。

10. uniq——去重

uniq命令用于删除文件中的重复行。其格式如下。

```
uniq  [选项]  文件名
```

uniq命令各选项及其功能说明如表2.22所示。

表2.22 uniq命令各选项及其功能说明

选项	功能说明
-c	在每行前加上表示该行出现次数的前缀编号
-d	只输出重复的行
-D	输出所有重复的行
-f	比较时跳过前*n*列
-i	比较时不区分字母大小写
-s	比较时跳过前*n*个字符
-u	只显示唯一的行
-w	对每行第*n*个字符以后的内容不进行对照
-z	使用\0作为行结束符，而不是换行

【实例2.25】使用uniq命令从输入文件或者标准输入中筛选相邻的匹配行并写入输出文件或标准输出，执行以下命令。

```
[root@localhost ~]# cat  testfile.txt
hello
```

```
friend
welcome
hello
friend
world
hello
[root@localhost ~]# uniq  -c  testfile.txt
      2 friend
      3 hello
      1 welcome
      1 world
[root@localhost ~]#
```

11. echo——将内容输出到屏幕上

echo 命令非常简单，如果命令的输出内容没有特殊含义，则将原内容输出到屏幕上；如果命令的输出内容有特殊含义，则输出其含义。其格式如下。

```
echo  [选项]  [输出内容]
```

echo 命令各选项及其功能说明如表 2.23 所示。

表 2.23　echo 命令各选项及其功能说明

选项	功能说明
-n	取消输出后行末的换行符（内容输出后不换行）
-e	支持反斜线控制的字符转换

在 echo 命令中，如果使用-n 选项，则表示输出内容后不换行；字符串可以加引号，也可以不加引号。使用 echo 命令输出加引号的字符串时，将字符串原样输出；使用 echo 命令输出不加引号的字符串时，字符串中的各个单词作为字符串输出，各字符串之间用一个空格分隔。

如果使用-e 选项，则可以支持控制字符，即会对控制字符进行特别处理，而不会将它当作一般文字输出。控制字符及其功能说明如表 2.24 所示。

表 2.24　控制字符及其功能说明

控制字符	功能说明
\\	输出\本身
\a	输出警告音
\b	退格键，即“Backspace”键
\c	取消输出后行末的换行符。和-n 选项一致
\e	“Esc”键
\f	换页符
\n	换行符
\r	“Enter”键
\t	制表符，即“Tab”键
\v	垂直制表符
\0nnn	按照八进制 ASCII 输出字符。其中，0 为数字 0，nnn 是 3 位八进制数
\xhh	按照十六进制 ASCII 输出字符。其中，hh 是两位十六进制数

【实例 2.26】使用 echo 命令输出相关内容到屏幕上，执行以下命令。

```
[root@localhost ~]# echo  -en  "hello welcome\n"     //换行输出
hello welcome
```

```
[root@localhost ~]# echo -en "1 2 3\n"              //整行换行输出
1 2 3
[root@localhost ~]# echo -en "1\n2\n3\n"            //每个字符换行输出
1
2
3
[root@localhost ~]# echo -n aaa                     //字符串不加引号，不换行输出
aaa[root@localhost ~]# echo -n 123
123[root@localhost ~]#
```

echo 命令也可以把输出的内容输入一个文件，命令如下。

```
[root@localhost ~]# echo "hello everyone welcome to here">welcome.txt
[root@localhost ~]# echo "hello everyone">>welcome.txt
[root@localhost ~]# cat welcome.txt
hello everyone welcome to here
hello everyone
[root@localhost ~]#
```

2.2.5 文件查找类命令

1. whereis——查找文件位置

whereis 命令用于查找可执行文件、源代码文件、帮助文件在文件系统中的位置。其格式如下。

```
whereis [选项] 文件
```

whereis 命令各选项及其功能说明如表 2.25 所示。

表 2.25 whereis 命令各选项及其功能说明

选项	功能说明
-b	只查找二进制文件
-B<目录>	定义二进制文件查找路径
-m	只查找帮助文件
-M<目录>	定义帮助文件查找路径
-s	只查找源代码文件
-S<目录>	定义源代码文件查找路径
-f	终止查找 <目录> 参数列表
-u	查找不常见记录
-l	输出有效查找路径

【实例 2.27】使用 whereis 命令查找文件位置，执行以下命令。

```
[root@localhost ~]# whereis passwd
passwd: /usr/bin/passwd /etc/passwd /usr/share/man/man5/passwd.5.gz /usr/share/
man/man1/passwd.1.gz
[root@localhost ~]#
```

2. locate——查找绝对路径中包含指定字符串的文件的位置

locate 命令可以按照文件名查找普通文件。其基于数据文件进行查找，所以每次查找前都需要通过 updatedb 更新数据库文件。其格式如下。

```
locate [选项] 文件
```

locate 命令各选项及其功能说明如表 2.26 所示。

表 2.26 locate 命令各选项及其功能说明

选项	功能说明
-b	仅匹配基名
-c	只输出找到的文件数量
-d	使用 DBPATH 指定的数据库，而不是默认数据库/var/lib/mlocate/mlocate.db
-e	仅输出当前现有文件的条目
-L	当文件存在时，跟随蔓延的符号链接（默认）
-h	显示帮助信息
-i	忽略字母大小写
-l	限制为 LIMIT 项目的输出（或计数）
-q	安静模式，不会显示任何错误信息
-r	使用基本正则表达式
-w	匹配整个路径名（默认）

【实例 2.28】使用 locate 命令查找绝对路径中包含指定字符串的文件的位置，执行以下命令。

```
[root@localhost ~]# locate  passwd
/etc/passwd
/etc/passwd-
/etc/pam.d/passwd
/etc/security/opasswd
/usr/bin/gpasswd
…
[root@localhost ~]# locate  -c  passwd                //只输出找到的文件数量
153
[root@localhost ~]# locate  firefox  |  grep rpm     //查找 firefox 文件的位置
/var/cache/yum/x86_64/7/updates/packages/firefox-68.11.0-1.el7.CentOS.x86_64.rpm
```

3. find——查找文件

find 命令用于查找文件。对于文件和目录的一些比较复杂的查找操作，可以灵活应用最基本的通配符和搜索命令 find 来实现。find 命令可以在某一目录及其所有的子目录中快速查找具有某些特征的目录或文件。其格式如下。

```
find  [路径]  [匹配表达式]  [-exec command]
```

find 命令各匹配表达式及其功能说明如表 2.27 所示。

表 2.27 find 命令各匹配表达式及其功能说明

匹配表达式	功能说明
-name filename	查找指定名称的文件
-user username	查找属于指定用户的文件
-group groupname	查找属于指定组的文件
-print	输出查找结果
-type	查找指定类型的文件。文件类型有 b（块设备文件）、c（字符设备文件）、d（目录）、p（管道文件）、l（符号链接文件）、f（普通文件）
-atime	用于查找文件或目录最后一项被访问的时间
-mtime n	类似于 atime，但查找的是文件内容被修改的时间
-ctime n	类似于 atime，但查找的是文件索引节点被修改的时间
-newer file	查找比指定文件新的文件，即文件的最后修改时间离目前较近
-perm mode	查找与给定权限匹配的文件，必须以八进制的形式指定访问权限
-exec command {} \;	对匹配指定条件的文件执行 command 命令
-ok command {} \;	与-exec 相同，但执行 command 命令时需要用户确认

【实例 2.29】使用 find 命令查找文件，执行以下命令。

```
[root@localhost ~]# find /etc  -name  passwd
/etc/pam.d/passwd
/etc/passwd
[root@localhost ~]# find  /  -name  "firefox*.rpm"
/var/cache/yum/x86_64/7/updates/packages/firefox-68.11.0-1.el7.CentOS.x86_64.rpm
[root@localhost ~]#
…
[root@localhost ~]# find  /etc  -type  f  -exec  ls  -l  {}  \;
-rw-r--r--. 1 root root 465 6月  8 01:15 /etc/fstab
-rw-------. 1 root root 0 6月  8 01:15 /etc/crypttab
-rw-r--r--. 1 root root 49 6月  26 09:38 /etc/resolv.conf
……
```

4. which——确定文件的具体位置

which 命令用于查找并显示给定命令的绝对路径，环境变量 PATH 中保存了查找命令时需要遍历的目录，which 命令会在环境变量 PATH 保存的目录中查找符合条件的文件，也就是说，使用 which 命令可以看到某个系统命令是否存在，以及执行的命令的位置。其格式如下。

```
which  [选项]  [--]  COMMAND
```

which 命令各选项及其功能说明如表 2.28 所示。

表 2.28　which 命令各选项及其功能说明

选项	功能说明
--version	输出版本信息
--help	输出帮助信息
--skip-dot	跳过以“.”开头的路径中的目录
--show-dot	不将“.”扩展到输出的当前目录中
--show-tilde	输出一个目录的非根目录
--tty-only	如果不处于 TTY 模式，则停止右侧的处理选项
--all, -a	输出匹配项，但不输出第一个匹配项
--read-alias, -i	从标准输入中读取别名列表
--skip-alias	忽略选项--read-alias，不读取标准输入
--read-functions	从标准输入中读取 Shell 方法
--skip-functions	忽略选项--read-functions

【实例 2.30】使用 which 命令确定文件的具体位置，执行以下命令。

```
[root@localhost ~]# which  find
/usr/bin/find
[root@localhost ~]# which  --show-tilde  pwd
/usr/bin/pwd
[root@localhost ~]# which  --version  bash
GNU which v2.20, Copyright (C) 1999 - 2008 Carlo Wood.
GNU which comes with ABSOLUTELY NO WARRANTY;
This program is free software; your freedom to use, change
and distribute this program is protected by the GPL.
[root@localhost ~]#
```

5. grep——查找文件中包含指定字符串的行

grep 命令是一个强大的文本搜索命令，它能使用正则表达式搜索文本，并把匹配的行输出。在 grep

命令中，字符“^”表示行的开始，字符“$”表示行的结束，如果要查找的字符串中带有空格，则可以用单引号或双引号将其引起来。其格式如下。

```
grep [选项] [正则表达式] 文件名
```

grep 命令各选项及其功能说明如表 2.29 所示。

表 2.29 grep 命令各选项及其功能说明

选项	功能说明
-a	对二进制文件以文本文件的方式搜索数据
-c	对匹配的行进行计数
-i	忽略字母大小写
-l	只显示包含匹配模式的文件名
-n	每个匹配行只按照相对的行号显示
-v	反向选择，列出不匹配的行

【实例 2.31】使用 grep 命令查找文件中包含指定字符串的行，执行以下命令。

```
[root@localhost ~]# grep "root" /etc/passwd
root:x:0:0:root:/root:/bin/bash
operator:x:11:0:operator:/root:/sbin/nologin
csg:x:1000:1000:root:/home/csg:/bin/bash
[root@localhost ~]# grep -il "root" /etc/passwd
/etc/passwd
[root@localhost ~]#
```

grep 与 find 命令的差别在于，grep 是在文件中搜索满足条件的行，而 find 是在指定目录下根据文件的相关信息查找满足指定条件的文件。

2.3 Vi 及 Vim 编辑器的使用

可视化接口（Visual interface，Vi）也称为可视化界面，它为用户提供了一个全屏幕的窗口编辑器，窗口中一次可以显示一屏的编辑内容，并可以上下滚动。Vi 是 UNIX 和 Linux 操作系统中的标准编辑器，类似于 Windows 操作系统中的记事本。对于 UNIX 和 Linux 操作系统中的任何版本，Vi 都是完全相同的。Vi 也是 Linux 中最基本的文本编辑器。学会它后，读者可以在 Linux 终端中方便地进行文本操作。

V2.5 Vi 及 Vim 编辑器的使用

Vim（Visual interface improved）可以看作 Vi 的升级版，Vi 和 Vim 都是 Linux 操作系统中的编辑器，不同的是，Vi 适用于文本编辑，但 Vim 适用于面向开发者的云端开发平台。

Vim 可以执行输出、移动、删除、查找、替换、复制、粘贴、撤销、块操作等文件操作，而且用户可以根据自己的需要对其进行定制，这是其他编辑程序没有的功能。但 Vim 不是一个排版程序，不像 Word 和 WPS 那样可以对字体、格式、段落等其他属性进行设置，它只是一个文件编辑程序。Vim 是全屏幕文件编辑器，没有菜单，只有命令。

在命令行中执行 vim filename 命令，如果 filename 已经存在，则该文件会被打开并显示其内容；如果 filename 不存在，则 Vim 在第一次存盘时会自动在磁盘中新建 filename 文件。

Vim 有 3 种基本工作模式：命令模式、编辑模式、末行模式。考虑到各种用户的需要，采用状态切换的方法可以实现工作模式的转换。

1. 命令模式

命令模式是用户进入 Vim 的初始状态。在此模式下，用户可以输入 Vim 命令，使 Vim 完成不同的工作任务，如移动光标、复制、粘贴、删除等。也可以从其他模式返回命令模式，在编辑模式下按“Esc”键或在末行模式下输入错误命令，都会返回命令模式。Vim命令模式的移动光标操作命令如表2.30所示，Vim命令模式的复制和粘贴操作命令如表2.31所示，Vim命令模式的删除操作命令如表2.32所示，Vim命令模式的撤销与恢复操作命令如表2.33所示。

表2.30 Vim命令模式的移动光标操作命令

操作	功能说明
gg	将光标移动到文章的首行
G	将光标移动到文章的末行
w或W	将光标移动到下一个单词
H	将光标移动到该屏幕的顶端
M	将光标移动到该屏幕的中间
L	将光标移动到该屏幕的底端
h（←）	将光标向左移动一格
l（→）	将光标向右移动一格
j（↓）	将光标向下移动一格
k（↑）	将光标向上移动一格
0（Home）	数字0，将光标移动到行首
$（End）	将光标移动到行尾
PageUp/PageDown	（Ctrl+b/Ctrl+f）上下翻屏

表2.31 Vim命令模式的复制和粘贴操作命令

操作	功能说明
yy或Y（大写）	复制光标所在的整行
3yy或y3y	复制3行（含当前行），如果复制5行，则使用5yy或y5y
y1G	复制至文件首
yG	复制至文件尾
yw	复制一个单词
y2w	复制两个字符
p（小写）	粘贴到光标的后（下）面，如果复制的是整行，则粘贴到光标所在行的下一行
P（大写）	粘贴到光标的前（上）面，如果复制的是整行，则粘贴到光标所在行的上一行

表2.32 Vim命令模式的删除操作命令

操作	功能说明
dd	删除当前行
3dd或d3d	删除3行（含当前行），如果删除5行，则使用5dd或d5d
d1G	删除至文件首
dG	删除至文件尾
D或d$	删除至行尾
dw	删除至词尾
ndw	删除当前光标所在位置后面的n个词

表2.33 Vim命令模式的撤销与恢复操作命令

操作	功能说明
u（小写）	取消上一个更改（常用）
U（大写）	取消一行内的所有更改
Ctrl+r	重复做一个动作（常用），通常与“u”配合使用，这将会为编辑文件提供很多方便
.	重复前一个动作，如果想重复删除、复制、粘贴等，则需要按“.”键

2. 编辑模式

在编辑模式下，可在编辑的文件中添加新的内容并进行修改，这是该模式的唯一功能。进入命令模式时，可按“a/A”“i/I”或“o/O”键进入编辑模式。Vim 编辑模式命令如表 2.34 所示。

表 2.34　Vim 编辑模式命令

操作	功能说明
a（小写）	在光标后插入内容
A（大写）	在光标当前行的末尾插入内容
i（小写）	在光标前插入内容
I（大写）	在光标当前行的开始部分插入内容
o（小写）	在光标所在行的下面新增一行
O（大写）	在光标所在行的上面新增一行

3. 末行模式

末行模式主要用来实现一些文字编辑辅助功能，如查找、替换、保存文件等。在命令模式下输入“:”字符，即可进入末行模式。若在末行模式下完成了命令输入或命令出错，则会退出 Vim 或返回命令模式，按“Esc”键也可返回命令模式。Vim 末行模式命令如表 2.35 所示。

表 2.35　Vim 末行模式命令

操作	功能说明
ZZ（大写）	保存当前文件并退出
:wq 或:x	保存当前文件并退出
:q	结束 Vim 程序，如果文件有修改，则必须先保存文件
:q!	强制结束 Vim 程序，修改后的文件不会被保存
:w[文件路径]	将当前文件保存为另一个文件（类似于另存为新文件）
:r[filename]	在编辑的数据中读入另一个文件的数据，即将 filename 文件的内容添加到光标所在行的后面
:!command	暂时退出 Vim 到命令模式下并执行 command 命令的输出结果，如“:!ls/home”表示可在 Vim 中查看/home 下执行 ls 命令输出的文件信息
:set nu	显示行号，设定之后，会在每一行的前面显示该行的行号
:set nonu	与:set nu 相反，用于取消行号

在末行模式下可以进行查找与替换操作，其格式如下。

```
:[range] s/pattern/string/[c,e,g,i]
```

查找与替换操作各选项及其功能说明如表 2.36 所示。

表 2.36　查找与替换操作各选项及其功能说明

选项	功能说明
range	指范围，如“1，5”指从第 1~5 行，“1，$”指从首行至最后一行，即整篇文章
s(search)	表示查找搜索
pattern	被替换的字符串
string	用 string 替换 pattern 的内容
c（confirm）	每次替换前会询问用户
e（error）	不显示 error
g(globe)	不询问用户，将做整行替换
i（ignore）	不区分字母大小写

在命令模式下输入“/”或“? ”字符，即可进入末行模式。在末行模式下可以进行查找操作，其

格式如下。

```
/string//或者? string
```

查找操作各选项及其功能说明如表 2.37 所示。

表 2.37　查找操作各选项及其功能说明

选项	功能说明
/string	在光标之下寻找一个名称为 string 的字符串。例如，要在文件中查找“welcome”字符串，则输入/welcome 即可
?string	在光标之上寻找一个名称为 string 的字符串
n	代表英文按键，表示重复前一个查找操作。例如，如果执行了/welcome 命令，则按“n”键后，会继续向下查找下一个 welcome 字符串；如果执行了?welcome 命令，则按“n”键后，会继续向上查找下一个 welcome 字符串
N	代表英文按键，与 n 刚好相反，为反向进行前一个查找操作。例如，执行/welcome 命令后，按“N”键表示向上查找 welcome 字符串

【实例 2.32】Vim 编辑器的使用。

（1）在当前目录下新建文件 newtest.txt，输入文件内容，执行以下命令。

```
[root@localhost ~]# vim newtest.txt        //创建新文件 newtest.txt
```

在命令模式下按“a/A”“i/I”或“o/O”键，进入编辑模式，完成以下内容的输入。

```
1        hello
2        everyone
3        welcome
4        to
5        here
```

输入以上内容后，按“Esc”键，从编辑模式返回命令模式，再输入大写字母“ZZ”，退出并保存文件内容。

（2）复制第 2 行与第 3 行文本到文件末尾，同时删除第 1 行文本。

按“Esc”键，从编辑模式返回命令模式，将光标移动到第 2 行，在键盘上按“2yy”键，并按“G”键，将光标移动到文件最后一行，按“p”键，复制第 2 行与第 3 行文本到文件末尾，再按“gg”键，将光标移动到文件首行，最后按“dd”键，删除第 1 行文本。执行以上操作命令后，输出的文件内容如下。

```
2        everyone
3        welcome
4        to
5        here
2        everyone
3        welcome
```

（3）在命令模式下，输入“:”字符，进入末行模式，在末行模式下进行查找与替换操作，执行以下命令。

```
:1,$  s/everyone/myfriend/g
```

对整个文件进行查找，用 myfriend 字符串替换 everyone，不询问用户，直接进行替换操作，执行命令后的结果如下。

```
2        myfriend
3        welcome
4        to
5        here
2        myfriend
3        welcome
```

（4）在命令模式下，输入“?”或“/”，进入末行模式，进行查询，执行以下命令。

```
/welcome
```

可以看到光标位于第 2 行，welcome 闪烁显示。按“n”键，继续进行查找，可以看到光标已经移动到最后一行的 welcome 处闪烁显示。按“a/A”“i/I”或“o/O”键，进入编辑模式，先按“Esc”键返回命令模式，再输入“ZZ”，保存文件并退出 Vim 编辑器。

2.4 文件管理进阶

Linux 操作系统的文件管理不但包括文件和目录的常规管理，而且包括文件的硬链接与软链接、通配符与文件名变量、输入/输出重定向与管道等相关操作。

V2.6 硬链接与软链接

2.4.1 硬链接与软链接

Linux 中可以为一个文件取多个名称，称为链接文件，链接分为硬链接与软链接两种。链接文件的命令是 ln，它是 Linux 中的一个非常重要的命令，功能是为一个文件在另一个位置建立一个同步的链接，即不必在每一个需要该文件的目录下都存放一个相同的文件，而只需在某个固定的目录下存放该文件，在其他目录下用 ln 命令链接该文件即可。其格式如下。

```
ln [选项] [源文件或目录] [目标文件或目录]
```

ln 命令各选项及其功能说明如表 2.38 所示。

表 2.38 ln 命令各选项及其功能说明

选项	功能说明
-b	类似于--backup，但不接任何参数，表示覆盖以前建立的链接
-d	创建指向目录的硬链接（只适用于超级用户）
-f	强制删除已存在的目标文件
-i	交互模式，若文件存在，则提示用户是否覆盖
-n	把符号链接视为一般目录
-s	软链接（符号链接）
-v	显示详细的处理过程

【实例 2.33】使用 ln 命令建立硬链接与软链接。

（1）建立硬链接文件，执行以下命令。

```
[root@localhost ~]# touch  test01.txt
[root@localhost ~]# ln  test01.txt  test02.txt
```

使用 ln 命令建立链接时，若不加选项，则建立的是硬链接。例如，给源文件 test01.txt 建立一个硬链接文件 test02.txt，此时，test02.txt 文件可以看作 test01.txt 文件的别名文件，它和 text01.txt 文件不分主次，这两个文件都指向磁盘中相同位置的同一个文件。对 test01.txt 文件的内容进行修改后，硬链接文件 test02.txt 中的内容会同时进行相同的修改，实质上它们是同一个文件的两个不同的名称。只能为文件建立硬链接，不能为目录建立硬链接。显示文件 test01.txt 和 test02.txt 的内容，执行以下命令。

```
[root@localhost ~]# cat  test01.txt
hello
friend
welcome
hello
friend
world
```

```
hello
[root@localhost ~]# cat  test02.txt
hello
friend
welcome
hello
friend
world
hello
[root@localhost ~]#
```

可以看出，test01.txt 和 test02.txt 这两个文件的内容是一样的。

（2）建立软链接，执行以下命令。

```
[root@localhost ~]# ln  -s  test01.txt  test03.txt
```

建立软链接时，需要加选项“-s”。软链接又称符号链接，类似于 Windows 操作系统中的快捷方式。删除软链接文件（如 test03.txt）时，源文件 test01.txt 不会受到影响，但源文件会被删除，软链接文件会变为无效。文件或目录都可以建立软链接。

```
[root@localhost ~]# dir
a01.txt     history.txt        mkfs.msdos  newtest.txt   testfile01.txt 公共  文档
a1-test01.txt  initial-setup-ks.cfg  mkinitrd  test01.txt   testfile.txt     模板  下载
anaconda-ks.cfg  mkfontdir     mkrfc2734   test02.txt   user01          视频  音乐
font.map     mkfs.ext2        mnt          test03.txt   welcome.txt     图片  桌面
[root@localhost ~]# ls  -l
-rw-r--r--. 2 root root   46 7月   4 12:04 test01.txt
-rw-r--r--. 2 root root   46 7月   4 12:04 test02.txt
lrwxrwxrwx. 1 root root   10 7月   4 12:32 test03.txt -> test01.txt
```

链接使系统在管理和使用时非常方便，系统中有大量的链接文件，如/sbin、/usr/bin 等目录下都有大量的链接文件。

```
[root@localhost ~]# ls    -l   /usr/sbin
lrwxrwxrwx. 1 root root              3 6月   8 01:18 lvchange -> lvm
lrwxrwxrwx. 1 root root              3 6月   8 01:18 lvconvert -> lvm
lrwxrwxrwx. 1 root root              3 6月   8 01:18 lvcreate -> lvm
lrwxrwxrwx. 1 root root              3 6月   8 01:18 lvdisplay -> lvm
lrwxrwxrwx. 1 root root              3 6月   8 01:18 lvextend -> lvm
```

实际中，大量带有“->”并以不同颜色显示的文件都为链接文件。也可以查看文件或目录的属性，第一个字母为“l”时表示为链接文件。如果是在桌面环境下，则文件图标上带有左上方向箭头的文件就是链接文件。

硬链接的特点如下。

① 硬链接以文件副本的形式存在，但不占用内存空间。

② 不允许为目录创建硬链接。

③ 硬链接只能在同一文件系统中创建。

软链接的特点如下。

① 软链接以路径的形式存在，类似于 Windows 操作系统中的快捷方式。

② 软链接可以跨文件系统创建。

③ 软链接可以对一个不存在的文件名进行链接。

④ 软链接可以对目录进行链接。

2.4.2 通配符与文件名变量

文件名是命令中的常用参数。在很多时候，用户只知道文件名的一部分，或者用户想同时对具有相同扩展名以及以相同字符开始的多个文件进行操作，应该怎么进行呢？Shell 提供了一组称为通配符的特殊符号。通配符就是使用通用的匹配信息的符号来匹配 0 个或多个字符，用于模式匹配，如文件名匹配、字符串匹配等。常用的通配符有星号（*）、问号（?）与方括号（[ ]）。用户可以在作为命令参数的文件名中包含通配符，构成一个模式串，以在执行过程中进行模式匹配。常用通配符及其功能说明如表 2.39 所示。

表 2.39 常用通配符及其功能说明

通配符	功能说明
*	匹配任意字符和任意数字的字符组合
?	匹配任意单个字符
[]	匹配任意包含在括号中的单个字符

【实例 2.34】通配符的使用。

（1）使用*。

在/root/temp 目录下创建以下文件。

V2.7 通配符的使用

```
[root@localhost ~]# cd /root
[root@localhost ~]# mkdir temp
[root@localhost ~]# cd temp
[root@localhost temp]# touch test1.txt test2.txt test3.txt test4.txt test5.txt test11.txt test22.txt test33.txt
```

使用*进行文件匹配，命令如下。第 1 条命令用于显示/root/temp 目录下以 test 开头的文件名，第 2 条命令用于显示/root/temp 目录下所有包含"3"的文件名。

```
[root@localhost temp]# dir test*
test11.txt  test1.txt  test22.txt  test2.txt  test33.txt  test3.txt  test4.txt
test5.txt
[root@localhost temp]# dir *3*
test33.txt  test3.txt
[root@localhost temp]#
```

（2）使用?。

使用?只能匹配单个字符，在进行文件匹配时，执行以下命令。

```
[root@localhost temp]# dir test?.txt
test1.txt  test2.txt  test3.txt  test4.txt  test5.txt
[root@localhost temp]#
```

（3）使用[ ]。

使用[ ]能匹配括号中给出的字符或字符范围，执行以下命令。

```
[root@localhost temp]# dir test[2-3]*
test22.txt  test2.txt  test33.txt  test3.txt
[root@localhost temp]# dir test[2-3].txt
test2.txt  test3.txt
[root@localhost temp]#
```

[ ]代表指定的一个字符范围，只要文件名中对应[ ]位置处的字符在指定的字符范围之内，这个文件名就与模式串匹配。方括号中的字符范围可以由直接给出的字符组成，也可以由表示限定范围的字符、终止字符及中间的连字符（-）组成，如 test[a-d]与 test[abcd]的作用是一样的。Shell 会将与命令行中指定的模式串相匹配的所有文件名都作为命令的参数，形成最终的命令，并执行这个命令。

注意　连字符（-）仅在方括号内有效，表示字符范围；若在方括号外，则为普通字符。而“*”和“?”只在方括号外是通配符，若在方括号内，则失去通配符的功能，成为普通字符。

由于“*”“?”“[ ]”对于Shell来说具有比较特殊的意义，因此在正常的文件名中不应出现这些字符，特别是目录中，否则Shell匹配可能会无穷递归下去。如果目录中没有与指定的模式串相匹配的文件名，那么Shell将使用此模式串本身作为参数传递给相关命令，这可能就是命令中出现特殊字符的原因。

2.4.3 输入/输出重定向与管道

从终端输入信息时，用户输入的信息只能使用一次，下一次再想使用这些信息时就要重新输入，且在终端上输入时，若输入有误，则修改起来不是很方便。输出到终端屏幕上的信息只能查看而无法修改，无法对输出做更多的处理。为了解决上述问题，Linux 操作系统为输入/输出的传送引入了两种机制，即输入/输出重定向和管道。

Linux中使用标准输入stdin（用0表示，默认是键盘）和标准输出stdout（用1表示，默认是终端屏幕）来表示每个命令的输入和输出，并使用一个标准错误输出stderr（用2表示，默认是终端屏幕）来输出错误信息，这3个标准输入/输出被系统默认与控制终端设备联系在一起。因此，在标准情况下，每个命令通常从其控制终端中获取输入，并输出到控制终端的屏幕上。也可以重新定义程序的stdin、stdout、stderr，将它们重定向，可以用特定符号改变数据来源或去向，基本用法是将它们重新定向到一个文件中，从一个文件中获取输入并输出到另一个文件中。

1. 标准文件

Linux把所有的设备当作文件来管理，每个设备都有相应的文件名，如执行以下命令。

```
[root@localhost ~]# ls   -l  /dev
总用量 0
crw-rw----. 1 root video    10, 175 7月  4 07:15 agpgart
crw-------. 1 root root     10, 235 7月  4 07:15 autofs
drwxr-xr-x. 2 root root         160 7月  4 07:15 block
drwxr-xr-x. 2 root root          80 7月  4 07:15 bsg
crw-------. 1 root root     10, 234 7月  4 07:15 btrfs-control
drwxr-xr-x. 3 root root          60 7月  4 07:15 bus
lrwxrwxrwx. 1 root root           3 7月  4 07:15 cdrom -> sr0
drwxr-xr-x. 2 root root          80 7月  4 07:15 CentOS
drwxr-xr-x. 2 root root        3100 7月  4 07:16 char
crw-------. 1 root root      5,   1 7月  4 07:16 console
lrwxrwxrwx. 1 root root          11 7月  4 07:15 core -> /proc/kcore
drwxr-xr-x. 3 root root          60 7月  4 07:15 cpu
brw-rw----. 1 root disk      8,   1 7月  4 07:15 sda1  //以b、c开头的文件都是设备文件
brw-rw----. 1 root disk      8,   2 7月  4 07:15 sda2
...
```

其对于输入/输出设备也一样，具体说明如下。

（1）/dev/stdin：标准输入（Standard Input）。

（2）/dev/stdout：标准输出（Standard Output）。

（3）/dev/stderr：标准错误输出（Standard Error）。

当某个命令的执行结果需要显示在屏幕上时，默认情况下，这些结果会被发送到 stdout（标准输出），它在操作系统中被视为一种文件流。为了实现输出的灵活管理，用户可以采用重定向技术，即将 stdout 的内容输出到一个指定的普通文件中，这样命令的输出就不会显示在屏幕上，而是被保存到该文件中。这一过程体现了文件重定向的核心机制。

2. 输入重定向

有些命令需要用户从标准输入（如键盘）来输入数据，但某些时候让用户手动输入数据会相当麻烦，此时，可以使用“<”重定向输入源。

输入重定向是指把命令或可执行程序的标准输入重定向到指定的文件，也就是说，输入可以不来自键盘，而来自一个指定的文件，所以输入重定向主要用于改变一个命令的输入源，特别是改变需要大量输入的输入源，如执行以下命令。

```
[root@localhost ~]# wc < /etc/resolv.conf
 2  6  49
[root@localhost ~]# wc < ./test01.txt
 7  7  46
```

cat 命令不带参数时，默认从标准输入获取内容，并原样输出到标准输出（如终端屏幕）中，如执行以下命令。

```
[root@localhost ~]# cat               //按“Enter”键后，在下一行可以输入相关测试内容
hello,everyone welcome to here        //按“Enter”键后，会原样输出到终端屏幕上
hello,everyone welcome to here
<Ctrl+d>                              //强行终止命令的执行，即退出输入
[root@localhost ~]#
```

查看文件内容可使用 cat 命令，而利用输入重定向也可以实现类似的功能，如执行以下命令。

```
[root@localhost ~]# cat   testfile01.txt
test 10
open 20
hello 30
welcome 40
[root@localhost ~]# cat  <  testfile01.txt
test 10
open 20
hello 30
welcome 40
[root@localhost ~]#
```

也可以使用操作符“<<”使系统将键盘的全部输入先送入虚拟的“当前文档”，再一次性输入相应文件。可以选择任意符号作为终止标识符，如执行以下命令。

```
[root@localhost ~]# cat  > filetest.txt  <<quit
> hello welcome
> myfirend
> open the door
> quit
[root@localhost ~]# cat  filetest.txt
hello welcome
myfirend
open the door
[root@localhost ~]#
```

3. 输出重定向

多数命令在正确执行后，其输出结果会显示在标准输出（终端屏幕）上，用户可以使用“>”改变数据输出的目标，一般是将其另存到一个文件中供以后分析使用。

输出重定向能把一个命令的输出重定向到一个文件中，而不是显示在屏幕上。例如，如果某个命令的输出很多，在屏幕上无法完全显示出来，则可以把它重定向到一个文件中，再用文本编辑器来打开这个文件。输出重定向也可以把一个命令的输出当作另一个命令的输入，即使用管道，管道的使用将在后文介绍。输出重定向的使用方法与输入重定向的相似，但是输出重定向的操作符是“>”。

注意 若“>”右边指定的文件已经存在，则该文件会被删除，并被重新创建，即原内容被覆盖。

为了避免输出重定向中指定的文件被重写，Shell提供了输出重定向的追加功能。追加重定向与输出重定向的功能非常相似，区别仅在于追加重定向的功能是把命令（或可执行程序）的输出结果追加到指定文件的最后，而该文件的原有内容不被覆盖。如果要将一条命令的输出结果追加到指定文件的后面，则可以使用追加重定向操作符“>>”，如执行以下命令。

```
[root@localhost ~]# cat  test[1-3].txt  > test.txt      //输出到 test.txt 文件中
[root@localhost ~]# cat  test.txt
this is the content of the test1.txt
this is the content of the test2.txt
this is the content of the test3.txt
[root@localhost ~]# cat  test11.txt  test22.txt  >>  test.txt  //追加到 test.txt 文件中
[root@localhost ~]# cat  test.txt
this is the content of the test1.txt
this is the content of the test2.txt
this is the content of the test3.txt
this is the content of the test11.txt
this is the content of the test22.txt
[root@localhost ~]#
```

4. 错误重定向

若一个命令执行时发生错误，则会在屏幕上显示错误信息。虽然错误输出与标准输出一样都会将结果显示在屏幕上，但它们占用的I/O通道不同。错误输出也可以重定向。使用操作符“2>”（或追加符号“2>>”）可对错误输出文件重定向，如执行以下命令。

```
[root@localhost ~]# dir  test???.txt
dir: 无法访问 test???.txt: 没有那个文件或目录
[root@localhost ~]# dir  test???.txt  2>error.txt
[root@localhost ~]# cat  error.txt
dir: 无法访问 test???.txt: 没有那个文件或目录
[root@localhost ~]#
```

错误重定向的操作符是“2>”和“2>>”，使用2的原因是标准错误输出的文件描述符是2。标准输入的文件描述符是0，标准输出的文件描述符可用1，0和1都可以省略，但2不能省略，否则会和输出重定向冲突。使用错误重定向技术，可以避免错误信息输出到屏幕上。

5. 管道

若想将一个程序或命令的输出作为另一个程序或命令的输入，则可以通过两种方法实现：一种是

通过一个暂存文件将两个命令或程序结合在一起；另一种是通过 Linux 提供的管道功能，这种方法比第一种方法更好、更常用。管道具有把多个命令从左到右串联起来的能力，可以通过使用管道符号“|”来建立一个管道行。管道的功能是把左边命令的输出重定向，并将其传送给右边的命令作为输入，同时把右边命令的输入重定向，并将左边命令的输出结果作为输入，如执行以下命令。

```
[root@localhost ~]# cat  testfile.txt
hello
friend
welcome
hello
friend
world
hello
[root@localhost ~]# cat  testfile.txt | grep "friend"
friend
friend
[root@localhost ~]# cat  testfile.txt | grep "friend" | wc -l
2
```

此例中，管道将 cat 命令的输出作为 grep 命令的输入，grep 命令的输出结果是所有包含单词“friend”的行，这个输出结果又被传送给 wc 命令。

2.5 Linux 组合键的使用

Linux 控制台、虚拟终端中的组合键及其功能说明如表 2.40 所示。

表 2.40　Linux 控制台、虚拟终端中的组合键及其功能说明

组合键	功能说明
Ctrl+A	把光标移动到命令行开头
Ctrl+E	把光标移动到命令行末尾
Ctrl+C 或 Ctrl+\	键盘中断请求，结束当前任务
Ctrl+Z	中断当前执行的进程，但并不结束此进程，而是将其放到后台。想要继续执行时，可用 fg 命令将被中断的进程唤醒，但因为转入后台运行的进程在当前用户退出后就会终止，所以使用此组合键不如使用 nohup 命令。nohup 命令的作用是用户退出之后进程仍然继续运行，而现在的许多脚本和命令都要求在用户 root 退出时后台运行的进程仍然有效
Ctrl+D	设置 EOF，即文件末尾（End Of File）。如果光标在一个空白的命令行中，则按“Ctrl+D”组合键后将会退出 Shell，比使用 exit 命令退出要快得多
Ctrl+S	暂停屏幕输出
Ctrl+Q	恢复屏幕输出
Ctrl+L	清屏，相当于 clear 命令
Ctrl+U	剪切光标前的所有字符
Ctrl+K	剪切光标后的所有字符
Ctrl+W	剪切光标前的字段
Alt+D	向后删除一个词
Ctrl+Y	粘贴被“Ctrl+U”“Ctrl+K”或“Ctrl+W”组合键剪切的部分
Tab	自动补齐命令行与文件名，按两次“Tab”键，可以列出所有可能匹配的命令
Alt+F	光标向前移动一个词的距离
Alt+B	光标向后移动一个词的距离
Ctrl+R	查找历史命令，当历史命令比较多，想查找一个比较复杂的命令时，使用此组合键后，Shell 会自动查找并调用该命令

Linux 中桌面环境（GNOME）的组合键及其功能说明如表2.41所示。

表2.41 Linux 中桌面环境（GNOME）的组合键及其功能说明

组合键	功能说明
Alt+F1	类似于 Windows 中的“Win”键，在 GNOME 中用于打开应用程序主菜单
Alt+F2	类似于 Windows 中的“Win+R”组合键，在 GNOME 中用于运行应用程序
Alt+F4	关闭窗口
Alt+F5	取消最大化窗口（恢复窗口原来的大小）
Alt+F6	聚集桌面上的当前窗口
Alt+F7	移动窗口（注：在窗口最大化的状态下无效）
Alt+F8	改变窗口大小（注：在窗口最大化的状态下无效）
Alt+F9	最小化窗口
Alt+F10	最大化窗口
Alt+Space	打开窗口的控制菜单（单击窗口左上角的图标后出现的菜单）
Alt+Esc	切换已经打开的窗口
Alt+Tab	类似于 Windows 中的“Alt+Tab”组合键，可在不同程序窗口间切换
PrintScreen	复制当前屏幕到剪贴板中
Alt+PrintScreen	在当前窗口中抓图
Ctrl+ Alt+L	锁定桌面并启动屏幕保护程序
Ctrl+ Alt+↑/↓	在不同工作台间切换
Ctrl+ Alt+Shift+↑/↓	移动当前窗口到不同工作区中
Ctrl+ Alt+Fn	图形用户界面切换到控制台、终端 *n* 或模拟终端 *N*（*n* 和 *N* 的取值范围为 1～6）
Ctrl+ Alt+F1/F7	控制台返回图形用户界面，默认情况下，runlevel=3（多用户文本模式）时，按“F7”键返回图形用户界面；runlevel=5（图形化多用户模式）时，按“F1”键返回图形用户界面
Ctrl+ Alt+Backspace	注销

实训

Linux 系统管理员的日常工作离不开文本编辑器。Vim 是一种功能强大、简单易用的文本编辑与程序开发工具。Vim 有 3 种操作模式，即命令模式、编辑模式和末行模式。作为 Linux 系统管理员，必须熟练掌握 Vim 的 3 种模式的各种操作，同时必须熟练掌握 Linux 操作系统文件和目录的建立、复制、移动、删除、查看等相关操作。

【实训目的】

（1）掌握 Linux 操作系统文件和目录的建立、复制、移动、删除、查看等相关操作。

（2）熟悉 Vim 的 3 种操作模式的概念和功能。

（3）掌握 Vim 的 3 种操作模式的切换方法。

（4）掌握在 Vim 中进行复制、删除、粘贴、撤销、恢复等相关操作的方法。

【实训内容】

（1）在/home 目录下创建 test01 目录。

（2）在 test01 目录下创建名为 testfile01.txt 的文件，输入以下内容，保存文件并退出。

```
aaa
bbb
ccc
ddd
eee
```

（3）显示文件内容行号，查看 testfile01.txt 文件的内容。
（4）将光标移动到文件内容的第 2 行，复制当前行及以下两行（即第 2～4 行）内容到文件末尾。
（5）删除当前文件的第 2 行和第 5～7 行的内容。
（6）撤销步骤（5）中删除第 5～7 行的内容的操作。
（7）保存文件并退出 Vim 编辑器。

练习题

1. 选择题

（1）Linux 操作系统中的用户 root 登录后，默认的命令提示符为（　　）。
A. ! B. # C. $ D. @

（2）可以用来创建一个新文件的命令是（　　）。
A. cp B. rm C. touch D. more

（3）命令行的自动补齐功能要使用到（　　）键。
A. Alt B. Shift C. Ctrl D. Tab

（4）以下不属于通配符的是（　　）。
A. ! B. * C. ? D. [ ]

（5）Linux 设备文件的保存位置为（　　）。
A. /home B. /dev C. /etc D. /root

（6）普通用户主目录在（　　）目录下。
A. /home B. /dev C. /etc D. /root

（7）在下列命令中，用于显示当前目录的命令是（　　）。
A. cd B. ls C. cp D. pwd

（8）在下列命令中，不能显示文本文件内容的命令是（　　）。
A. cat B. more C. less D. touch

（9）在下列命令中，用于对文本文件内容进行排序的命令是（　　）。
A. wc B. file C. sort D. tail

（10）在给定文件中查找与设定条件相符字符串的命令是（　　）。
A. grep B. find C. head D. gzip

（11）在 Vim 的命令模式中，输入（　　）无法进入末行模式。
A. : B. I C. ? D. /

（12）在 Vim 的命令模式中，输入（　　）无法进入编辑模式。
A. o B. a C. e D. i

（13）使用（　　）操作符，可以输出重定向到指定的文件中，并追加文件内容。
A. > B. >> C. < D. <<

（14）在 Linux 控制台中，按（　　）组合键，可以实现清屏功能。
A. Ctrl+A B. Ctrl+E C. Ctrl+S D. Ctrl+L

（15）在 Linux 控制台中，按（　　）组合键，可以剪切光标前的所有字符。
A. Ctrl+U B. Ctrl+K C. Ctrl+W D. Ctrl+Y

2. 简答题

（1）什么是 Shell？它的功能是什么？

（2）列举 Linux 中的主要目录，并简述其主要作用。
（3）more 和 less 命令有何区别?
（4）举例说明压缩/解压缩的常用命令。
（5）显示文件内容的常用命令有哪些? 简述其特点。
（6）Vim 编辑器的基本工作模式有哪几种? 简述其主要作用。
（7）Vim 中替换命令的格式是什么，各部分的含义是什么?
（8）硬链接与软链接的区别是什么?
（9）管道有什么作用?
（10）简述输入/输出重定向的作用。

第3章 用户组群与文件目录权限管理

03

Linux 是一个多用户、多任务的操作系统，可以让多个用户同时使用系统。为了保证各用户的独立性，Linux 允许用户保护自己的资源不被非法访问，用户之间可以共享信息和文件；也允许用户分组工作，对不同的用户分配不同的权限，使每个用户都能不受干扰地独立工作。因此，作为系统的管理员，掌握系统配置、用户权限设置与管理、文件和目录的权限设置是至关重要的。本章主要介绍用户账户、组群管理、su 和 sudo 命令的使用、文件和目录权限管理以及文件权限管理实例配置。

【教学目标】

1. 了解用户账户分类。
2. 理解用户账户文件及组群文件。
3. 掌握用户账户管理及组群维护与管理。
4. 掌握 su 和 sudo 命令的使用方法。
5. 理解文件和目录的权限，以及文件和目录的属性信息。
6. 掌握使用数字表示法与文字表示法修改文件和目录的权限的方法。
7. 掌握修改文件和目录的默认权限与隐藏权限的方法。
8. 掌握文件访问控制列表的配置方法。

【素质目标】

1. 通过介绍文件和目录权限管理，学生可理解和遵守操作系统的规则，从而培养在社会生活中遵守法规、规则的良好习惯。
2. 强调合理设置文件和目录权限的重要性，提升学生的网络安全意识和社会责任感。
3. 在分配文件权限时，体现公平、公正的原则，有助于培养学生公平、正义的价值观。

3.1 用户账户

为了实现安全控制，每次登录 Linux 操作系统时都要选择一个用户并输入密码，每个用户在系统中都有不同的权限，其能管理的文件、执行的操作也不同。下面介绍用户账户分类、用户账户文件以及用户账户管理等内容。

3.1.1 用户账户分类

Linux 操作系统中的用户账户分为 3 种：超级用户（用户 root）、系统用户和普通用户。系统为每一个用户都分配了一个用户 ID（UID），它是区分用户的唯一标志。Linux 并不会直接识别用户的用户名，它识别的其实是以数字表示的 UID。

（1）超级用户：也称为管理员账户，它具有一切权限，它的任务是对系统用户、普通用户和整个系统进行管理。超级用户对系统具有绝对的控制权。如果操作不当，则很容易对系统造成损坏，只有在进行系统维护（如建立用户账户）或其他必要的情况下才使用超级用户登录，以避免系统出现问题。默认情况下，超级用户的 UID 为 0。

（2）系统用户：这是 Linux 操作系统正常工作所必需的、内建的用户，主要是为了满足相应的系统进程对文件所有者的要求。系统用户（如 man、bin、daemon、list、sys 等用户）不能用来登录，系统用户的 UID 一般为 1～999。

（3）普通用户：这是为了让用户能够使用 Linux 操作系统资源而建立的。普通用户在系统中只能进行普通工作，只能访问其拥有的或者有权限执行的文件，大多数用户属于此类用户账户。普通用户的 UID 一般为 1000～65535。

Linux 操作系统继承了 UNIX 操作系统传统的方法，采用纯文本文件来保存用户账户的各种信息。用户可以通过修改文本文件来管理用户和组。用户的默认配置信息是从/etc/login.defs 文件中读取的，用户基本信息保存在/etc/passwd 文件中，用户密码等安全信息保存在/etc/shadow 文件中。因此，账户的管理实际上就是对这几个文件的内容进行添加、修改和删除操作，可以使用 Vim 编辑器来进行，也可以使用专门的命令来进行。不管以哪种方式来管理账户，了解这几个文件的内容都是非常必要的。为了安全，Linux 操作系统在默认情况下只允许超级用户更改这几个文件。

V3.1 用户账户分类

即使当前系统只有一个用户使用，也应该在超级用户账户之外再建立一个普通用户账户，在用户进行普通工作时以普通用户账户登录系统，并进行相应的操作。

3.1.2 用户账户文件

1. 用户账户管理文件——/etc/passwd

/etc/passwd 文件是一个用户账户管理文件，这个文件可以实现对用户的管理，该文件中的每一行都对应一个用户，其中记录了该用户的相关信息。

在 Linux 操作系统中，所创建的用户账户及其相关信息（密码除外）均放在/etc/passwd 文件中，可以使用 cat 命令来查看/etc/passwd 文件的内容，-n 表示为每一行加一个行号，如图 3.1 所示。

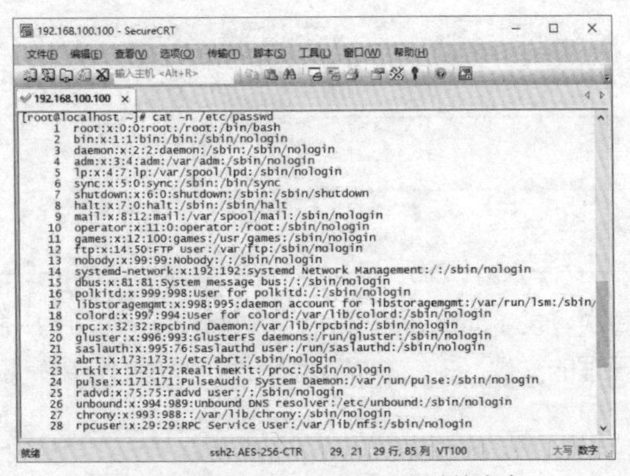

图 3.1 查看/etc/passwd 文件的内容

/etc/passwd 文件中的每一行都代表一个用户的资料，从图 3.1 中可以看到，第一个用户是 root，其后是一些普通用户账户，每行由 7 个字段的数据组成，字段之间用“:”分隔。其格式如下。

```
账户名称:密码:UID:GID:用户信息:主目录:命令解释器(登录 Shell)
```

/etc/passwd 文件中各字段的功能说明如表 3.1 所示，其中，少数字段的内容可以是空的，但仍然需要使用“:”进行占位来表示该字段。

表 3.1　/etc/passwd 文件中各字段的功能说明

字段	功能说明
账户名称	用户账户名称，用户登录时所使用的用户名
密码	用户密码，这里的密码会显示为特定的字符“x”，真正的密码被保存在/etc/shadow 文件中
UID	用户的标识，是一个数值，Linux 操作系统内部使用它来区分不同的用户
GID	用户所在的基本组的标识，是一个数值，Linux 操作系统内部使用它来区分不同的组，相同的组具有相同的 GID
用户信息	可以记录用户的个人信息，如用户姓名、电话号码等
主目录	用户的宿主目录，用户成功登录后的默认目录
命令解释器	用户所使用的 Shell 类型，默认为/bin/bash

2. 用户账户密码文件——/etc/shadow

V3.2　用户账户密码文件

在/etc/passwd 文件中，第 2 个字段用来存放经过加密后的密码。首先查看/etc/passwd 文件的权限，如图 3.2 所示。

可以看到，任何用户对/etc/passwd 文件都有读的权限。虽然密码已经经过加密，但是仍不能避免别有用心的人轻易地获取加密后的密码并进行解密。为了增强系统的安全性，Linux 操作系统对密码提供了多一层的保护，即把加密后的密码重定向到文件/etc/shadow 中，只有超级用户能够读取/etc/shadow 文件的内容，这样密码就安全多了。查看/etc/shadow 文件的权限，如图 3.3 所示。

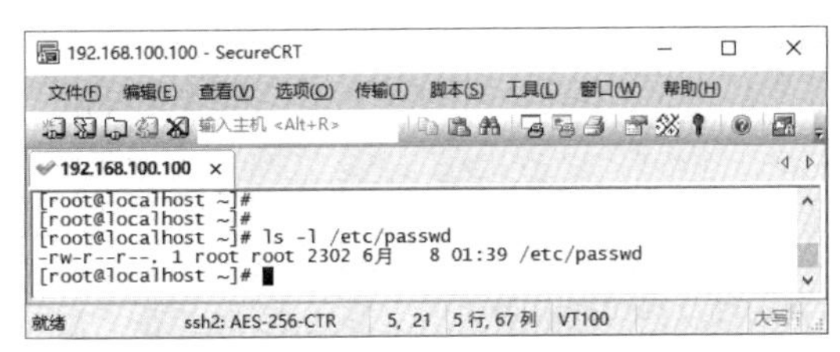

图 3.2　查看/etc/passwd 文件的权限

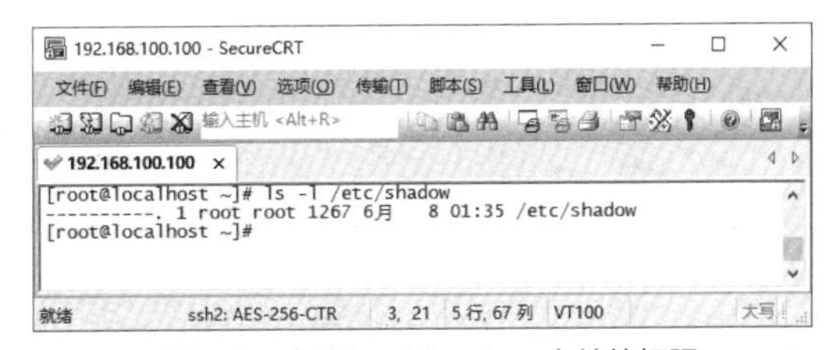

图 3.3　查看/etc/shadow 文件的权限

查看/etc/shadow 文件的内容，如图 3.4 所示。

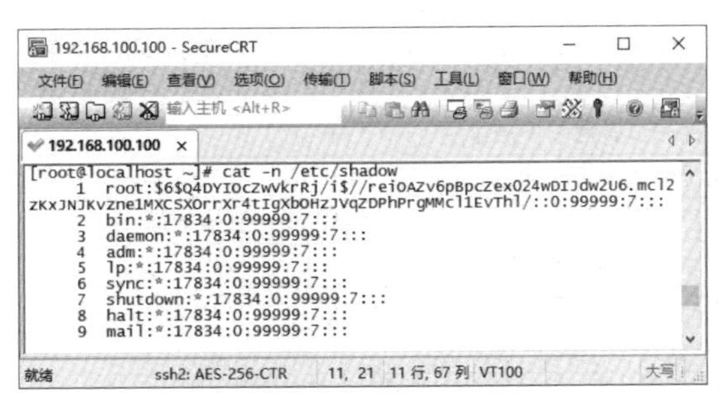

图 3.4　查看/etc/shadow 文件的内容

可以看到，/etc/shadow 文件和/etc/passwd 文件的内容类似，前者中的每一行都和后者中的每一行对应，每个用户的信息都在/etc/shadow 文件中占用一行，并用“:”分隔为 9 个字段。其格式如下。

```
账户名称:密码:最后一次修改时间:最小时间间隔:最大时间间隔:警告时间:不活动时间:失效时间:标志字段
```

/etc/shadow 文件中的各字段及其功能说明如表 3.2 所示，其中，少数字段的内容是可以为空的，但仍然需要使用“:”进行占位来表示该字段。

表 3.2　/etc/shadow 文件中的各字段及其功能说明

字段	功能说明
账户名称	用户账户名称，用户登录时所使用的用户名，即/etc/passwd 文件中相对应的用户名
密码	加密后的用户密码。*表示用户被禁止登录，!表示用户被锁定，!!表示没有设置密码
最后一次修改时间	用户最后一次修改密码的时间（从 1970 年 1 月 1 日起的天数）
最小时间间隔	两次修改密码允许的最小天数，即密码最短存活期
最大时间间隔	密码保持有效的最大天数，即密码最长存活期
警告时间	从系统提前警告到密码正式失效的天数
不活动时间	密码过期多少天后账户被禁用
失效时间	表示用户被禁止登录的时间
标志字段	保留域，用于功能扩展，未使用

用户的管理是系统管理至关重要的环节。Linux 操作系统中，用户开机时要求必须输入用户名和密码，因此设置的用户名和密码必须牢记，密码的长度要求至少是 6 位。因为可以手动修改/etc/passwd 文件的内容，很容易出现问题，所以建议用户在使用的时候，以命令或者图形用户界面的形式设置用户名和密码，不要直接更改/etc/passwd 文件的内容。

3.1.3　用户账户管理

用户账户管理包括建立用户账户、设置用户账户密码、修改用户账户密码属性、修改用户账户、删除用户账户等内容。

V3.3　用户账户管理

1. useradd 和 adduser 命令——建立用户账户

在 Linux 操作系统中可以使用 useradd 或者 adduser 命令来建立用户账户。useradd 命令格式如下，adduser 命令格式类似。

```
useradd [选项] 用户名
```

useradd 命令各选项及其功能说明如表 3.3 所示。

表 3.3　useradd 命令各选项及其功能说明

选项	功能说明
-c comment	用户的注释信息，如全名、电话号码等
-d home_dir	设置用户的主目录，默认值为“/home/用户名”
-e YYYY-MM-DD	设置账户的有效日期，超过此日期以后，用户将不能使用该账户
-f days	设置账户过期多少天后该账户被禁用。如果为 0，则账户过期后将立刻被禁用；如果为-1，则账户过期后将不被禁用
-g group	用户所属基本组的组群名称或者 GID
-G group-list	用户所属的附加组列表，多个组群之间用逗号分隔
-m	自动建立用户的主目录
-M	不自动建立用户的主目录
-n	不为用户创建用户私人组群
-p passwd	加密的密码
-r	建立系统账户
-s shell	指定用户登录所使用的 Shell，默认为/bin/bash
-u UID	指定用户 ID，UID 必须是唯一的

【实例 3.1】使用 useradd 命令新建用户 user01，设置 UID 为 2000，用户主目录为/home/user01，用户登录使用的 Shell 为/bin/bash，用户的密码为 admin@123，用户账户永不过期，执行命令如下。

```
[root@localhost ~]# useradd -u 2000 -d /home/user01 -s /bin/bash -p admin@123 -f -1 user01
[root@localhost ~]# tail -1 /etc/passwd                //查看新建用户信息
user01:x:2000:2000::/home/user01:/bin/bash
[root@localhost ~]#
```

如果新建用户已经存在，那么执行 useradd 命令时，系统会提示该用户已经存在。

```
[root@localhost ~]# useradd user01
useradd: 用户“user01”已存在
[root@localhost ~]#
```

2. passwd 命令——设置用户账户密码

passwd 命令可以设置用户账户的密码，超级用户账户可以为自己和其他用户设置密码，而普通用户账户只能为自己设置密码。其格式如下。

```
passwd  [选项]  用户名
```

passwd 命令各选项及其功能说明如表 3.4 所示。

表 3.4　passwd 命令各选项及其功能说明

选项	功能说明
-d	删除已命名账户的密码（只有超级用户才能进行此操作）
-l	锁定指定用户账户的密码（只有超级用户才能进行此操作）
-u	解锁指定用户账户的密码（只有超级用户才能进行此操作）
-e	终止指定用户账户的密码（只有超级用户才能进行此操作）
-f	强制执行操作
-x	密码的最长有效时限（只有超级用户才能进行此操作）
-n	密码的最短有效时限（只有超级用户才能进行此操作）
-w	在密码过期前多少天提醒用户（只有超级用户才能进行此操作）
-i	当密码过期多少天后该账户会被禁用（只有超级用户才能进行此操作）
-S（大写字母）	报告已命名账户的密码状态（只有超级用户才能进行此操作）

【实例 3.2】使用 passwd 命令修改用户 root 和用户 user01 的密码，执行命令如下。

```
[root@localhost ~]# passwd          //用户 root 修改自己的密码，直接按“Enter”键即可
更改用户 root 的密码。
新的密码:
无效的密码：密码少于 8 个字符          //提示无效的密码，密码应不少于 8 个字符
新的密码:
passwd：所有的身份验证令牌已经成功更新。
[root@localhost ~]#
[root@localhost ~]# passwd  user01 //修改用户 user01 的密码
更改用户 user01 的密码。
新的密码:
无效的密码： 密码未通过字典检查——它基于字典单词
重新输入新的密码:
passwd：所有的身份验证令牌已经成功更新。
[root@localhost ~]#
```

需要注意的是，普通用户修改密码时，passwd 命令会先询问原来的密码，只有验证通过后才可以修改密码，而超级用户为普通用户修改密码时，不需要知道原来的密码。为了系统安全，用户应选择由字母、数字和特殊符号组成的复杂密码，且密码应至少为 8 个字符。

如果密码复杂度不够，则系统会提示“无效的密码：密码未通过字典检查——它基于字典单词”。此时有两种处理方法：一种是再次输入刚才输入的简单密码，系统也会接收；另一种是将其更改为符合要求的密码，如 Lncc@512#aw，其中包含大小写字母、数字、特殊符号等且字符数量在 8 位以上。

3. chage 命令——修改用户账户密码属性

chage 命令可以修改用户账户的密码等相关属性。其格式如下。

```
chage  [选项]  用户名
```

chage 命令各选项及其功能说明如表 3.5 所示。

表 3.5 chage 命令各选项及其功能说明

选项	功能说明
-d	将最近一次密码设置时间设置为“最近日期”
-E	将账户过期时间设置为“过期日期”
-h	显示帮助信息并退出
-I	密码失效多少天后设定密码为失效状态
-l	列出账户密码属性的各个数值
-m	将两次改变密码之间相距的最小天数设为“最小天数”
-M	将两次改变密码之间相距的最大天数设为“最大天数”
-W	将过期警告天数设为“警告天数”

【实例 3.3】使用 chage 命令，设置用户 user01 的最短密码存活期为 10 天，最长密码存活期为 90 天，密码到期前 3 天提醒用户修改密码，设置完成后查看各属性值，执行命令如下。

```
[root@localhost ~]# chage -m 10 -M 90 -W3 user01
[root@localhost ~]# chage -l user01
最近一次密码修改时间                    : 8月 18, 2023
密码过期时间                            : 11月 16, 2023
密码失效时间                            : 从不
账户过期时间                            : 从不
两次改变密码之间相距的最小天数          : 10
两次改变密码之间相距的最大天数          : 90
在密码过期之前警告的天数                : 3
[root@localhost ~]#
```

4. usermod 命令——修改用户账户

usermod 命令用于修改用户账户的属性。其格式如下。

```
usermod  [选项]  用户名
```

由于 Linux 操作系统中的一切都是文件，因此在其中创建用户的过程就是修改配置文件的过程，用户的信息保存在/etc/passwd 文件中，可以直接使用文本编辑器来修改其中的用户选项，也可以使用 usermod 命令修改已经创建的用户信息，如 UID、用户组、默认终端等。usermod 命令各选项及其功能说明如表 3.6 所示。

表 3.6 usermod 命令各选项及其功能说明

选项	功能说明
-d	用户的新主目录
-e	设定账户过期的日期
-f	密码失效多少天后设定密码为失效状态
-g	强制使用 GROUP 为新基本组，变更所属用户组
-G	新的附加组列表 GROUPS，变更扩展用户组
-a	将用户添加至-G 选项的附加组中，并不会从其他组中删除此用户
-h	显示帮助信息并退出
-l	新的登录名称
-L	锁定用户账户
-m	将主目录内容移动到新位置（仅与-d 选项一起使用）
-o	允许使用重复的（非唯一的）UID
-p	将加密过的密码设为新密码
-R	指定目录作为根目录
-s	用户账户的新登录 Shell
-u	用户账户的新 UID
-U	解锁用户账户
-Z	用户账户的新 SELinux 用户映射

【实例 3.4】使用 usermod 命令维护、禁用和恢复用户账户。

查看用户 user01 的默认信息。

```
[root@localhost ~]# id user01
uid=2000(user01) gid=2000(user01) 组=2000(user01)
[root@localhost ~]#
```

将用户 user01 加入用户 root 所在组，这样扩展组列表中会出现用户 root 组的字样，而基本组不会受影响。

```
[root@localhost ~]# usermod -G root user01
[root@localhost ~]# id user01
uid=2000(user01) gid=2000(user01) 组=2000(user01),0(root)
[root@localhost ~]#
```

可以使用-u 选项修改用户 user01 的 UID，命令如下。

```
[root@localhost ~]# usermod -u 5000 user01
[root@localhost ~]# id user01
uid=5000(user01) gid=2000(user01) 组=2000(user01),0(root)
[root@localhost ~]#
```

修改用户 user01 的主目录为/var/user01，把登录 Shell 修改为/bin/tabs，修改完成后再将其恢复到初始状态，命令如下。

```
[root@localhost ~]# usermod -d /var/user01 -s /bin/tabs user01
[root@localhost ~]# tail -2 /etc/passwd
csg:x:1000:1000:root:/home/csg:/bin/bash
user01:x:5000:2000::/var/user01:/bin/tabs
[root@localhost ~]# usermod -d /var/user01 -s /bin/bash user01
```

有时候需要临时禁用一个账户而不删除它，禁用用户账户可以使用 passwd 命令或 usermod 命令实现，也可以通过直接修改/etc/passwd 文件或/etc/shadow 文件来实现。

例如，如果需要暂时禁用和解锁用户 user01，则可以使用以下 3 种方法实现。

（1）使用 passwd 命令。

首先使用 passwd 命令禁用用户 user01，然后使用 tail 命令查看/etc/shadow 文件，可以看到/etc/shadow 文件中被锁定的账户密码栏前面加上了"!!"，最后使用 passwd 命令解锁用户。

```
[root@localhost ~]# passwd -l user01
锁定用户 user01 的密码。
passwd: 操作成功
[root@localhost ~]# tail -1 /etc/shadow
user01:!!$6$r3PbM.32$IQ/ciM9wmNM7ZkPjefrJmINM4ChadEDp/pw20jXM0AUnmQ4/wRa0T93RtLdVrvHCJzd.0/otrNK9uXrUIDlEh1:18492:10:90:3:::
[root@localhost ~]# tail  -1  /etc/passwd
user01:x:5000:2000::/var/user01:/bin/bash
[root@localhost ~]# passwd -u user01          //解锁用户 user01
解锁用户 user01 的密码。
passwd: 操作成功
[root@localhost ~]#
```

（2）使用 usermod 命令。

首先使用 usermod 命令禁用用户 user01，然后使用 tail 命令查看/etc/shadow 文件，可以看到/etc/shadow 文件中被锁定的账户密码栏前面加上了"!"，最后使用 usermod 命令解锁用户。

```
[root@localhost ~]# usermod -L user01
[root@localhost ~]# tail -1 /etc/shadow
user01:!$6$r3PbM.32$IQ/ciM9wmNM7ZkPjefrJmINM4ChadEDp/pw20jXM0AUnmQ4/wRa0T93RtLdVrvHCJzd.0/otrNK9uXrUIDlEh1:18492:10:90:3:::
[root@localhost ~]# tail -1 /etc/passwd
user01:x:5000:2000::/var/user01:/bin/bash
[root@localhost ~]# usermod -U user01          //解锁用户 user01
[root@localhost ~]#
```

（3）直接修改用户账户文件。

可以在/etc/passwd 文件或/etc/shadow 文件中有关用户 user01 的密码字段的第一个字符前面加上一个"*"，以实现禁用用户账户的目的，在需要恢复的时候删除字符"*"即可，如图 3.5 所示。

图 3.5　修改/etc/passwd 文件以禁用用户 user01

5. userdel 命令——删除用户账户

要想删除一个用户账户，可以直接在/etc/passwd 和 etc/shadow 文件中删除对应的行，也可以使用 userdel 命令进行删除。其格式如下。

```
userdel  [选项]  用户名
```

userdel 命令各选项及其功能说明如表 3.7 所示。

表 3.7　userdel 命令各选项及其功能说明

选项	功能说明
-h	显示帮助信息并退出
-r	删除主目录及目录下的所有文件
-R	指定目录作为根目录
-Z	为用户账户删除所有的 SELinux 用户映射

【实例 3.5】使用 userdel 命令删除用户账户。先新建用户 user02 和 user03，再查看用户目录相关信息，最后删除用户 user03，并查看用户主目录的变化。

```
[root@localhost ~]# useradd -p 123456 user02    //新建用户 user02，密码为 123456
[root@localhost ~]# useradd -p 123456 user03    //新建用户 user03，密码为 123456
[root@localhost ~]# ls  /home                   //查看目录情况
csg  user01  user02  user03
[root@localhost ~]# tail  -4  /etc/passwd       //查看用户账户信息
csg:x:1000:1000:root:/home/csg:/bin/bash
user01:x:5000:1::/var/user01:/bin/bash
user02:x:5001:0::/home/user02:/bin/bash
user03:x:5002:0::/home/user03:/bin/bash
[root@localhost ~]# userdel  -r  user03         //删除用户 user03
[root@localhost ~]# ls  /home                   //查看用户主目录的变化
csg  user01  user02
[root@localhost ~]#
```

3.2 组群管理

Linux 操作系统中包含私有组、系统组、标准组 3 种类型的组。

（1）私有组：建立用户账户时，若没有指定其所属的组，则系统会建立一个组名和用户名相同的组，这个组就是私有组，它只容纳一个用户。

（2）系统组：这是 Linux 操作系统正常运行所必需的组，安装 Linux 操作系统或添加新的软件包时会自动建立系统组。

（3）标准组：可以容纳多个用户，该组中的用户都具有组所拥有的权限。

一个用户可以属于多个组，用户所属的组又有基本组和附加组之分。用户所属组中的第一个组称为基本组（主组），基本组在/etc/passwd 文件中指定；其他组为附加组，附加组在/etc/group 文件中指定。属于多个组的用户所拥有的权限是它所在的组的权限之和。

相对于用户信息，用户组的信息少一些。与用户一样，用户分组也是由一个唯一的身份来标识的，该身份叫作用户组 ID（Group ID，GID）。在 Linux 操作系统中，关于组群账户的信息都存放在/etc/group 文件中；关于组群管理的信息，如组群密码、组群管理员等，都存放在/etc/gshadow 文件中。

3.2.1 组群文件

1. /etc/group 文件

/etc/group 文件用于存放用户的组群账户信息。任何用户都可以读取该文件的内容。每个组群账户都在/etc/group 文件中占一行，并用“:”分隔为 4 个字段。其格式如下。

```
组群名称:组群密码（一般为空，用 x 占位）:GID:组群成员
```

/etc/group 文件中各字段及其功能说明如表 3.8 所示。

表3.8 /etc/group文件中各字段及其功能说明

字段	功能说明
组群名称	组群的名称
组群密码	通常不需要设定，一般很少用组群登录，其密码也被记录在/etc/gshadow文件中
GID	用户组ID
组群成员	组群所包含的用户，用户之间用“,”分隔，如果没有成员，则默认为空

/etc/group文件中显示的用户组只有用户的附加组，用户的基本组在这里是看不到的，它的基本组在/etc/passwd文件中显示。一般情况下，管理员不必手动修改这个文件，Linux操作系统提供了一些命令来完成组群的管理。

【实例3.6】查看/etc/group文件的内容，相关命令如下。

```
[root@localhost ~]# useradd -p 123456 user03
[root@localhost ~]# usermod -G root user01      //加入root组
[root@localhost ~]# usermod -G bin user02       //加入bin组
[root@localhost ~]# usermod -G bin user03       //加入bin组
[root@localhost ~]# cat -n /etc/group           //查看组群信息
     1  root:x:0:user01
     2  bin:x:1:user02,user03
     3  daemon:x:2:
     4  sys:x:3:
     5  adm:x:4:
     6  tty:x:5:
[root@localhost ~]# id user02                   //查看用户user02的相关组信息
uid=5001(user02) gid=1(bin) 组=1(bin)
[root@localhost ~]#
```

从以上命令的运行结果可以看出，root组的GID为0，包含组群成员用户user01；bin组的GID为1，包含组群成员用户user02和user03，各成员之间用“,”分隔。在/etc/group文件中，用户的基本组并不把bin作为成员列出，只有用户的附加组才会把该用户作为成员列出，例如，用户bin的基本组是bin，但/etc/group文件的组群的成员列表中并没有用户bin，只有用户user02和user03。

2. /etc/gshadow文件

/etc/gshadow文件用于存放组群的加密密码、组管理员等信息。该文件只有用户root可以读取。每个组群账户都在/etc/gshadow文件中占一行，并用“:”分隔为4个字段。其格式如下。

```
组群名称:加密后的组群密码:组群的管理员:组群成员
```

/etc/gshadow文件中各字段及其功能说明如表3.9所示。

表3.9 /etc/gshadow文件中各字段及其功能说明

字段	功能说明
组群名称	组群的名称
加密后的组群密码	通常不需要设定，没有时用“!”占位
组群的管理员	组群的管理员名称，默认为空
组群成员	组群所包含的用户，用户之间用“,”分隔，如果没有成员，则默认为空

【实例3.7】查看/etc/gshadow文件的内容，相关命令如下。

```
[root@localhost ~]# cat -n /etc/gshadow
     1  root:::user01
     2  bin:::user02,user03
     3  daemon:::
```

```
    …
    75  user03:!::
[root@localhost ~]#
```

3.2.2 组群维护与管理

1. groupadd 命令——创建组群

groupadd 命令用来在 Linux 操作系统中创建用户组。只要为不同的用户组赋予不同的权限，再将不同的用户加入不同的组，用户即可获得所在组群拥有的权限。当 Linux 操作系统中有许多用户时，使用这种方法创建组群非常方便。其格式如下。

```
groupadd  [选项]  组群名
```

groupadd 命令各选项及其功能说明如表 3.10 所示。

表 3.10 groupadd 命令各选项及其功能说明

选项	功能说明
-f	如果组群已经存在，则退出；如果 GID 已经存在，则取消-g 选项的操作
-g	为新组使用 GID
-h	显示帮助信息并退出
-k	不使用/etc/login.defs 文件中的默认值
-o	允许创建有重复 GID 的组
-p	为新组使用加密过的密码
-r	创建一个系统账户
-R	指定目录作为根目录

【实例 3.8】使用 groupadd 命令创建用户组，相关命令如下。

```
[root@localhost ~]# ls /home
csg  user01  user02  user03
[root@localhost ~]# groupadd workgroup      //创建用户组 workgroup
[root@localhost ~]# tail -5 /etc/group
csg:x:1000:
user01:x:2000:
user02:x:5001:
user03:x:5002:
workgroup:x:5003:
[root@localhost ~]# tail -5 /etc/gshadow
csg:!::
user01:!::
user02:!::
user03:!::
workgroup:!::
```

2. groupdel 命令——删除组群

groupdel 命令用来在 Linux 操作系统中删除组群。如果该组群中仍包括某些用户，则必须先使用 userdel 命令删除这些用户，再使用 groupdel 命令删除组群；如果有任何一个组群的用户在线，则无法删除该组群。其格式如下。

```
groupdel  [选项]  组群名
```

groupdel 命令各选项及其功能说明如表 3.11 所示。

表 3.11　groupdel 命令各选项及其功能说明

选项	功能说明
-h	显示帮助信息并退出
-R	指定目录作为根目录

【实例 3.9】使用 groupdel 命令删除组群，相关命令如下。

```
[root@localhost ~]# groupadd workgroup-1          //新建组群 workgroup-1
[root@localhost ~]# groupadd workgroup-2          //新建组群 workgroup-2
[root@localhost ~]# tail -6 /etc/group            //末尾显示 6 条/etc/group 文件的内容
user01:x:2000:
user02:x:5001:
user03:x:5002:
workgroup:x:5003:
workgroup-1:x:5004:
workgroup-2:x:5005:
[root@localhost ~]#
[root@localhost ~]# groupdel workgroup-2          //删除组群 workgroup-2
[root@localhost ~]# tail -6 /etc/group            //末尾显示 6 条/etc/group 文件的内容
csg:x:1000:
user01:x:2000:
user02:x:5001:
user03:x:5002:
workgroup:x:5003:
workgroup-1:x:5004:
```

3. groupmod 命令——更改组群识别码或名称

groupmod 命令用来在 Linux 操作系统中更改组群识别码或名称。其格式如下。

```
groupmod [选项] 组群名
```

groupmod 命令各选项及其功能说明如表 3.12 所示。

表 3.12　groupmod 命令各选项及其功能说明

选项	功能说明
-g	修改组 ID
-h	显示帮助信息并退出
-n	修改组群的名称
-o	允许使用重复的 GID
-p	将密码更改为加密过的密码
-R	指定工作目录

【实例 3.10】使用 groupmod 命令更改组群识别码或名称。将 workgroup-1 组群的 GID 修改为 3000，同时将组群名称修改为 workgroup-student，并显示修改结果，相关命令如下。

```
[root@localhost ~]# groupmod -g 3000 -n workgroup-student  workgroup-1
[root@localhost ~]# tail -6 /etc/group
csg:x:1000:
user01:x:2000:
user02:x:5001:
user03:x:5002:
workgroup:x:5003:
workgroup-student:x:3000:
```

4. gpasswd 命令——管理组群

gpasswd 命令用来在 Linux 操作系统中管理组群，可以将用户加入组群，也可以删除组群中的用户、指定管理员、设置组群成员列表、删除密码等。其格式如下。

```
gpasswd [选项] 组群名
```

gpasswd 命令各选项及其功能说明如表 3.13 所示。

表 3.13 gpasswd 命令各选项及其功能说明

选项	功能说明
-a	向组中添加用户
-d	从组中删除用户
-h	显示帮助信息并退出
-Q	指定工作目录
-r	删除密码
-R	限制其成员访问组群
-M	设置组的成员列表
-A	设置组的管理员列表

【实例 3.11】使用 gpasswd 命令管理组群，相关命令如下。

```
[root@localhost ~]# ls /home
csg  user01  user02  user03  user04
[root@localhost ~]# tail -6 /etc/group
csg:x:1000:
user01:x:2000:
user02:x:5001:
user03:x:5002:
workgroup:x:5003:
workgroup-student:x:3000:
[root@localhost ~]# gpasswd -a user01 workgroup-student          //向组中添加用户
正在将用户“user01”加入“workgroup-student”组中
[root@localhost ~]# gpasswd -a user02 workgroup-student          //向组中添加用户
正在将用户“user02”加入“workgroup-student”组中
[root@localhost ~]# tail -6 /etc/group
csg:x:1000:
user01:x:2000:
user02:x:5001:
user03:x:5002:
workgroup:x:5003:
workgroup-student:x:3000:user01,user02
[root@localhost ~]# gpasswd -d user02 workgroup-student          //删除组中的用户
正在将用户“user02”从“workgroup-student”组中删除
[root@localhost ~]# tail -6 /etc/group
csg:x:1000:
user01:x:2000:
user02:x:5001:
user03:x:5002:
workgroup:x:5003:
workgroup-student:x:3000:user01
[root@localhost ~]# gpasswd -A csg workgroup-student    //设置组群指定管理员为 csg
```

5. chown命令——修改文件的所有者和所属组群

chown 命令可以将指定文件的所有者改为指定的用户或组群，其格式如下。

```
chown [选项] user[:group] 文件名
```

其中，user 可以是用户名或者 UID；group 可以是组名或者 GID。在修改文件权限时，支持使用通配符来匹配文件名，尤其当文件名之间以空格分隔时，这种方式非常方便。系统管理员经常使用 chown 命令，在将文件复制到另一个用户的目录下之后，通过使用 chown 命令改变文件的所有者和所属组群，使用户拥有使用该文件的权限。在更改文件的所有者或所属组群时，可以使用用户名和 UID，普通用户不能将自己的文件改变成其他的所有者，管理员一般拥有其操作权限。

chown 命令各选项及其功能说明如表 3.14 所示。

表 3.14 chown 命令各选项及其功能说明

选项	功能说明
-c	该选项的作用与-v 选项相似，但只传回修改的部分
-f	不显示错误信息
-h	只对符号链接的文件做修改，而不更改其他任何相关文件
-R	递归处理，对指定目录下的所有文件及子目录进行处理
-v	显示命令执行过程
--dereference	作用于符号链接的指向，而不是符号链接本身
--reference=<参考文件或目录>	把指定文件或目录的所有者与所属组群都设置为参考文件或目录的所有者与所属组群
--help	显示帮助信息
--version	显示版本信息

【实例 3.12】使用 chown 命令修改文件的所有者和所属组群，相关命令如下。

（1）将 test01.txt 文件的所有者改为 test 用户。

```
[root@localhost ~]# useradd -p 123456 test          //添加用户 test
[root@localhost ~]# ls -l test01
-rw-r--r--. 1 root root 84 8月  21 08:28 test01
[root@localhost ~]# chown test:root test01.txt      //修改所有者为用户 test
[root@localhost ~]# ls -l test01.txt
-rw-r--r--. 1 test root 84 8月  22 20:33 test01.txt
[root@localhost ~]#
```

（2）chown 命令所修改的新的所有者和新的所属组群之间可以使用“:”连接，所有者或所属组群可以为空。如果所有者为空，则应该是“:所属组群”；如果所属组群为空，则可以不用加“:”。

```
[root@localhost ~]# ls -l test01.txt
-rw-r--r--. 1 test root 84 8月  22 20:33 test01.txt
[root@localhost ~]# chown :test test01.txt          //修改所属组群为 test 用户组
[root@localhost ~]# ls -l test01.txt
-rw-r--r--. 1 test test 84 8月  22 20:33 test01.txt
[root@localhost ~]#
```

（3）chown 命令也提供了-R 选项，这个选项对目录改变所有者和所属组群极为有用。可以通过添加-R 选项来改变某个目录下的所有文件到新的所有者或所属组群中。

```
[root@localhost ~]# mkdir testdir                   //新建文件夹
[root@localhost ~]# ls -ld testdir                  //查看文件夹默认属性
```

```
drwxr-xr-x. 2 root root 6 8月  22 20:46 testdir
[root@localhost ~]# touch testdir/test1.txt          //新建文件 test1.txt
[root@localhost ~]# touch testdir/test2.txt          //新建文件 test2.txt
[root@localhost ~]# touch testdir/test3.txt          //新建文件 test3.txt
[root@localhost ~]# ls  -l  testdir/
总用量 0
-rw-r--r--. 1 root root 0 8月  22 20:47 test1.txt
-rw-r--r--. 1 root root 0 8月  22 20:49 test2.txt
-rw-r--r--. 1 root root 0 8月  22 20:49 test3.txt
[root@localhost ~]# chown  -R  test:test  testdir
                    //修改 testdir 及其子目录和所有文件到新的用户与组群中
[root@localhost ~]# ls -ld testdir
drwxr-xr-x. 2 test test 57 8月  22 20:49 testdir
```

6. chgrp 命令——修改文件与目录所属组群

在 Linux 操作系统中，文件与目录的权限控制是以所有者及所属组群来管理的，可以使用 chgrp 命令来修改文件与目录的所属组群。chgrp 是 change group 的缩写，chgrp 命令可采用组群名称或组群识别码的方式来改变文件或目录的所属组群，用户 root 拥有该命令的使用权限，被改变的组群名必须在/etc/group 文件中。其格式如下。

```
chgrp  [选项]  组  文件名
```

chgrp 命令各选项及其功能说明如表 3.15 所示。

表 3.15　chgrp 命令各选项及其功能说明

选项	功能说明
-c	当文件与目录所属组群发生改变时输出调试信息
-f	不显示错误信息
-R	处理指定目录及其子目录下的所有文件
-v	运行时显示详细的处理信息
--dereference	作用于符号链接的指向，而不是符号链接本身
--no-dereference	作用于符号链接本身
--reference=<文件或者目录>	把指定文件或目录的所有者与所属组群都设置为参考文件或目录的所有者与所属组群
--help	显示帮助信息
--version	显示版本信息

【实例 3.13】使用 chgrp 命令修改组群名称或组群识别码的方式来改变文件或目录的所属组群，相关命令如下。

（1）改变文件 test01 的组群属性，将文件 test01 的所属组群由 root 更改为 bin。

```
[root@localhost ~]# ls -l test01
-rw-r--r--. 1 root root 84 8月  21 08:28 test01
[root@localhost ~]# chgrp  -v  bin  test01    //更改文件的所属组群为 bin
changed group of "test01" from root to bin
[root@localhost ~]# ls -l test01
-rw-r--r--. 1 root bin 84 8月  21 08:28 test01
```

（2）改变文件 test01 的组群属性，使得文件 test01 的组群属性和参考文件 test01.txt 的组群属性相同。

```
[root@localhost ~]# ls  -l  test01*
-rw-r--r--. 1 root bin  84 8月  21 08:28 test01
-rw-r--r--. 1 test test 84 8月  22 20:33 test01.txt
[root@localhost ~]# chgrp --reference=test01.txt test01
[root@localhost ~]# ls  -l  test01*
-rw-r--r--. 1 root test 84 8月  21 08:28 test01
-rw-r--r--. 1 test test 84 8月  22 20:33 test01.txt
[root@localhost ~]#
```

（3）改变指定目录及其子目录下的所有文件的组群属性。

```
[root@localhost ~]# ls -l testdir/
总用量 0
-rw-r--r--. 1 test test 0 8月  22 20:47 test1.txt
-rw-r--r--. 1 test test 0 8月  22 20:49 test2.txt
-rw-r--r--. 1 test test 0 8月  22 20:49 test3.txt
[root@localhost ~]# chgrp -R bin testdir/  //指定testdir下所有文件的所属组群为bin
[root@localhost ~]# ls -l testdir/
总用量 0
-rw-r--r--. 1 test bin 0 8月  22 20:47 test1.txt
-rw-r--r--. 1 test bin 0 8月  22 20:49 test2.txt
-rw-r--r--. 1 test bin 0 8月  22 20:49 test3.txt
[root@localhost ~]#
```

（4）通过组群识别码来改变文件组群属性。

```
[root@localhost ~]# tail  -6  /etc/group
user02:x:5001:
user03:x:5002:
workgroup:x:5003:
workgroup-student:x:3000:user01
user05:x:5004:
test:x:5005:
[root@localhost ~]# chgrp -R 3000 test01  //指定test01组群识别码为3000
[root@localhost ~]# ls  -l  test01
-rw-r--r--. 1 root workgroup-student 84 8月  21 08:28 test01
```

3.3 su和sudo命令的使用

1. su命令

su命令可在不注销用户账户的情况下切换到系统中的另一个用户。账户su命令可以让一个普通用户拥有超级用户或其他用户的权限，也可以让超级用户以普通用户的身份进行一些操作。若没有指定的用户账户，则系统默认为超级用户；普通用户使用这个命令时必须有超级用户或其他用户的密码；超级用户向普通用户切换时不需要密码；如果要离开当前用户的身份，则可以执行exit命令，返回默认用户。其格式如下。

```
su  [选项]  [-]  [USER [参数]…]
```

su 命令各选项及其功能说明如表 3.16 所示。

表 3.16 su 命令各选项及其功能说明

选项	功能说明
-	切换到超级用户，-user 表示完全切换到另一个用户
-c	向 Shell 传递一条命令，并退出所切换到的用户环境
-f	适用于 csh 与 tsch，使用 Shell 时不用读取启动文件
-m,-p	变更身份时，不重置环境变量，保留环境变量
-g	指定基本组
-G	指定一个附加组
-l	使 Shell 成为登录 Shell
-s	指定要执行的 Shell

【实例 3.14】使用 su 命令进行用户切换，相关命令如下。

```
[root@localhost ~]# su user05            //切换到 user05 用户
[user05@localhost root]$ su -            //切换到超级用户
密码:                                     //输入超级用户的密码
上一次登录：三 8月 19 21:13:11 CST 2024pts/0 上
[root@localhost ~]# su - user04          //切换到 user04 用户
[user04@localhost ~]$ exit               //返回默认用户
登出
```

su 命令的优点：su 命令为管理带来了方便，只要把超级用户的密码交给普通用户，普通用户就可以通过 su 命令切换到超级用户，以完成相应的管理工作任务。

su 命令的缺点：超级用户把密码交给普通用户后，存在安全隐患，如果系统有 10 个普通用户需要执行管理工作任务，则意味着要把超级用户的密码告诉这 10 个普通用户，这在一定程度上对系统安全构成了威胁。因此，su 命令在多人参与的系统管理中不是最好的选择，为了解决该问题，可以使用 sudo 命令。

2. sudo 命令

sudo 命令可以让用户以其他身份来执行指定的命令，默认的身份为 root。在/etc/sudoers 文件中设置了可执行 sudo 命令的用户。若未经授权的用户使用 sudo 命令，则系统会发送警告邮件给管理员。用户使用 sudo 命令时，必须先输入密码，之后有 5min 的有效期限，超过有效期限时必须重新输入密码。sudo 命令可以提供日志，真实地记录每个用户使用 sudo 命令时进行的操作，并能将日志传送到中心主机或者日志服务器中。通过 sudo 命令可以把某些超级权限有针对性地下放，且不需要普通用户知道超级用户的密码，所以 sudo 命令相对于权限无限制的 su 命令来说是比较安全的，故 sudo 命令也被称为受限制的 su 命令。另外，sudo 命令是需要授权的，所以其也被称为授权的 su 命令。其格式如下。

```
sudo [选项] [-s] [-u 用户] command
```

sudo 命令各选项及其功能说明如表 3.17 所示。

表 3.17 sudo 命令各选项及其功能说明

选项	功能说明
-A	使用助手程序进行密码提示
-b	在后台执行命令
-C	关闭所有≥num 的文件描述符
-E	在执行命令时保留用户环境，保留特定的环境变量
-e	编辑文件，而非执行命令
-g	以指定的用户组或 GID 执行命令
-H	将 HOME 变量设置为目标用户的主目录

续表

选项	功能说明
-h	显示帮助信息并退出
-i	以目标用户的身份进行登录
-k	完全删除时间戳文件
-l	列出用户权限或检查某个特定命令
-n	非交互模式，不给出提示
-p	保留组向量，而非设置为目标的组向量
-P	使用指定的密码提示
-r	以指定的用户名创建 SELinux 安全环境
-S	从标准输入读取密码
-s	以目标用户运行 Shell，可同时指定一条命令
-t	以指定的类型创建 SELinux 安全环境
-T	在达到指定时间限制后终止命令
-U	在列表模式中显示用户的权限
-u	以指定的用户或 UID 执行命令（或编辑文件）
-V	显示版本信息并退出
-v	更新用户的时间戳而不执行命令

sudo 命令是 Linux 操作系统中非常有用的命令，它允许系统管理员分配给普通用户一些合理的权限，使其执行一些只有超级用户或其他特许用户才能完成的任务，执行诸如 restart、reboot、passwd 等命令，或者编辑一些系统配置文件，这样不仅减少了超级用户的登录次数和管理时间，还提高了系统安全性。其特性主要有以下几点。

（1）sudo 命令的配置文件为/etc/sudoers 文件，它允许系统管理员集中地管理用户的使用权限和使用的主机。

（2）不是所有的用户都可以使用 sudo 命令来执行管理权限，普通用户是否可以使用 sudo 命令执行管理权限是通过/etc/sudoers 文件来设置的。在默认情况下，/etc/sudoers 文件是只读文件，需要进行属性设置才能配置使用。

（3）sudo 命令能够限制用户只在某台主机上执行某些命令。

（4）sudo 命令提供了丰富的日志，详细地记录了每个用户进行的操作，它能够将日志传送到中心主机或日志服务器中。

（5）sudo 命令使用时间戳文件来执行类似“检票”的命令，当用户调用 sudo 命令并输入其密码时，用户会获得一张有效期限为 5min 的“票”，这个有效期限的值可以在编译时修改。

【实例 3.15】使用 sudo 命令进行相关操作，命令如下。

```
[root@localhost ~]# usermod -G root user02 //将user02 用户添加到 root 组群中
[root@localhost ~]# id user02
uid=5001(user02) gid=1(bin) 组=1(bin),0(root)
[root@localhost ~]# passwd user02          //修改 user02 用户的密码为 admin@123
更改用户 user02 的密码。
新的密码：
无效的密码：密码未通过字典检查——它基于字典单词
重新输入新的密码：
passwd：所有的身份验证令牌已经成功更新。
[root@localhost ~]#
[root@localhost ~]# su user02
```

```
[user02@localhost root]$ sudo su root
[sudo] user02 的密码:
[root@localhost ~]#
[root@localhost ~]# ls -l /etc/sudoers
-r--r-----. 1 root root 4328 10月 30 2018 /etc/sudoers
[root@localhost ~]# cp /etc/sudoers /etc/sudoers-backup //复制一个文件，留作备用
[root@localhost ~]# ls -l /etc/sudoers-backup
-r--r-----. 1 root root 4328 8月  19 21:40 /etc/sudoers-backup
[root@localhost ~]# chmod 740 /etc/sudoers                //修改文件属性
[root@localhost ~]# ls -l /etc/sudoers
-rwxr-----. 1 root root 4328 10月 30 2018 /etc/sudoers
[root@localhost ~]# vim /etc/sudoers        //编辑/etc/sudoers 文件，添加 user02 用户
[root@localhost ~]# chmod 440 /etc/sudoers            //设置文件属性为只读
[root@localhost ~]# ls -l /etc/sudoers
-r--r-----. 1 root root 4356 8月  19 21:45 /etc/sudoers
[root@localhost ~]# su user02
[user02@localhost root]$ sudo cat /etc/sudoers
//以 user02 用户身份查看文件/etc/sudoers 的内容
[sudo] user02 的密码:                              //输入 user02 用户的密码
## Sudoers allows particular users to run various commands as
…
# Host_Alias     FILESERVERS = fs1, fs2
# Host_Alias     MAILSERVERS = smtp, smtp2
```

从以上命令的运行结果可以看出，user02 用户被添加到 root 组群中，拥有用户 root 的权限，/etc/sudoers 文件在默认情况下为只读文件，只有用户 root 和所属组群可以进行读操作，其他用户不可以进行读操作。所以在为其他用户授权时，必须对/etc/sudoers 文件进行属性设置，修改/etc/sudoers 文件为可读写文件，同时添加授权用户，如图 3.6 所示。

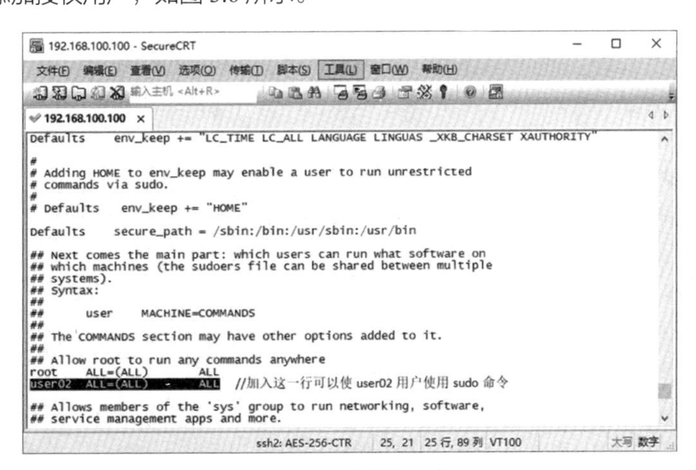

图 3.6　添加授权用户

3.4 文件和目录权限管理

对于初学者而言，理解 Linux 操作系统文件和目录的权限管理是非常有必要的。下面主要介绍文

件和目录的权限、文件和目录的属性信息、使用数字表示法修改文件和目录的权限、使用文字表示法修改文件和目录的权限、修改文件和目录的默认权限与隐藏属性，以及文件访问控制列表等。

3.4.1 文件和目录的权限

V3.4 理解文件和目录的权限

文件是操作系统用来存储信息的基本结构，是信息的集合。文件通过文件名来唯一标识。在Linux操作系统中，文件名最长允许有255个字符，这些字符可用a～z、A～Z、0～9、特殊字符等来表示。与其他操作系统相比，Linux操作系统最大的不同就是没有“扩展名”的概念，也就是说，文件的名称和该文件的类型并没有直接的关联，甚至可以不使用扩展名。例如，file01.txt有可能是一个运行文件，而file01.exe有可能是一个文本文件。另外，Linux操作系统的文件名区分字母大小写，如file01.txt、File01.txt、FILE01.TXT、file01.TXT在Linux操作系统中分别代表不同的文件，但在Windows操作系统中代表同一个文件。在Linux操作系统中，如果文件名以“.”开始，则表示该文件为隐藏文件，需要执行ls -a命令才能显示出来。

Linux操作系统中的每一个文件或目录都具有的访问权限分为以下3类。

（1）只允许用户自己访问。

（2）允许一个预先指定的用户组中的用户访问。

（3）允许系统中的任何用户访问。

这些访问权限决定了哪些用户能访问和如何访问这些文件及目录，可以通过设定权限来实现访问权限的限制。

同时，用户能够控制给定的文件或目录的访问程度。文件或目录可能有读、写及执行权限，当创建文件时，系统会自动赋予文件所有者读和写的权限，这样可以允许所有者显示和修改文件内容，文件或目录所有者可以将这些权限修改为任何其想要指定的权限；文件或目录可能只有读权限，禁止任何修改操作；也可能只有执行权限，允许它像程序一样执行。

根据赋予权限的不同，不同的用户（所有者、用户组或其他用户）能够访问不同的文件或目录，所有者是创建文件的用户，文件的所有者能够授予所在用户组的其他成员以及系统中除所属组群之外的其他用户的文件访问权限。

针对系统中的所有文件，每一个用户都有其自身的读、写或执行权限。

（1）第一套权限控制为用户访问自己的文件权限，即文件或目录所有者的权限。

（2）第二套权限控制为用户组群访问其中一个用户的文件或目录的权限。

（3）第三套权限控制为其他用户访问一个用户的文件或目录的权限。

以上3套权限控制赋予了用户（所有者、用户组或其他用户）不同类型的读、写和执行权限，构成一个有9种类型的权限组。

用户可以使用ls -l或者ll命令来查看文件的详细信息，其中包括文件或目录的权限，命令如下。

```
[root@localhost ~]# vim  file01.txt
aaaaaaaaaaaaaaaaaaaaaa
bbbbbbbbbbbbbbbbbbbb
[root@localhost ~]# ls  -l
总用量 12
-rw-------. 1 root root 1647 6月   8 01:27 anaconda-ks.cfg
-rw-r--r--. 1 root root  116 8月  20 19:43 file01.txt
…
[root@localhost ~]#
```

以上列出了各种文件或目录的详细信息，共分为7组，各组信息的含义如图3.7所示。

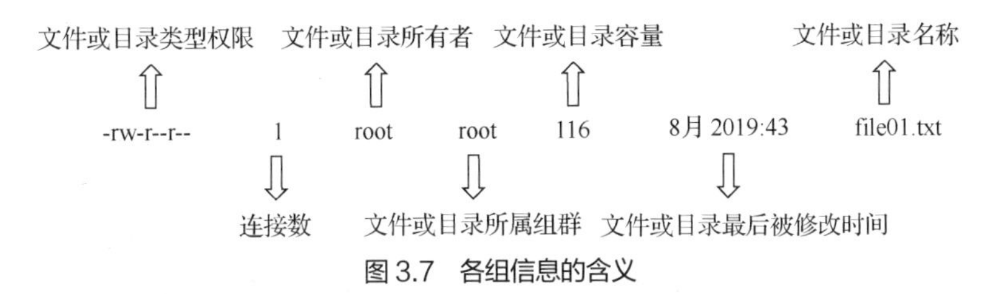

图 3.7　各组信息的含义

3.4.2　文件和目录的属性信息

V3.5　详解文件和目录的属性信息

在 Linux 操作系统中，文件和目录的属性是非常核心的概念，它们提供了对文件系统中对象的基本信息和访问控制的机制。

1. 第一组表示文件或目录类型权限

每一行的第一个字符一般用来区分文件的类型，一般取值为-、b、c、d、l、s、p，其具体含义如表 3.18 所示。

表 3.18　文件或目录类型权限第一个字符的具体含义

取值	具体含义
-	表示文件是普通文件
b	表示文件为块设备，是特殊类型的文件
c	表示文件为其他的外围设备，是特殊类型的文件
d	表示目录，在 Ext 文件系统中，目录也是一种特殊的文件
l	表示文件是符号链接文件，实际上它指向另一个文件
s、p	文件关系到系统的数据结构和管道，通常很少见到

每一行的第 2～10 个字符表示文件的访问权限，这 9 个字符每 3 个为一组。其具体含义分别如下。

（1）第 2、3、4 个字符表示文件所有者的权限，有时简称为 u（user）的权限。

（2）第 5、6、7 个字符表示文件所有者所属组群成员的权限，例如，文件所有者属于 workgroup 组群，该组群中有 5 个成员，则这 5 个成员都有此处指定的权限，简称为 g（group）的权限。

（3）第 8、9、10 个字符表示文件所有者所属组群以外的其他用户的权限，简称为 o（other）的权限。

这 9 个字符根据权限种类的不同分为以下 3 种类型。

（1）r（read，读取）：对于文件而言，具有读取文件内容的权限；对于目录而言，具有浏览目录的权限。

（2）w（write，写入）：对于文件而言，具有新增、修改文件内容的权限；对于目录而言，具有删除、移动目录中文件的权限。

（3）x（execute，执行）：对于文件而言，具有执行文件的权限；对于目录而言，具有进入目录的权限。

-表示不具有该项权限。

【实例 3.16】说明文件类型权限属性信息。

（1）-rw-rw-rw-：文件为普通文件，文件所有者、同组用户和其他用户对文件都只具有读、写权限，不具备执行权限。

（2）brwxr--r--：文件为块设备文件，文件所有者具有读、写和执行的权限，同组用户和其他用户具有读取的权限。

（3）drwx--x--：文件是目录文件，目录所有者具有删除、移动和进入目录的权限，同组用户和其他用户能进入该目录，但无法读取任何数据。

（4）lrwxrwxrwx：该文件是符号链接文件，文件所有者、同组用户和其他用户对文件都具有读、写和执行权限。

每个用户都拥有自己的主目录，这些主目录通常在/home 目录下，默认权限为 drwx------。对于执行 mkdir 命令所创建的目录，其默认权限为 drwxr-xr-x，用户可以根据需要修改目录权限，相关命令如下。

```
[root@localhost ~]# mkdir  /home/student
[root@localhost ~]# ls -l  /home
总用量 4
drwx------. 15 csg    csg       4096  6月   8 01:37 csg
drwxr-xr-x.  2 root   root         6  8月  20 21:43 student
drwx------.  5 user01 user01     107  8月  18 17:15 user01
drwx------.  5 user02 bin        128  8月  18 23:52 user02
…
[root@localhost ~]#
```

2. 第二组表示连接数

每个文件都会将其权限与属性记录到文件系统的 i-node 中，但文件系统的 i-node 的目录树使用了文件记录，因此每个文件名都会连接到一个 i-node，这个属性记录的就是有多少个不同的文件名连接到一个相同的 i-node。

3. 第三组表示文件或目录所有者

在 Linux 操作系统中，每个文件或目录都有自己的所有者文件或目录，通常指的是文件或目录的创建者。

4. 第四组表示文件或目录所属组群

在 Linux 操作系统中，用户的账户会附属到一个或多个组群中，例如，user01、user02、user03 用户均属于 workgroup 组群。如果某个文件所属组群为 workgroup，且这个文件的权限为-rwxrwx---，则 user01、user02、user03 用户对这个文件都具有读、写和执行的权限；不属于 workgroup 的其他账户，对这个文件不具有任何权限。

5. 第五组表示文件或目录容量

此组信息显示了文件或目录的容量，默认单位为 B。

6. 第六组表示文件或目录最后被修改时间

此组信息显示了日期（月和日）及时间。如果这个修改的时间距离现在太久了，那么时间部分会仅显示年份，如果要显示完整的时间格式，则可以使用 ls -l --full-time 命令，执行命令如下。

```
[root@localhost ~]# ls  -l  --full-time
总用量 12
-rw-------. 1 root root 1647 2024-06-08 01:27:06.769013640 +0800 anaconda-ks.cfg
-rw-r--r--. 1 root root  116 2024-08-20 19:43:26.279461488 +0800 file01.txt
…
drwxr-xr-x. 2 root root   40 2024-06-08 01:41:52.504670406 +0800 桌面
[root@localhost ~]#
```

7. 第七组表示文件或目录名称

文件或目录的最后一项属性信息为其名称。比较特殊的是，如果文件或目录名称之前多了一个“.”，则代表这个文件为隐藏文件，可以使用 ls 和 ls -a 命令来查看隐藏文件，执行命令如下。

```
[root@localhost ~]# ls
anaconda-ks.cfg  file01.txt  initial-setup-ks.cfg  公共  模板  视频  图片  文档  下载
音乐  桌面
[root@localhost ~]# ls -a
.            .bash_logout   .config    file01.txt        .mozilla  公共  文档
..           .bash_profile  .cshrc     .ICEauthority     .pki      模板  下载
…
[root@localhost ~]#
```

3.4.3 使用数字表示法修改文件和目录的权限

V3.6 使用数字表示法修改文件和目录的权限

在建立文件时，系统会自动设置文件的权限。如果这些默认权限无法满足需求，则可以使用 chmod 命令来修改文件权限。

chmod 命令的格式如下。

```
chmod  [选项] 文件
```

chmod 命令各选项及其功能说明如表 3.19 所示。

表 3.19 chmod 命令各选项及其功能说明

选项	功能说明
-c	当文件权限确实已经更改时，才能显示其更改动作
-f	若文件权限无法被更改，则不显示错误信息
-v	显示权限变更的详细资料
-R	对当前目录下的所有文件与子目录进行相同的权限变更（即以递归的方式逐个进行变更）

通常情况下，在修改权限时可以用两种方法来表示权限类型：数字表示法和文字表示法。数字表示法是指将读取（r）、写入（w）和执行（x）权限分别用数字 4、2、1 来表示，没有授予权限的部分就表示为 0，然后将数字相加，如表 3.20 所示。

表 3.20 用数字表示法表示文件权限（部分）

原始权限	转换为数字	数字表示
rwxrwxrwx	（421）（421）（421）	777
rw-rw-rw-	（420）（420）（420）	666
rwxrw-rw-	（421）（420）（420）	766
rwxr--r--	（421）（400）（400）	744
rwxrw-r--	（421）（420）（400）	764
r--r--r--	（400）（400）（400）	444

【实例 3.17】使用 chmod 命令为文件/mnt/test01 设置权限，其默认权限为 rw-r--r--，要求赋予所有者和组群成员读、写权限，而其他用户只有读权限，所以应该将权限设置为 rw-rw-r--，而该权限的数字表示法为 664，进行相关操作，相关命令如下。

```
[root@localhost ~]# touch  /mnt/test01                //创建文件/mnt/test01
[root@localhost ~]# ls -l  /mnt
总用量 0
-rw-r--r--. 1 root root 0 8月  20 22:52 test01
[root@localhost ~]# chmod  664  /mnt/test01           //修改文件/mnt/test01 的权限
[root@localhost ~]# ls -l /mnt
```

```
总用量 0
-rw-rw-r--. 1 root root 0 8月  20 22:52 test01
[root@localhost ~]#
```

如果要使用隐藏文件.tcshrc，则需要将用户对这个文件的所有权限都设定为启用，即执行命令如下。

```
[root@localhost ~]# ls  -al  .tcshrc
-rw-r--r--. 1 root root 129 12月 29 2013 .tcshrc
[root@localhost ~]# chmod  777  .tcshrc
[root@localhost ~]# ls  -al  .tcshrc
-rwxrwxrwx. 1 root root 129 12月 29 2013 .tcshrc
[root@localhost ~]#
```

如何将权限变为-rwxr-xr--呢？此时，权限的数字表示会变为（4+2+1）（4+0+1）（4+0+0）=754，所以需要使用 chmod 754 filename 命令。另外，在实际的系统运行中经常出现的一个问题是用 Vim 编辑一个 Shell 的文本批处理文件 test01.sh 后，它的权限通常是-rw-rw-r--，即 664；如果要将该文件变成可执行文件，且不让其他用户修改此文件，则需要设置权限为-rwxr-xr-x，此时要执行 chmod 755 test01.sh 命令。如果有些文件不希望被其他用户看到，则可以将文件的权限设为-rwxr-----，即执行 chmod 740 filename 命令。

3.4.4 使用文字表示法修改文件和目录的权限

1. 文字表示法

使用权限的文字表示法时，系统使用以下 4 个字母来表示不同的用户。

（1）u：user，表示所有者。

（2）g：group，表示所属组群。

（3）o：others，表示其他用户。

（4）a：all，表示以上 3 种用户。

使用以下 3 个字符的组合来设置操作权限。

（1）r：read，表示具有读权限。

（2）w：write，表示具有写权限。

（3）x：execute，表示具有执行权限。

操作符包括以下 3 种。

（1）+：表示添加某种权限。

（2）-：表示减去某种权限。

（3）=：表示赋予给定权限并取消原来的权限。

使用文字表示法修改文件权限时，使用 chmod 命令后，设置权限的命令如下。

```
[root@localhost ~]# vim /mnt/test01
aaaaaaaaaaaaaaaaaaa
bbbbbbbbbbbbbbbb
ccccccccccccccccccc
"/mnt/test01" 3L, 60C 已写入
[root@localhost ~]# ls  -l  /mnt/test01
-rw-rw-r--. 1 root root 60 8月  21 08:33 /mnt/test01
[root@localhost ~]# chmod u=rwx,g=rw,o=rx /mnt/test01      //修改文件权限
[root@localhost ~]# ls  -l  /mnt/test01
-rwxrw-r-x. 1 root root 60 8月  21 08:33 /mnt/test01
[root@localhost ~]#
```

修改目录权限和修改文件权限的方法相同，都使用 chmod 命令。不同的是，要使用通配符“*”来表示目录中的所有文件。

【实例 3.18】 修改/mnt/test 的权限时，同时将/mnt/test 目录下的所有文件权限都设置为所有用户都可读和可写。在/mnt/test 目录下新建文件 test01.txt、test02.txt、test03.txt，命令如下。

```
[root@localhost ~]# touch /mnt/test/test01.txt  /mnt/test/test02.txt  /mnt/test/test03.txt
[root@localhost ~]# ls -l /mnt/test
总用量 0
-rw-r--r--. 1 root root 0 8月  21 08:51 test01.txt
-rw-r--r--. 1 root root 0 8月  21 08:51 test02.txt
-rw-r--r--. 1 root root 0 8月  21 08:51 test03.txt
[root@localhost ~]# chmod a=rw /mnt/test/*      //设置为所有用户都可以读和写
[root@localhost ~]# ls -l /mnt/test
总用量 0
-rw-rw-rw-. 1 root root 0 8月  21 08:51 test01.txt
-rw-rw-rw-. 1 root root 0 8月  21 08:51 test02.txt
-rw-rw-rw-. 1 root root 0 8月  21 08:51 test03.txt
[root@localhost ~]#
```

如果目录中包含其他子目录，则必须使用-R 选项来同时设置所有文件及其子目录的权限。例如，在/mnt/test 目录下新建子目录/aaa 和/bbb，同时在子目录/aaa 中新建文件 user01.txt，在子目录/bbb 中新建文件 user02.txt，设置/mnt/test 子目录及文件的权限为读，命令如下。

```
[root@localhost ~]# mkdir /mnt/test/aaa
[root@localhost ~]# mkdir /mnt/test/bbb
[root@localhost ~]# touch /mnt/test/aaa/user01.txt
[root@localhost ~]# touch /mnt/test/bbb/user02.txt
[root@localhost ~]# ls -l /mnt/test
总用量 0
drwxr-xr-x. 2 root root 24 8月  21 09:02 aaa
drwxr-xr-x. 2 root root 24 8月  21 09:02 bbb
-rw-rw-rw-. 1 root root  0 8月  21 08:51 test01.txt
-rw-rw-rw-. 1 root root  0 8月  21 08:51 test02.txt
-rw-rw-rw-. 1 root root  0 8月  21 08:51 test03.txt
[root@localhost ~]# chmod -R a=r /mnt/test  //设置/mnt/test 子目录及文件的权限为读
[root@localhost ~]# ls -l /mnt/test
总用量 0
dr--r--r--. 2 root root 24 8月  21 09:02 aaa
dr--r--r--. 2 root root 24 8月  21 09:02 bbb
-r--r--r--. 1 root root  0 8月  21 08:51 test01.txt
-r--r--r--. 1 root root  0 8月  21 08:51 test02.txt
-r--r--r--. 1 root root  0 8月  21 08:51 test03.txt
[root@localhost ~]#
```

【实例 3.19】 使用文字表示法的相关操作。当要设置一个文件的权限为-rwxrw-rw-时，其所表述的含义如下。

（1）u：文件具有读、写及执行的权限。

（2）g与o：文件具有读、写的权限，但不具有执行的权限。

命令如下。

```
[root@localhost ~]# ls  -l  aa.txt
-rw-r--r--. 1 user02 root 0 8月  21 18:45 aa.txt
[root@localhost ~]# chmod  u=rwx,go=rw  aa.txt  // u=rwx,go=rw 之间没有任何空格
[root@localhost ~]# ls  -l aa.txt
-rwxrw-rw-. 1 user02 root 0 8月  21 18:45 aa.txt
[root@localhost ~]#
```

如果要设置一个文件的权限为-rwxrw-r--，则可以通过 chmod u=rwx,g=rw,o=r filename 命令来实现。如果不知道原先的文件属性，但想增加文件的所有者均有写的权限，则应该如何操作呢？以设置/mnt/bbb.txt 文件为例，命令如下。

```
[root@localhost ~]# ls -l /mnt
总用量 4
-rw-r--r--. 1 user02 root  0 8月  21 19:34 aaa.txt
-rw-r--r--. 1 user03 root  0 8月  21 19:35 bbb.txt
dr--r--r--. 4 root   root 82 8月  21 09:02 test
-rwSrwSr--. 1 root   root 60 8月  21 08:33 test01
[root@localhost ~]# chmod a+w /mnt/bbb.txt     //设定/mnt/bbb.txt 文件的权限
[root@localhost ~]# ls -l /mnt
总用量 4
-rw-r--r--. 1 user02 root  0 8月  21 19:34 aaa.txt
-rw-rw-rw-. 1 user03 root  0 8月  21 19:35 bbb.txt
dr--r--r--. 4 root   root 82 8月  21 09:02 test
-rwSrwSr--. 1 root   root 60 8月  21 08:33 test01
[root@localhost ~]#
```

如果要将文件的某个权限去掉而不改动其他已存在的权限，则应该如何操作呢？例如，若想去掉所有用户的执行权限，则可以执行以下命令。

```
[root@localhost ~]# ls -al .bashrc
-rwxrwxrwx. 1 user02 root 231 10月 31 2018  .bashrc
[root@localhost ~]# chmod a-x .bashrc
[root@localhost ~]# ls -al .bashrc
-rw-rw-rw-. 1 user02 root 231 10月 31 2018  .bashrc
[root@localhost ~]#
```

在+与-的状态下，只要不是指定的项目，权限就是不会变动的。例如，在前面的例子中，仅去掉了执行的权限，其他权限保持不变。如果想让用户拥有执行的权限，但又不知道该文件原来的权限，则使用 chmod a+x filename 命令即可使该文件拥有执行的权限。权限对于用户账户来说是非常重要的，因为权限可以决定用户能否进行读取、写入、修改、建立、删除、执行文件或目录等操作。

2. 文件系统高级权限

（1）SET 位权限。

SET 位权限也称特殊权限，包括 SUID、SGID 和 sticky 权限。一般的文件权限是 r、w、x，在某些特殊场合中可能无法满足要求，为了方便普通用户执行一些特权命令，可以设置 SUID、SGID 权限

等，允许普通用户以用户 root 的身份暂时执行某些程序，并在执行结束后恢复普通用户的身份。因此，Linux 操作系统提供了一些额外的权限，只要设置了这些权限，就会具有一些额外的功能。chmod u+s 命令就用于为某个程序的所有者授予 SUID、SGID 权限，使其可以像用户 root 一样进行操作。

使用 chmod 命令设置特殊权限时，其格式如下。

```
chmod  u+s 可执行文件
```

关于 SET 位权限命令的几点说明如下。

① 设置对象：可执行文件。完成设置后，文件的用户在使用文件的过程中会临时获得该文件的所有者身份及部分权限。

② 设置位置：SUID 附加在文件所有者的执行权限位上，表示对所属组群中的用户增加 SET 位权限；SGID 附加在所属组群的执行权限位上，表示对所属组群中的用户增加 SET 位权限。

③ 设置后的变化：文件所有者的执行权限位会变为 s。

【实例 3.20】设置/usr/bin/mkdir 文件的 SUID 权限，相关命令如下。

```
[root@localhost ~]# ls  -l  /usr/bin/mkdir
-rwxr-xr-x. 1 root root 79864 10月 31 2018 /usr/bin/mkdir
[root@localhost ~]# chmod  u+s  /usr/bin/mkdir
//设置/usr/bin/mkdir 文件的 SUID 权限
[root@localhost ~]# ls  -l  /usr/bin/mkdir
-rwsr-xr-x. 1 root root 79864 10月 31 2018 /usr/bin/mkdir
[root@localhost ~]# su - user02                    //切换到 user02 用户
上一次登录：五 8月 21 19:34:16 CST 2024pts/0 上
[user02@localhost ~]$ pwd
/home/user02
[user02@localhost ~]$ mkdir  test01
[user02@localhost ~]$ ls  -l
总用量 0
-rw-r--r--. 1 user02 root 0 8月  21 18:45 aa.txt
drwxr-xr-x. 2 root   root 6 8月  21 20:29 test01
……
[user02@localhost ~]$ exit
登出
[root@localhost ~]#
```

特殊权限也可以采用数字表示法，即 SUID、SGID 和 sticky 权限分别以 4、2 和 1 来表示。使用 chmod 命令设置文件权限时，可以在普通权限的数字前面加上一位数字来表示特殊权限。例如，设置/mnt/test01 文件的特殊权限，相关命令如下。

```
[root@localhost ~]# ls -l  /mnt/test01
-rwxrw-r-x. 1 root root 60 8月  21 08:33 /mnt/test01
[root@localhost ~]# chmod 6664 /mnt/test01        //设置/mnt/test01 文件的特殊权限
[root@localhost ~]# ls -l  /mnt/test01
-rwSrwSr--. 1 root root 60 8月  21 08:33 /mnt/test01
[root@localhost ~]#
```

（2）粘滞位权限。

通常情况下，用户只要对某个目录具备写权限，就可以删除该目录下的任何文件，但是不论这些文件的权限是什么，这都是非常不安全的。粘滞位权限就是针对此种情况设置的，当目录被设置粘滞位权限之后，即便用户对该目录拥有写入权限，也不能删除该目录下其他用户的数据，而只有该文件的所有者和用户 root 才有权限将其删除。这保持了一种动态的平衡，即允许用户在目录下随意写入、删除该用户的数据，但是禁止其随意删除其他用户的数据。

使用 chmod 命令设置粘滞位权限时，其格式如下。

```
chmod  o+t 可执行文件
```

关于粘滞位权限命令的几点说明如下。

① 设置对象：可执行文件。完成设置后，文件的用户在使用文件的过程中会临时获得该文件的所有者身份及部分权限。

② 设置位置：SUID 附加在文件所有者的执行权限位上。

③ 设置后的变化：文件所有者的执行权限位会变为 t。

【实例 3.21】设置粘滞位权限，相关命令如下。

```
[root@localhost ~]# cd /
[root@localhost /]# chmod 777 mnt
[root@localhost /]# ls -l |grep mnt
drwxrwxrwx.  3 root root  62 8月  21 19:35 mnt
[root@localhost /]# chmod o+t mnt                   //设置/mnt 目录的粘滞位权限
[root@localhost /]# ls -l |grep mnt
drwxrwxrwt.  3 root root  62 8月  21 19:35 mnt
[root@localhost /]#
[root@localhost ~]# su  user02                     //切换到 user02 用户
[user02@localhost ~]$ touch /mnt/aaa.txt
[user02@localhost ~]$ exit
[root@localhost ~]# su  user03                     //切换到 user03 用户
[user03@localhost user02]$ cd ~
[user03@localhost ~]$ touch /mnt/bbb.txt
[user03@localhost ~]$ ls /mnt
aaa.txt  bbb.txt  test  test01
[user03@localhost ~]$ ls -l /mnt
总用量 4
-rw-r--r--. 1 user02 root  0 8月  21 19:34 aaa.txt //user02 用户所有者文件为 aaa.txt
-rw-r--r--. 1 user03 root  0 8月  21 19:35 bbb.txt //user03 用户所有者文件为 bbb.txt
dr--r--r--. 4 root   root 82 8月  21 09:02 test
-rwxrw-r-x. 1 root    root 60 8月  21 08:33 test01
[user03@localhost root]$ rm aaa.txt                //删除 user02 用户的数据文件 aaa.txt
rm: 无法删除"aaa.txt": 没有那个文件或目录
[user03@localhost root]$
```

3.4.5 修改文件和目录的默认权限与隐藏属性

文件和目录的权限包括读、写、执行等。决定文件和目录类型的属性包括目录（d）、文件（-）、连接（l）等，修改权限时可以通过使用 chmod、chown、chgrp 命令来实现。在 Linux 的 Ext2、Ext3、Ext4 文件系统中，除基本的读、写、执行权限外，还可以修改系统隐藏属性。修改系统隐藏属性可以使用 chattr 命令，而使用 lsattr 命令可以查看隐藏属性。另外，基于安全机制方面的考虑，可以设置文件不可修改的特性，即文件的所有者不能修改文件，这也是非常重要的。

1. umask——指定文件或目录的默认权限

其格式如下。

```
umask [-p] [-S] [模式]
```

umask 命令各选项及其功能说明如表 3.21 所示。

表 3.21 umask 命令各选项及其功能说明

选项	功能说明
-p（小写）	输出的权限掩码可直接作为命令来执行
-S（大写）	以符号方式输出权限掩码

建立文件或目录时，如何知道文件或目录的默认权限是什么？默认权限与 umask 命令有着密切的关系，可以使用 umask 命令查看或指定用户在建立文件或目录时的默认权限，那么如何得知或设置 umask 命令的值呢？使用 umask 命令查看默认权限，命令如下。

```
[root@localhost ~]# umask
0022
[root@localhost ~]# umask -S
u=rwx,g=rx,o=rx
[root@localhost ~]#
```

查看默认权限的方式有两种：一种是直接执行 umask 命令，可以看到数字形态的权限设定；另一种是在 umask 命令后加上-S 选项，即以符号类型的方式显示权限。但是 umask 命令有 4 组数字，而不是 3 组数字，其中，第一组数字是特殊权限使用的，在复杂多变的生产环境中，单纯设置文件的 r、w、x 权限无法满足用户对安全性和灵活性的需求，便有了 SUID、SGID 与 sticky 的特殊权限位。这是一种对文件权限进行设置的特殊方法，可以与一般权限同时使用，以弥补一般权限无法实现的功能。

目录与文件的默认权限是不一样的，执行权限对目录是非常重要的，但是一般文件的建立不应该有执行权限，因为一般文件通常用于数据的记录，不需要执行权限。因此，预设的情况如下。

（1）若用户建立文件，则预设没有执行权限，即只有读和写这两个权限，即最大值为 666，预设权限为-rw-rw-rw-。

（2）若用户建立目录，则由于执行权限与是否可以进入目录有关，因此默认所有权限开放，即 777，预设权限为 drwxrwxrwx。

umask 命令的值指的是需要从默认权限中减掉的某个权限对应的值（r、w、x 分别对应的是 4、2、1），具体情况如下。

（1）需要去掉读的权限时，umask 命令的值为 4。

（2）需要去掉写的权限时，umask 命令的值为 2。

（3）需要去掉执行的权限时，umask 命令的值为 1。

（4）需要去掉读和写的权限时，umask 命令的值为 6。

（5）需要去掉读和执行的权限时，umask 命令的值为 5。

（6）需要去掉执行和写的权限时，umask 命令的值为 3。

从以上结果可以看到 umask 命令的值为 0022，所以所有者并没有被去掉任何权限，但所属组群与其他用户的权限被去掉了 2，即写的权限被去掉了，那么用户的权限是什么呢？

（1）建立文件时：（-rw-rw-rw-）-（----w--w-）=-rw-r--r--。

（2）建立目录时：（drwxrwxrwx）-（d----w--w-）=drwxr-xr-x。

执行以下命令，测试并查看结果。

```
[root@localhost ~]# umask
0022
[root@localhost ~]# touch     user01-text.txt  //新建文件
[root@localhost ~]# mkdir     user01-dir       //新建目录
[root@localhost ~]# ll     -ld  user01*        //查看目录和文件详细信息
drwxr-xr-x. 2 root root 6 8月   22 22:34 user01-dir
-rw-r--r--. 1 root root 0 8月  22 22:34 user01-text.txt
[root@localhost ~]#
```

2. umask使用实例分析

当某人和自己的团队进行同一个项目专题的时候，其账号属于相同的组群，且/home/team01目录是项目专题目录。对于此人所制作的文件，有没有可能其团队成员无法编辑呢？如果无法编辑，则应该如何解决这个问题呢？

这样的问题可能经常发生。以上面的实例为例，user01用户的权限是644，也就是说，如果umask命令的值为022，那么新建的数据只有用户自己具有写入的权限，同组群的用户只有读取的权限，他们肯定无法修改文件，这样怎么可能共同制作项目专题呢？

因此，当需要新文件能被同组群的用户共同编辑时，umask命令的组群就不能被去掉写权限了。此时，umask的值应该是002，这样新建文件的权限是-rw-rw-r--。那么，如何设定umask命令的值呢？直接在umask命令后面输入002即可，执行命令如下。

```
[root@localhost ~]# umask 002
[root@localhost ~]# umask
0002
[root@localhost ~]# mkdir  /home/team01                       //新建目录team01
[root@localhost ~]# touch  /home/team01/user01-test1.txt     //新建文件user01-test1.txt
[root@localhost ~]# ls    -ld /home/team01                    //查看目录详细信息
drwxrwxr-x. 2 root root 30 8月  23 06:24 /home/team01
[root@localhost ~]# ls  -l  /home/team01/user01-test1.txt    //查看文件详细信息
-rw-rw-r--. 1 root root 0 8月  23 06:24 /home/team01/user01-test1.txt
[root@localhost ~]#
```

umask 命令的值的设定与新建文件及目录的默认权限有很大关系，此属性可以用在服务器上，尤其是文件服务器上，当在创建FTP服务器或者Samba服务器时，此属性尤为重要。

当umask命令的值为003时，建立的文件与目录的权限是怎样的呢？

umask命令的值为003，即去掉的权限为--------wx，因此相关的权限如下。

（1）建立文件时：（-rw-rw-rw-）-（--------wx）=-rw-rw-r--。

（2）建立目录时：（drwxrwxrwx）-（--------wx）=drwxrwxr--。

对于umask命令值的设定与权限的计算方法，有的教材喜欢使用二进制的方式来进行AND与NOT计算，但本书认为上面的计算方式比较容易。

注意

在有些教材或论坛上，会使用文件默认权限666及目录默认权限777与umask命令的值相减来计算文件权限值，这样是不对的。通过前面的例子来看，如果使用默认权限相减，则文件权限变为666-003=663，即-rw-rw--wx，这是完全不正确的，因为假如原本文件的权限就已经除去了执行的权限，怎么可能又具有该权限了？所以对此要特别注意，否则很容易出错。

用户root的umask命令的值默认为022，它是基于安全考虑的。对于一般用户而言，umask命令的值通常设定为 002，即保留同组群的写入权限。关于 umask 命令的值的设定可以参考/etc/bashrc 文件的内容。

3. 设置文件隐藏属性

当使用 Linux 操作系统的时候，有时会发现用户 root 也无法修改某个文件的权限，很可能的原因是该文件被 chattr 命令锁定了。chattr 命令的作用很强，其中一些功能是由 Linux 内核版本来支持的，但现在绝大部分的 Linux 操作系统的内核是 2.6 以上的版本，支持 chattr 命令。通过 chattr 命令修改属性能够提高系统的安全性，但是它并不适用于所有的目录。chattr 命令无法保护/、/dev、/tmp、/var 目录。lsattr 命令用于显示 chattr 命令设置的文件属性。

与 chmod 命令相比较，chmod 命令只改变文件的读、写、执行权限，更底层的属性控制是由 chattr 命令来实现的。

（1）chattr 命令——修改文件属性。

其格式如下。

```
chattr [-RV][-v<版本编号>][+/-/=<属性>][文件或目录…]
```

chattr 命令各选项及其功能说明如表 3.22 所示。

表 3.22　chattr 命令各选项及其功能说明

选项	功能说明
-R	递归处理，对指定目录下的所有文件及子目录进行处理
-V	显示命令执行过程
+<属性>	启用文件或目录的属性
-<属性>	关闭文件或目录的属性
=<属性>	指定文件或目录的属性

chattr 命令各属性及其功能说明如表 3.23 所示。

表 3.23　chattr 命令各属性及其功能说明

属性	功能说明
a	即 append，设置该参数后，只能向文件中添加数据，不能删除数据，多用于维持服务器日志文件的安全性。只有用户 root 才能设置这个属性
b	不更新文件或目录的最后存取时间
c	将文件或目录压缩后存放
d	将文件或目录排除在倾倒操作之外，即 no dump（禁止倾倒），设定文件不能成为 dump 程序的备份目标
i	设置文件不能被删除、重命名，设置链接关系，同时不能写入或新增内容。其对于文件系统的安全设置有很大帮助
s	保密性删除文件或目录
S	即时更新文件或目录
U	避免意外删除

【实例 3.22】在/home/test01 目录下新建文件 test01.txt，使用 chattr 命令进行相关操作，执行命令如下。

```
[root@localhost ~]# mkdir  /home/test01                  //新建目录 test01
[root@localhost ~]# touch  /home/test01/test01.txt       //新建文件 test01.txt
[root@localhost ~]# ls  -l  /home/test01/test01.txt      //显示文件详细信息
-rw-rw-r--. 1 root root 0 8月  23 08:58 /home/test01/test01.txt
[root@localhost ~]# chattr  +i  /home/test01/test01.txt //修改文件属性，启用 i 属性
[root@localhost ~]# ls  -l  /home/test01
```

```
总用量 0
-rw-rw-r--. 1 root root 0 8月  23 08:58 test01.txt
[root@localhost ~]# rm  /home/test01/test01.txt          //删除文件
rm：是否删除普通空文件 "/home/test01/test01.txt"? y
rm: 无法删除"/home/test01/test01.txt": 不允许的操作
[root@localhost ~]#
```

从以上操作可以看出，即使是用户 root 也没有删除此新建文件的权限，将该文件的 i 属性取消后即可进行删除操作，执行命令如下。

```
[root@localhost ~]# chattr -i /home/test01/test01.txt
[root@localhost ~]# rm /home/test01/test01.txt
rm：是否删除普通空文件 "/home/test01/test01.txt"? y
[root@localhost ~]# ls -l /home/test01/
总用量 0
[root@localhost ~]#
```

在 chattr 的相关属性中，最重要的两个属性是 i 和 a，尤其是在系统的数据安全方面。如果是日志文件，则需要启用 a 属性，即能增加但不能修改与删除原有数据，这一点非常重要。因为这些属性是隐藏的，所以需要使用 lsattr 命令来显示文件隐藏属性。

（2）lsattr 命令——显示文件隐藏属性。

其格式如下。

```
lsattr [选项] 文件
```

lsattr 命令各选项及其功能说明如表 3.24 所示。

表 3.24　lsattr 命令各选项及其功能说明

选项	功能说明
-a	列出目录下的全部文件，将隐藏文件的属性也显示出来
-E	显示设备属性的当前值，从设备数据库中获得
-d	如果是目录，则仅列出目录本身的属性而非目录下的文件名
-D	显示属性的名称、属性的默认值，以及描述和显示用户修改属性值的标志
-R	递归的操作方式，连同子目录的数据一并列出
-V	显示命令的版本信息

【实例 3.23】在/home/test01 目录下，新建文件 test01.txt，使用 lsattr 命令进行相关操作，执行命令如下。

```
[root@localhost ~]# touch  /home/test01/test01.txt
[root@localhost ~]# chattr  +aiS  /home/test01/test01.txt    //修改文件属性
[root@localhost ~]# lsattr  -a  /home/test01/test01.txt      //显示文件隐藏属性
--S-ia---------- /home/test01/test01.txt
[root@localhost ~]#
```

使用 chattr 命令设置文件属性后，可以使用 lsattr 命令来查看文件的隐藏属性，但这两个命令要谨慎使用，否则会给用户造成很大的困扰。例如，如果将/etc/passwd 或/etc/shadow 文件设置为具有 i 属性，则若干天后会发现无法新增用户。

3.4.6　文件访问控制列表

Linux 操作系统中的传统权限设置方法比较简单，仅有所有者、所属组群、其他人 3 种身份，以及读、写、执行 3 种权限。传统权限设置方法有一定的局限性，在进行比较复杂的权限设置时，如果某个目录要开放给某个指定的用户使用，则传统权限设置方法可能无法满足要求。如果希望对某个指定的用户进行单独的权限控制，则需要用到文件的访问控制列表（Access Control List，ACL）。通常来讲，基于普通文件或目录设置 ACL，其实是针对指定的用户或用户组设置文件或目录的操作权限。另外，若针对某个目录设置了 ACL，则目录中的文件会继承其 ACL；若针对文件设置了 ACL，则文件不会继承其所在目录的 ACL。

为了更直观地了解 ACL 对文件的权限控制的强大效果，可以先切换到普通用户，再尝试进入用户 root 的主目录，在没有针对普通用户对用户 root 的主目录设置 ACL 之前，执行以下命令。

```
[root@localhost ~]# ls -ld                              //查看用户 root 的主目录的权限
dr-xr-x---. 18 root root 4096 8月  22 22:34 .
[root@localhost ~]#
[root@localhost ~]# su - user04                         //切换到 user04 用户
上一次登录：三 8月 19 21:20:01 CST 2024pts/0 上
[user04@localhost ~]$ cd /root                          //访问用户 root 的主目录
-bash: cd: /root: 权限不够
[user04@localhost ~]$ exit
登出
[root@localhost ~]#
```

可以看到，user04 用户并没有进入用户 root 的主目录，因为其没有权限。当为 user04 用户所属组群权限赋予 r、w、x 权限时，所属组群的其他用户也拥有此权限，而 ACL 可以单独为用户设置对此目录的权限，使其可以操作此目录。

1. setfacl 命令——设置 ACL 权限

setfacl 命令用于设置文件的 ACL 权限。其格式如下。

```
setfacl [选项] 文件名
```

针对特殊用户设置 ACL 权限的格式如下。

```
setfacl [选项] [u: 用户名: 权限（rwx）] 目标文件名
```

权限为 r、w、x 的组合形式，如果用户账户列表为空，则表示为当前文件所有者设置权限。

setfacl 命令各选项及其功能说明如表 3.25 所示。

表 3.25 setfacl 命令各选项及其功能说明

选项	功能说明
-m	更改文件的 ACL
-M	从文件中读取 ACL 的条目更改信息
-x	根据文件中的 ACL 删除指定条目
-X	从文件中读取并删除 ACL 的条目
-b	删除所有扩展 ACL 条目
-k	删除默认 ACL
-n	不重新计算有效权限掩码
-R	递归操作子目录
-d	应用到默认 ACL 的操作，只对目录操作有效
-L	依照系统逻辑，跟随符号链接
-P	依照自然逻辑，不跟随符号链接

文件的 ACL 提供的是在所有者、所属组群、其他人的读、写、执行权限之外的特殊权限控制，使用 setfacl 命令可以针对单一用户或用户组、单一文件或目录进行读、写、执行权限的控制。其中，针

对目录文件需要使用-R 选项；针对普通文件可以使用-m 选项；如果要删除某个文件的 ACL，则可以使用-b 选项。

【实例 3.24】使用 setfacl 命令设置 ACL 权限，执行命令如下。

```
[root@localhost ~]# mkdir  /home/share01
[root@localhost ~]# ls  -ld  /home/share01
drwxrwxr-x. 2 root root 6 8月  23 12:21 /home/share01
[root@localhost ~]#
[root@localhost ~]# setfacl  -Rm  u:user04:rwx  /home/share01     //设置 ACL 权限
```

常用的 ls 命令看不到 ACL 的信息，但可以看到文件权限最后的“.”变成了“+”，这就意味着文件已经设置了 ACL。

```
[root@localhost ~]# ls  -ld  /home/share01
drwxrwxr-x+ 2 root root 6 8月  23 12:21 /home/share01
[root@localhost ~]#
```

2. getfacl 命令——显示 ACL 权限

getfacl 命令用于显示 ACL 权限。其格式如下。

```
getfacl  [选项] 文件名
```

getfacl 命令各选项及其功能说明如表 3.26 所示。

表 3.26　getfacl 命令各选项及其功能说明

选项	功能说明
-a	仅显示文件的 ACL
-c	不显示注释表头
-d	仅显示默认的 ACL
-e	显示所有的有效权限
-E	显示无效权限
-s	跳过只有基条目的文件
-R	递归显示子目录
-L	逻辑遍历（跟随符号链接）
-P	物理遍历（不跟随符号链接）
-t	使用制表符分隔的输出格式
-n	显示数字的用户或用户组标识
-p	不去除路径前的“/”符号
-v	显示版本并退出
-h	显示帮助信息

【实例 3.25】使用 getfacl 命令显示 ACL 权限，执行命令如下。

```
[root@localhost ~]# getfacl  /home/share01/     //显示目录/home/share01 的 ACL 权限
getfacl: Removing leading '/' from absolute path names
# file: home/share01/
# owner: root
# group: root
user::rwx
user:user04:rwx
group::rwx
mask::rwx
other::r-x
[root@localhost ~]# setfacl  -x  u:user04  /home/share01     //删除 ACL 指定的条目
```

```
[root@localhost ~]# getfacl  -c  /home/share01/          //不显示注释表头
getfacl: Removing leading '/' from absolute path names
user::rwx
group::rwx
mask::rwx
other::r-x
[root@localhost ~]#
```

3.5 文件权限管理实例配置

1. 需求分析及情境应用

假设系统中有两个用户账户，它们分别是 user-stu01 与 user-stu02，这两个用户账户除了支持自己的组群外，还要共同支持一个名为 stu 的组群。这两个用户账户需要共同拥有/home/share-stu 目录的项目开发权限，且该目录不允许其他账户查阅，该目录的权限应该如何设置呢？下面先以传统权限设置方法进行说明，再对特殊权限 SGID 的功能进行解析。

2. 解决方案

多个用户账户支持同一组群，且共同拥有目录的使用权限，建议将项目开发权限目录设置为 SGID 的权限，需要使用用户 root 身份执行 chmod、chgrp 等命令，以帮助用户账户设置其开发环境，这也是管理员的重要任务之一。

（1）添加 user-stu01 与 user-stu02 用户账户及其所属组群，执行命令如下。

```
[root@localhost ~]# groupadd  stu                //新建组群
[root@localhost ~]# useradd  -p 123456  -G  stu  user-stu01  //新建用户并将其加入 stu 组群
[root@localhost ~]# useradd  -p 123456  -G  stu  user-stu02
[root@localhost ~]# tail  -3  /etc/group         //查看组群信息
stu:x:5006:user-stu01,user-stu02
user-stu01:x:5007:
user-stu02:x:5008:
[root@localhost ~]# tail -3 /etc/passwd          //查看用户信息
test:x:5005:5005::/home/test:/bin/bash
user-stu01:x:5006:5007::/home/user-stu01:/bin/bash
user-stu02:x:5007:5008::/home/user-stu02:/bin/bash
[root@localhost ~]# id  user-stu01               //查看用户账户的属性
uid=5006(user-stu01) gid=5007(user-stu01) 组=5007(user-stu01),5006(stu)
[root@localhost ~]# id  user-stu02
uid=5007(user-stu02) gid=5008(user-stu02) 组=5008(user-stu02),5006(stu)
[root@localhost ~]#
```

（2）建立所需要的开发项目目录，执行命令如下。

```
[root@localhost ~]# mkdir  /home/share-stu       //新建目录/home/share-stu
[root@localhost ~]# ls  -ld  /home/share-stu     //显示目录属性
drwxrwxr-x. 2 root root 6 8月  23 14:45 /home/share-stu
[root@localhost ~]#
```

从以上输出结果可以看到，用户账户 user-stu01 与 user-stu02 都不能在/home/share-stu 目录下建立文件，因此需要进行权限与属性的修改。

（3）修改/home/share-stu 目录的属性，且其他用户账户均不可进入此目录，因此该目录的组群为 stu，权限为 770，执行命令如下。

```
[root@localhost ~]# ls -ld /home/share-stu
drwxrwxr-x. 2 root root 6 8月 23 14:45 /home/share-stu
[root@localhost ~]# chgrp stu /home/share-stu     //修改目录所属组群属性为 stu
[root@localhost ~]# chmod 770 /home/share-stu     //修改目录访问权限
[root@localhost ~]# ls -ld /home/share-stu        //显示目录属性信息
drwxrwx---. 2 root stu 6 8月 23 14:45 /home/share-stu
[root@localhost ~]#
```

从以上权限来看，由于用户账户 user-stu01 与 user-stu02 均属于 stu 组群，因此问题似乎得到了解决，但结果是这样吗?

（4）分别以用户账户 user-stu01 与 user-stu02 来进行测试。先使用用户账户 user-stu01 建立文件 test01.txt，再使用用户账户 user-stu02 对 test01.txt 文件进行处理，执行命令如下。

```
[root@localhost ~]# umask
0002
[root@localhost ~]# su - user-stu01                  //切换到用户账户 user-stu01
[user-stu01@localhost ~]$ cd /home/share-stu
[user-stu01@localhost share-stu]$ touch test01.txt //新建文件 test01.txt
[user-stu01@localhost share-stu]$ exit              //退出 user-stu01
登出
[root@localhost ~]# su - user-stu02                  //切换到用户账户 user-stu02
[user-stu02@localhost ~]$ cd /home/share-stu
[user-stu02@localhost share-stu]$ ls -l
总用量 0
-rw-rw-r--. 1 user-stu01 user-stu01 0 8月 23 15:25 test01.txt
[user-stu02@localhost share-stu]$ echo "welcome" > test01.txt //追加文件内容
-bash: test01.txt: 权限不够
[user-stu02@localhost share-stu]$ exit
登出
[root@localhost ~]#
```

从以上输出结果可以看出，新建文件 test01.txt 的所属组群为 user-stu01，而组群 user-stu02 并不支持对文件的修改。对于文件 test01.txt 而言，user-stu02 应该是其他用户，只具有 r 权限，若单纯使用传统的 r、w、x 权限，则对 user-stu01 建立的文件 test01.txt 而言，user-stu02 可以删除它，但不能编辑它。若要达到目标结果，则需要用到特殊权限。

（5）加入 SGID 的权限，并进行结果测试，执行命令如下。

```
[root@localhost ~]# chmod 2770 /home/share-stu        //设置 SGID 写权限
[root@localhost ~]# ls -ld /home/share-stu            //查看目录详细信息
drwxrws---. 2 root stu 24 8月 23 15:25 /home/share-stu
[root@localhost ~]#
```

（6）结果测试，先使用用户账户 user-stu01 新建文件 test02.txt，再使用用户账户 user-stu02 进行处理，并使用用户账户 user-stu02 新建文件 test03.txt，执行命令如下。

```
[root@localhost ~]# su - user-stu01                    //切换到用户账户 user-stu01
上一次登录: 日 8月 23 15:24:35 CST 2024pts/0 上
[user-stu01@localhost ~]$ cd /home/share-stu
[user-stu01@localhost share-stu]$ touch test02.txt     //新建文件 test02.txt
```

```
[user-stu01@localhost share-stu]$ ls  -l                    //显示文件详细信息
总用量 0
-rw-rw-r--. 1 user-stu01 user-stu01 0 8月  23 15:25 test01.txt
-rw-rw-r--. 1 user-stu01 stu        0 8月  23 15:49 test02.txt
[user-stu01@localhost share-stu]$ exit
登出
[root@localhost ~]#  su - user-stu02
上一次登录: 日 8月 23 15:28:42 CST 2024pts/0 上
[user-stu02@localhost ~]$ cd  /home/share-stu
[user-stu02@localhost share-stu]$ echo  "welcome"  > test01.txt
-bash: test01.txt: 权限不够
[user-stu02@localhost share-stu]$ echo  "welcome"  > test02.txt  //修改文件内容
[user-stu02@localhost share-stu]$ cat  test02.txt               //显示文件内容
welcome
[user-stu02@localhost share-stu]$ touch  test03.txt     //新建文件 test03.txt
[user-stu02@localhost share-stu]$ ls  -l
总用量 4
-rw-rw-r--. 1 user-stu01 user-stu01 0 8月  23 15:25 test01.txt
-rw-rw-r--. 1 user-stu01 stu        8 8月  23 15:51 test02.txt
-rw-rw-r--. 1 user-stu02 stu        0 8月  23 15:57 test03.txt
[user-stu02@localhost share-stu]$ exit
登出
[root@localhost ~]# ls  -ld  /home/share-stu     //查看目录/home/share-stu 的权限
drwxrws---. 2 root stu 60 8月  23 15:57 /home/share-stu
[root@localhost ~]#
```

通过以上运行结果可以看到，用户账户 user-stu01 与 user-stu02 建立的文件所属组群都是 stu，因为这两个用户账户均属于 stu 组群，且 umask 都是 002，所以这两个用户账户可以相互修改对方的文件。最终的结果显示，/home/share-stu 的权限是 2770，文件所有者为用户 root，这两个用户账户的组群均为 stu。

实训

本实训的主要任务是对用户和组群进行管理（使用 su 和 sudo 命令），以及管理文件和目录的权限，结合文件权限与用户和组群的设置，理解文件的 3 种用户身份及权限对于文件和目录的不同含义。

【实训目的】

（1）掌握文件与用户和组群的基本概念及关系。

（2）掌握修改文件的所有者和所属组群的方法。

（3）掌握 su 和 sudo 命令的使用方法。

（4）理解文件和目录的 3 种权限的含义。

（5）掌握如何使用数字表示法、文字表示法修改文件和目录的权限。

（6）理解 umask 影响文件和目录默认权限的工作原理。

【实训内容】

文件和目录的访问权限关系到整个 Linux 操作系统的安全。作为一个合格的 Linux 操作系统管理员，必须深刻理解 Linux 文件权限的基本概念并能够熟练地进行权限设置，同时对用户和组群熟练地进行操作管理。

（1）新建用户 user01、user02，并设置用户密码。

（2）将新建用户 user01、user02 分别加入 stu01、stu02 组群中。

（3）使用 su 和 sudo 命令进行用户登录切换，切换到用户 root。

（4）在/root 目录下创建文件 test01.txt 和目录 test-dir，并将其所有者和所属组群分别设置为 user01 和 stu01。

（5）将文件 test01.txt 的权限修改为以下两种。对于每种权限，分别切换到 user01 和 user02 用户，验证这两个用户能否对 test01.txt 进行读、写、重命名和删除操作。

① rwxrw-rw-。

② rwxr--r--。

（6）将目录 test-dir 的权限修改为以下 3 种。对于每种权限，分别切换到 user01 和 user02 用户，验证这两个用户能否进入目录 test-dir，并在目录 test-dir 下进行新建、删除、重命名、修改文件内容等相关操作。

① rwxrwxrwx。

② rwxr-xr-x。

③ r-xr-xr-x。

练习题

1. 选择题

（1）在 Linux 操作系统中，若文件名前面多一个“.”，则代表文件为（　　）。

A. 只读文件　　B. 写入文件　　C. 可执行文件　　D. 隐藏文件

（2）在 Linux 操作系统中，可以使用（　　）命令来查看隐藏文件。

A. ll　　B. ls -a　　C. ls -l　　D. ls -ld

（3）存放 Linux 基本用户命令的目录是（　　）。

A. /bin　　B. /lib　　C. /root　　D. /home

（4）在 Linux 操作系统中，会将加密后的密码存放到（　　）文件中。

A. /etc/passwd　　B. /etc/shadow　　C. /etc/password　　D. /etc/gshadow

（5）在 Linux 操作系统中，用户 root 的 ID 是（　　）。

A. 0　　B. 1　　C. 100　　D. 1000

（6）在 Linux 操作系统中，新建用户 user01，并为用户设置密码 123456 的命令是（　　）。

A. useradd -c 123456 user01　　B. useradd -d 123456 user01

C. useradd -p 123456 user01　　D. useradd -n 123456 user01

（7）在 Linux 操作系统中，为 user01 用户添加所属组群 student 的命令是（　　）。

A. usermod -G student user01　　B. usermod -g student user01

C. usermod -M student user01　　D. usermod -m student user01

（8）在 Linux 操作系统中，删除主目录及目录中的所有文件的命令是（　　）。

A. userdel -h user01　　B. userdel -r user01

C. userdel -R user01　　D. userdel -z user01

（9）在 Linux 操作系统中，groupmod 命令更改组群识别码或名称的选项为（　　）。

A. -g　　B. -h　　C. -n　　D. -p

（10）在 Linux 操作系统中，将 user01 用户加入 workgroup 组的命令是（　　）。

A. gpasswd -a user01 workgroup　　B. gpasswd -d user01 workgroup
C. gpasswd -h user01 workgroup　　D. gpasswd -r user01 workgroup

（11）在 Linux 操作系统中，为文件/mnt/test01 设置权限，若其默认权限为 rw-r--r--，则该权限的数字表示法为（　　）。

A. 764　　B. 644　　C. 640　　D. 740

（12）在 Linux 操作系统中，当一个文件的权限为-rwxrw-rw-时，这个文件为（　　）。

A. 目录文件　　B. 普通文件　　C. 设备文件　　D. 链接文件

（13）在 Linux 操作系统中，当一个文件的权限为 drwxrw-rw-时，这个文件为（　　）。

A. 目录文件　　B. 普通文件　　C. 设备文件　　D. 链接文件

（14）在 Linux 操作系统中，当一个文件的权限为 lrwxrw-rw-时，这个文件为（　　）。

A. 目录文件　　B. 普通文件　　C. 设备文件　　D. 链接文件

（15）在 Linux 操作系统中，建立目录的默认权限为（　　）。

A. drwxr-xr--　　B. drw-r-xr-x　　C. drwxr-xr-x　　D. drw-r-xr--

（16）在 Linux 操作系统中，显示隐藏文件属性的命令是（　　）。

A. chown　　B. chattr　　C. chgrp　　D. lsattr

（17）在 Linux 操作系统中，设置 ACL 权限的命令是（　　）。

A. setacl　　B. setfacl　　C. getacl　　D. getfacl

（18）在 Linux 操作系统中，显示 ACL 权限的命令是（　　）。

A. setacl　　B. setfacl　　C. getacl　　D. getfacl

2. 简答题

（1）Linux 操作系统中的用户账户分为哪几种？其 UID 的取值分别是多少？

（2）简述用户账户管理文件/etc/passwd 中各字段数据的含义。

（3）如何禁用用户账户？通常可以通过几种方法实现？

（4）简述组群文件/etc/group 中各字段数据的含义。

（5）如何使用 su 和 sudo 命令？

（6）如何设置文件和目录的权限？

（7）如何进行特殊权限的设置？

（8）如何修改文件和目录的默认权限与隐藏属性？

第4章 磁盘配置与管理

04

对于任何一种通用操作系统而言，磁盘管理与文件管理都是必不可少的功能。因此，Linux 操作系统提供了非常强大的磁盘与文件管理功能。Linux 操作系统的管理员应掌握配置和管理磁盘的技巧，高效地对磁盘空间进行使用和管理。如果 Linux 服务器有多个用户经常存取数据，则为了有效维护用户数据的安全性与可靠性，应配置逻辑卷及 RAID 管理。本章主要介绍磁盘管理、LVM 简介与配置以及 RAID 管理。

【教学目标】

1. 掌握 Linux 操作系统中的设备命名规则。
2. 掌握添加磁盘、磁盘分区及磁盘格式化的方法。
3. 掌握磁盘挂载、磁盘卸载及磁盘管理相关命令。
4. 了解 RAID 技术，掌握 RAID 配置方法。

【素质目标】

1. 鼓励学生在磁盘配置与管理的实践中探索新技术、新方法，激发学生的创新意识和解决复杂问题的能力。
2. 引导学生在学习磁盘配置与管理的理论及实践过程中，强化信息安全意识。
3. 增强学生的团队协作精神，使学生学会有效沟通和协调，共同解决问题。

4.1 磁盘管理

从广义上来讲，硬盘、光盘和 U 盘等用来保存数据信息的存储设备都可以称为磁盘。其中，硬盘是计算机的重要组件，无论是在 Windows 操作系统中，还是在 Linux 操作系统中，都要使用硬盘。因此，规划和管理磁盘是非常重要的工作。

4.1.1 Linux 操作系统中的设备命名规则

在 Linux 操作系统中，每台硬件设备都有一个称为设备名称的特殊名称，例如，对于 IDE1 的第 1 个磁盘（master），其设备名称为/dev/hda，也就是说，可以用“/dev/hda”来代表此磁盘。硬盘在 Linux 操作系统中的命名规则举例如下。

V4.1 Linux 操作系统中的设备命名规则

IDE1 的第 1 个磁盘（master）的名称为/dev/hda；

IDE1 的第 2 个磁盘（slave）的名称为/dev/hdb；

……

IDE2 的第 1 个磁盘（master）的名称为/dev/hdc；

IDE2 的第 2 个磁盘（slave）的名称为/dev/hdd；

……

SCSI 的第 1 个磁盘的名称为/dev/sda；

SCSI 的第 2 个磁盘的名称为/dev/sdb；

……

在 Linux 操作系统中，分区的概念和 Windows 中分区的概念更加接近。按照功能的不同，磁盘分区可以分为以下几类。

（1）主分区。在划分磁盘的第 1 个分区时，会指定其为主分区。Linux 最多可以让用户创建 4 个主分区，主要用来存放操作系统的启动或引导程序，/boot 目录建议放在主分区中。

（2）扩展分区。Linux 中的一个磁盘最多允许有 4 个主分区，当用户想要创建更多的分区时，应该怎么办？这就有了扩展分区的概念。用户可以创建一个扩展分区，并在扩展分区中创建多个逻辑分区，从理论上来说，逻辑分区没有数量限制。需要注意的是，创建扩展分区的时候，会占用一个主分区的位置，因此，如果创建了扩展分区，则一个磁盘中最多能创建 3 个主分区和 1 个扩展分区。扩展分区不是用来存放数据的，它的主要功能是创建逻辑分区。

（3）逻辑分区。逻辑分区不能被直接创建，它必须依附在扩展分区下，其容量受到扩展分区大小的限制。逻辑分区通常用于存放文件和数据。

大部分设备的前缀名后面有一个数字，它唯一指定了某一设备；磁盘驱动器的前缀名后面有一个字母和一个数字，字母用于指明设备，数字用于指明分区。例如，/dev/sda2 指定了磁盘上的一个分区，/dev/pts/10 指定了一个网络终端会话。设备节点前缀及设备类型说明如表 4.1 所示。

表 4.1　设备节点前缀及设备类型说明

设备节点前缀	设备类型说明	设备节点前缀	设备类型说明
fb	FRame 缓冲	ttyS	串口
fd	软盘	scd	SCSI 音频光驱
hd	IDE 硬盘	sd	SCSI 硬盘
lp	打印机	sg	SCSI 通用设备
par	并口	sr	SCSI 数据光驱
pt	伪终端	st	SCSI 磁带
tty	终端	md	磁盘阵列

一些 Linux 发行版用小型计算机系统接口（Small Computer System Interface，SCSI）访问所有固定磁盘，因此，虽然硬盘有可能并不是 SCSI 磁盘，但是仍可以通过存储设备进行访问。

有了磁盘命名和分区命名的概念，理解/dev/hda1 等分区名称就不难了，分区命名规则举例如下。

IDE1 的第 1 个磁盘（master）的第 1 个主分区的名称为/dev/hda1；

IDE1 的第 1 个磁盘（master）的第 2 个主分区的名称为/dev/hda2；

IDE1 的第 1 个磁盘（master）的第 1 个逻辑分区的名称为/dev/hda5；

IDE1 的第 1 个磁盘（master）的第 2 个逻辑分区的名称为/dev/hda6；

……

IDE1 的第 2 个磁盘（slave）的第 1 个主分区的名称为/dev/hdb1；

IDE1 的第 2 个磁盘（slave）的第 2 个主分区的名称为/dev/hdb2；

……

SCSI 的第 1 个磁盘的第 1 个主分区的名称为/dev/sda1；

SCSI 的第 1 个磁盘的第 2 个主分区的名称为/dev/sda2；

……

SCSI 的第 2 个硬盘的第 1 个主分区的名称为/dev/sdb1；

SCSI 的第 2 个硬盘的第 2 个主分区的名称为/dev/sdb2；

……

4.1.2 添加磁盘

新购置的物理磁盘，不管是用于 Windows 操作系统，还是用于 Linux 操作系统，都要进行如下操作。

（1）分区：可以是一个分区或多个分区。

（2）格式化：分区必须经过格式化才能创建文件系统。

（3）挂载：被格式化的分区必须挂载到操作系统相应的文件目录下。

Windows 操作系统自动帮助用户完成了挂载分区到目录的工作，即自动将磁盘分区挂载到盘符；Linux 操作系统会自动挂载根分区启动项，但其他分区都需要用户自己配置，所有的磁盘都必须挂载到文件系统对应的目录下。

为什么要将一个磁盘划分成多个分区，而不是直接使用整个磁盘呢？其主要有如下原因。

（1）方便管理和控制。可以将系统中的数据（包括程序）按不同的应用分成不同的类型，然后将不同类型的数据分别存放在不同的磁盘分区中。由于在每个分区中存放的都是类似的数据或程序，因此管理和维护会方便很多。

（2）提高系统的效率。给磁盘分区后，可以直接缩短系统读写磁盘时磁头移动的距离，也就是说，缩小了磁头搜寻的范围；如果不使用分区，则每次在磁盘中搜寻信息时都可能要搜寻整个磁盘，搜寻速度会很慢。另外，磁盘分区可以解决碎片（文件不连续存放）所造成的系统效率下降的问题。

（3）限制用户使用的磁盘量。限制用户只能在一个分区上使用磁盘空间，限制了用户使用磁盘的总量，防止用户浪费磁盘空间（甚至将磁盘空间耗光）。

（4）便于备份和恢复。磁盘分区后，可以只对所需的分区进行备份和恢复操作，这样备份和恢复的数据量会大大下降，操作也更简单和方便。

在进行分区、格式化和挂载操作之前，要先查看分区信息和在虚拟机中添加磁盘。

1. 查看分区信息

可以使用 fdisk -l 命令查看当前系统所有磁盘设备及其分区的信息，如图 4.1 所示。

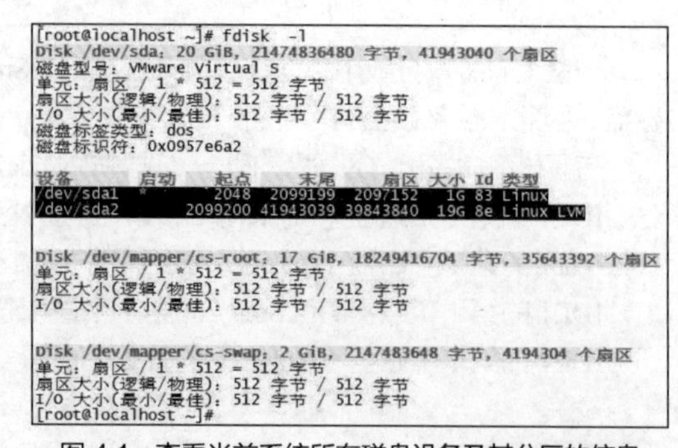

图 4.1 查看当前系统所有磁盘设备及其分区的信息

从图 4.1 中可以看出，安装系统时，可以看到磁盘的分区信息，其中分区信息的各字段的含义如下。

（1）设备：分区的设备文件名称，如/dev/sda1。

（2）启动：是否为引导分区。若是，则带有“*”标识，如/dev/sda1 *。

（3）起点：分区在磁盘中的起始位置（柱面数）。

（4）末尾：分区在磁盘中的结束位置（柱面数）。

（5）扇区：分区大小。

（6）Id：分区类型的 ID。例如，/dev/sda1 分区的 ID 为 83，/dev/sda2 分区的 ID 为 8e。

（7）类型：分区类型。其中，“Linux”代表 Ext4 文件系统，“Linux LVM”代表逻辑卷。

V4.2 添加磁盘

2. 在虚拟机中添加磁盘

练习磁盘分区操作时，需要先在虚拟机中添加一个新的磁盘，由于 SCSI 硬盘支持热插拔，因此可以在虚拟机开机的状态下直接添加。

（1）打开虚拟机软件，选择“虚拟机”→“设置”命令，如图 4.2 所示。

（2）弹出“虚拟机设置”对话框，如图 4.3 所示。

图 4.2 选择“虚拟机”→“设置”命令

图 4.3 “虚拟机设置”对话框

（3）单击“添加”按钮，弹出“添加硬件向导”对话框，如图 4.4 所示。

（4）在“硬件类型”列表框中，选择“硬盘”选项，单击“下一步”按钮，进入“选择磁盘类型”界面，如图 4.5 所示。

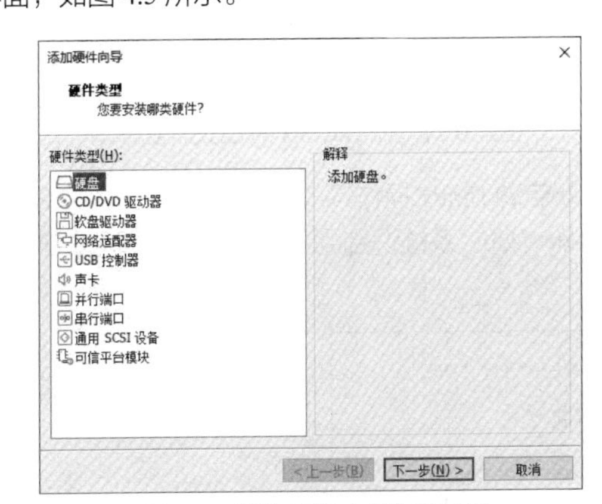

图 4.4 “添加硬件向导”对话框

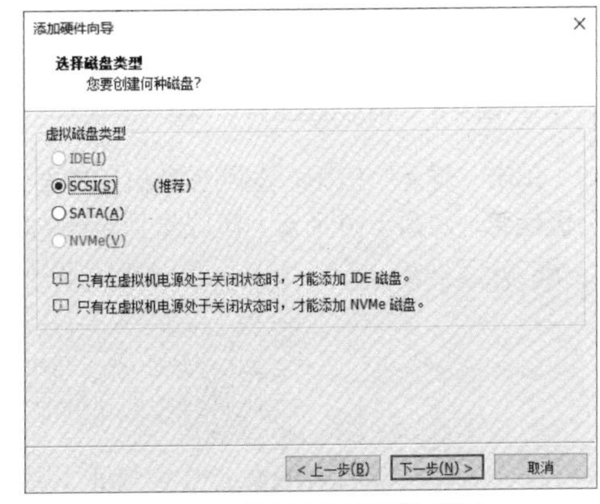

图 4.5 “选择磁盘类型”界面

（5）选中“SCSI（推荐）”单选按钮，单击“下一步”按钮，进入“选择磁盘”界面，如图 4.6 所示。

（6）选中“创建新虚拟磁盘”单选按钮，单击“下一步”按钮，进入“指定磁盘容量”界面，如图 4.7 所示。

（7）设置“最大磁盘大小”，单击“下一步”按钮，进入“指定磁盘文件”界面，如图 4.8 所示。

（8）单击“完成”按钮，完成在虚拟机中添加磁盘的工作，返回“虚拟机设置”对话框，可以看到添加的 20GB 的 SCSI 硬盘，如图 4.9 所示。

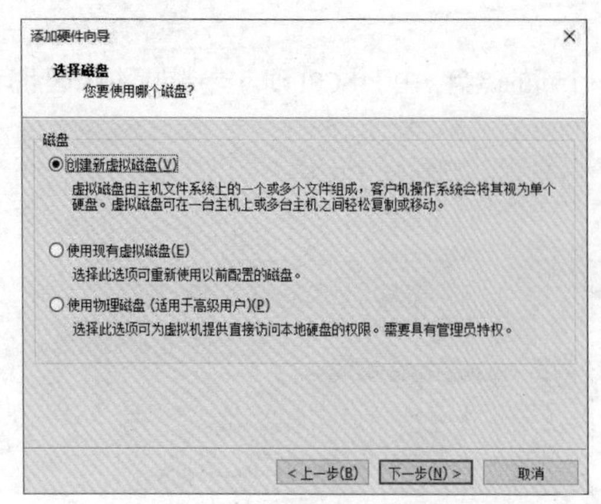

图 4.6 “选择磁盘”界面

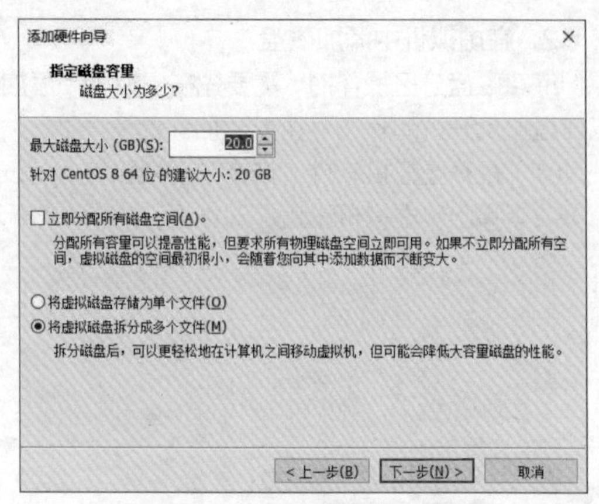

图 4.7 “指定磁盘容量”界面

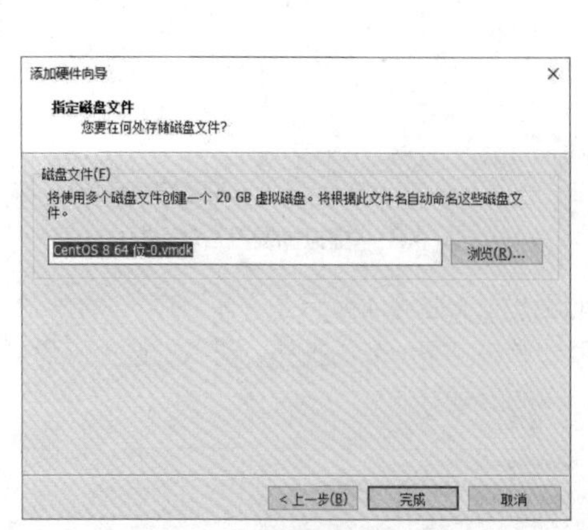

图 4.8 “指定磁盘文件”界面

图 4.9 添加的 20GB 的 SCSI 硬盘

（9）单击“确定”按钮，返回虚拟机主界面，重新启动 Linux 操作系统，再使用 fdisk -l 命令查看磁盘分区信息，如图 4.10 所示，可以看到新增的磁盘/dev/sdb。系统识别到新的磁盘后，即可在该磁盘中建立新的分区。

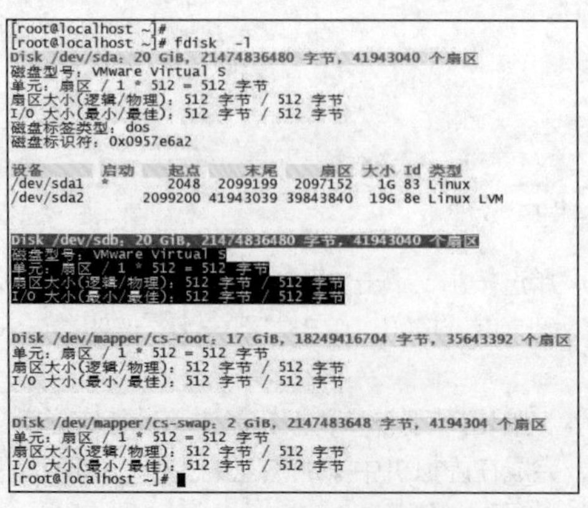

图 4.10 查看磁盘分区信息

4.1.3 磁盘分区

V4.3 磁盘分区

在安装 Linux 操作系统时，其中一个步骤是进行磁盘分区，可以采用独立磁盘冗余阵列和逻辑卷管理器等进行分区。除此之外，Linux 操作系统中还提供了 fdisk、cfdisk、parted 等磁盘分区工具，这里主要介绍 fdisk 磁盘分区工具。

fdisk 磁盘分区工具在 DOS、Windows 和 Linux 操作系统中都有相应的应用程序。在 Linux 操作系统中，fdisk 是基于菜单的命令。对磁盘进行分区时，可以在 fdisk 命令后面直接加上要分区的磁盘作为参数。其格式如下。

```
fdisk [选项] <磁盘>      //更改分区表
fdisk [选项] -l <磁盘> //列出分区表
fdisk -s <分区>         //给出分区大小（块数）
```

fdisk 命令各选项及其功能说明如表 4.2 所示。

表 4.2 fdisk 命令各选项及其功能说明

选项	功能说明
-b<大小>	分区大小（512 字节、1024 字节、2048 字节或 4096 字节）
-c[=<模式>]	兼容模式取值为 dos 或 nondos（默认）
-h	显示帮助信息
-u[=<单位>]	显示单位取值为 cylinders（柱面）或 sectors（扇区，默认）
-v	显示程序版本信息
-C<数字>	指定柱面数
-H <数字>	指定磁头数
-S <数字>	指定每个磁道的扇区数

对新增的第 2 个 SCSI 磁盘进行分区，执行命令如下。

```
[root@localhost ~]# fdisk  /dev/sdb
欢迎使用 fdisk (util-linux 2.37.4)。
更改将停留在内存中，直到您决定将更改写入磁盘。
使用写入命令前请三思。
设备不包含可识别的分区表。
创建了一个磁盘标识符为 0x630bcd10 的新 DOS 磁盘标签。
命令(输入 m 获取帮助): m
帮助:
  DOS (MBR)
   a   开关可启动标志
   b   编辑嵌套的 BSD 磁盘标签
   c   开关 DOS 兼容性标志
  常规
   d   删除分区
   F   列出未分区的空闲区
   l   列出已知分区类型
   n   添加新分区
   p   打印分区表
   t   更改分区类型
```

```
   v   检查分区表
   i   输出某个分区的相关信息
  杂项
   m   输出此菜单
   u   更改显示/记录单位
   x   更多功能(仅限专业人员)
  脚本
   I   从 sfdisk 脚本文件加载磁盘布局
   O   将磁盘布局转储为 sfdisk 脚本文件
  保存并退出
   w   将分区表写入磁盘并退出
   q   退出而不保存更改
  新建空磁盘标签
   g   新建一份 GPT 分区表
   G   新建一份空 GPT (IRIX) 分区表
   o   新建一份空 DOS 分区表
   s   新建一份空 Sun 分区表
命令(输入 m 获取帮助):
```

在“命令(输入 m 获取帮助):”后输入 m，可以查看所有命令的帮助信息，输入相应的命令可选择需要的操作。表 4.3 所示为 fdisk 命令操作及其功能说明。

表 4.3　fdisk 命令操作及其功能说明

命令操作	功能说明	命令操作	功能说明
a	开关可启动标志	m	输出此菜单
b	编辑嵌套的 BSD 磁盘标签	u	更改显示/记录单位
c	开关 DOS 兼容性标志	x	更多功能（仅限专业人员）
d	删除分区	I	从 sfdisk 脚本文件加载磁盘布局
F	列出未分区的空闲区	O	将磁盘布局转储为 sfdisk 脚本文件
l	列出已知分区类型	w	将分区表写入磁盘并退出
n	添加新分区	q	退出而不保存更改
p	打印分区表	g	新建一份 GPT 分区表
t	更改分区类型	G	新建一份空 GPT (IRIX) 分区表
v	检查分区表	o	新建一份空 DOS 分区表
i	输出某个分区的相关信息	s	新建一份空 Sun 分区表

【实例 4.1】 使用 fdisk 命令对新增的 SCSI 磁盘/dev/sdb 进行分区操作，在此硬盘中创建两个主分区和一个扩展分区，再在扩展分区中创建两个逻辑分区。

（1）使用 fdisk /dev/sdb 命令，进入交互的分区管理界面，在“命令(输入 m 获取帮助):”后，用户可以输入特定的分区操作命令来完成各项分区管理任务。输入“n”可以进行创建分区的操作，包括创建主分区、扩展分区和逻辑分区，根据提示继续输入“p”表示创建主分区，输入“e”则表示创建扩展分区，之后依次选择分区号、起始位置、结束位置或分区大小。

选择分区号时，主分区和扩展分区的序号只能为 1～4，分区的起始位置一般由 fdisk 命令默认识别，结束位置或分区大小可以使用类似于“+size{K,M,G}”的形式，如“+2G”表示将分区的大小设置为 2GB。

下面先创建一个容量为 5GB 的主分区，主分区创建结束之后，输入“p”查看已创建好的分区

/dev/sdb1，执行命令如下。

```
命令(输入 m 获取帮助): n
分区类型
   p   主分区 (0 primary, 0 extended, 4 free)
   e   扩展分区 (逻辑分区容器)
选择 (默认 p): p
分区号 (1-4, 默认  1): 1
第一个扇区 (2048-41943039, 默认 2048):
最后一个扇区, +/-sectors 或 +size{K,M,G,T,P} (2048-41943039, 默认 41943039): +5G

创建了一个新分区 1, 类型为“Linux”, 大小为 5 GiB。

命令(输入 m 获取帮助): p
Disk /dev/sdb: 20 GiB, 21474836480 字节, 41943040 个扇区
磁盘型号: VMware Virtual S
单元: 扇区 / 1 * 512 = 512 字节
扇区大小(逻辑/物理): 512 字节 / 512 字节
I/O 大小(最小/最佳): 512 字节 / 512 字节
磁盘标签类型: dos
磁盘标识符: 0x163b050a

设备          启动   起点      末尾        扇区        大小  Id   类型
/dev/sdb1            2048      10487807    10485760    5G    83   Linux

命令(输入 m 获取帮助):
```

（2）继续创建第 2 个容量为 3GB 的主分区，主分区创建结束之后，输入“p”查看已创建好的分区/dev/sdb1、/dev/sdb2，执行命令如下。

```
命令(输入 m 获取帮助): n
分区类型
   p   主分区 (1 primary, 0 extended, 3 free)
   e   扩展分区 (逻辑分区容器)
选择 (默认 p): p
分区号 (2-4, 默认  2): 2
第一个扇区 (10487808-41943039, 默认 10487808):
最后一个扇区, +/-sectors 或 +size{K,M,G,T,P} (10487808-41943039, 默认 41943039): +3G

创建了一个新分区 2, 类型为“Linux”, 大小为 3 GiB。

命令(输入 m 获取帮助): p
Disk /dev/sdb: 20 GiB, 21474836480 字节, 41943040 个扇区
磁盘型号: VMware Virtual S
单元: 扇区 / 1 * 512 = 512 字节
扇区大小(逻辑/物理): 512 字节 / 512 字节
I/O 大小(最小/最佳): 512 字节 / 512 字节
```

```
磁盘标签类型: dos
磁盘标识符: 0x163b050a

设备        启动    起点      末尾      扇区       大小  Id   类型
/dev/sdb1           2048    10487807  10485760   5G    83   Linux
/dev/sdb2         10487808  16779263  6291456    3G    83   Linux

命令(输入 m 获取帮助):
```

（3）创建扩展分区。需要特别注意的是，必须将所有的剩余磁盘空间都分配给扩展分区。输入“e”创建扩展分区，扩展分区创建结束之后，输入“p”查看已经创建好的主分区和扩展分区，执行命令如下。

```
命令(输入 m 获取帮助): n
分区类型
   p   主分区 (2 primary, 0 extended, 2 free)
   e   扩展分区 (逻辑分区容器)
选择 (默认 p): e
分区号 (3,4, 默认  3):
第一个扇区 (16779264-41943039, 默认 16779264):
最后一个扇区, +/-sectors 或 +size{K,M,G,T,P} (16779264-41943039, 默认 41943039):

创建了一个新分区 3, 类型为“Extended”, 大小为 12 GiB。

命令(输入 m 获取帮助): p
Disk /dev/sdb: 20 GiB, 21474836480 字节, 41943040 个扇区
磁盘型号: VMware Virtual S
单元: 扇区 / 1 * 512 = 512 字节
扇区大小(逻辑/物理): 512 字节 / 512 字节
I/O 大小(最小/最佳): 512 字节 / 512 字节
磁盘标签类型: dos
磁盘标识符: 0x163b050a

设备        启动      起点      末尾      扇区       大小  Id   类型
/dev/sdb1              2048   10487807  10485760   5G    83   Linux
/dev/sdb2          10487808   16779263  6291456    3G    83   Linux
/dev/sdb3          16779264   41943039  25163776   12G   5    扩展

命令(输入 m 获取帮助):
```

扩展分区的起始扇区和结束扇区使用默认值，可以把所有的剩余磁盘空间（共 12GB）分配给扩展分区。从以上操作可以看出，划分的两个主分区的容量分别为5GB和3GB，扩展分区的容量为12GB。

（4）扩展分区创建完成后即可创建逻辑分区。在扩展分区中创建两个逻辑分区，磁盘容量分别为8GB和4GB。在创建逻辑分区的时候不需要指定分区号，系统会自动从5开始顺序编号，执行命令如下。

```
命令(输入 m 获取帮助): n
所有主分区的空间都在使用中。
添加逻辑分区 5
```

```
第一个扇区 (16781312-41943039, 默认 16781312):
最后一个扇区, +/-sectors 或 +size{K,M,G,T,P} (16781312-41943039, 默认 41943039): +8G

创建了一个新分区 5，类型为“Linux”，大小为 8 GiB。

命令(输入 m 获取帮助): n
所有主分区的空间都在使用中。
添加逻辑分区 6
第一个扇区 (33560576-41943039, 默认 33560576):
最后一个扇区, +/-sectors 或 +size{K,M,G,T,P} (33560576-41943039, 默认 41943039):

创建了一个新分区 6，类型为“Linux”，大小为 4 GiB。

命令(输入 m 获取帮助):
```

（5）再次输入“p”，查看分区创建情况，执行命令如下。

```
命令(输入 m 获取帮助): p
Disk /dev/sdb: 20 GiB, 21474836480 字节, 41943040 个扇区
磁盘型号: VMware Virtual S
单元: 扇区 / 1 * 512 = 512 字节
扇区大小(逻辑/物理): 512 字节 / 512 字节
I/O 大小(最小/最佳): 512 字节 / 512 字节
磁盘标签类型: dos
磁盘标识符: 0x163b050a

设备        启动     起点      末尾      扇区     大小  Id   类型
/dev/sdb1           2048 10487807 10485760   5G    83   Linux
/dev/sdb2       10487808 16779263  6291456   3G    83   Linux
/dev/sdb3       16779264 41943039 25163776  12G     5   扩展
/dev/sdb5       16781312 33558527 16777216   8G    83   Linux
/dev/sdb6       33560576 41943039  8382464   4G    83   Linux

命令(输入 m 获取帮助):
```

（6）完成对磁盘的分区以后，输入“w”保存分区并退出 fdisk，或输入“q”不保存分区并退出 fdisk。磁盘分区完成以后，一般需要重启系统以使设置生效；如果不想重启系统，则可以使用 partprobe 命令使系统获取新的分区表的信息。这里使用 partprobe 命令查看/dev/sdb 磁盘中分区表的变化情况，执行命令如下。

```
命令(输入 m 获取帮助): w
分区表已调整。
将调用 ioctl() 来重新读分区表。
正在同步磁盘。

[root@localhost ~]# partprobe /dev/sdb
[root@localhost ~]# fdisk -l
Disk /dev/sdb: 20 GiB, 21474836480 字节, 41943040 个扇区
磁盘型号: VMware Virtual S
单元: 扇区 / 1 * 512 = 512 字节
```

```
扇区大小(逻辑/物理)：512 字节 / 512 字节
I/O 大小(最小/最佳)：512 字节 / 512 字节
磁盘标签类型：dos
磁盘标识符：0x163b050a

设备        启动      起点      末尾       扇区      大小  Id  类型
/dev/sdb1             2048  10487807  10485760    5G  83  Linux
/dev/sdb2         10487808  16779263   6291456    3G  83  Linux
/dev/sdb3         16779264  41943039  25163776   12G   5  扩展
/dev/sdb5         16781312  33558527  16777216    8G  83  Linux
/dev/sdb6         33560576  41943039   8382464    4G  83  Linux

Disk /dev/sda：20 GiB，21474836480 字节，41943040 个扇区
磁盘型号：VMware Virtual S
单元：扇区 / 1 * 512 = 512 字节
扇区大小(逻辑/物理)：512 字节 / 512 字节
I/O 大小(最小/最佳)：512 字节 / 512 字节
磁盘标签类型：dos
磁盘标识符：0x1f1da3d6

设备        启动    起点     末尾      扇区      大小  Id  类型
/dev/sda1   *       2048   2099199   2097152    1G   83  Linux
/dev/sda2        2099200  41943039  39843840   19G   8e  Linux LVM

Disk /dev/mapper/cs-root：17 GiB，18249416704 字节，35643392 个扇区
单元：扇区 / 1 * 512 = 512 字节
扇区大小(逻辑/物理)：512 字节 / 512 字节
I/O 大小(最小/最佳)：512 字节 / 512 字节

Disk /dev/mapper/cs-swap：2 GiB，2147483648 字节，4194304 个扇区
单元：扇区 / 1 * 512 = 512 字节
扇区大小(逻辑/物理)：512 字节 / 512 字节
I/O 大小(最小/最佳)：512 字节 / 512 字节
[root@localhost ~]#
```

至此，完成了磁盘的分区操作。

4.1.4 磁盘格式化

完成磁盘分区操作之后，还不能直接使用磁盘，必须经过格式化才能使用，这是因为操作系统必须按照一定的方式来管理磁盘，并使系统将其识别出来，所以磁盘格式化的作用是在分区中创建文件系统。Linux 操作系统专用的文件系统是 Ext，包含 Ext3、Ext4 等诸多版本，CentOS 中默认使用 Ext4 文件系统。

V4.4 磁盘格式化

mkfs 命令的作用是在磁盘中创建 Linux 文件系统。mkfs 命令本身并不执行创建文件系统的工作，而是调用相关的程序来实现。其格式如下。

```
mkfs [选项] [-t <类型>] [文件系统选项] <设备> [<大小>]
```

mkfs 命令各选项及其功能说明如表 4.4 所示。

表 4.4　mkfs 命令各选项及其功能说明

选项	功能说明
-t	文件系统类型，若不指定，则使用 Ext2 文件系统
-V	解释正在进行的操作
-v	显示版本信息并退出
-h	显示帮助信息并退出

【实例 4.2】将新增的 SCSI 磁盘分区/dev/sdb1 按 Ext4 文件系统进行格式化，执行命令如下。

```
[root@localhost ~]# mkfs                        //输入命令后连续按两次“Tab”键
mkfs         mkfs.cramfs  mkfs.ext3    mkfs.fat     mkfs.msdos   mkfs.xfs
mkfs.btrfs   mkfs.ext2    mkfs.ext4    mkfs.minix   mkfs.vfat
[root@localhost ~]# mkfs  -t  ext4  /dev/sdb1   //按 Ext4 文件系统进行格式化
mke2fs 1.46.5 (30-Dec-2021)
创建含有 1310720 个块（每块 4k）和 327680 个 inode 的文件系统
文件系统 UUID：ac6bc2fe-db99-43ac-a02b-531115659985
超级块的备份存储于下列块：
        32768, 98304, 163840, 229376, 294912, 819200, 884736
正在分配组表： 完成
正在写入 inode 表： 完成
创建日志（16384 个块）完成
写入超级块和文件系统账户统计信息： 已完成
[root@localhost ~]#
```

使用同样的方法对/dev/sdb2、/dev/sdb5 和/dev/sdb6 进行格式化。需要注意的是，格式化会清除分区中的所有数据，为了保证系统安全，需要备份重要数据。

4.1.5　磁盘挂载与卸载

磁盘挂载就是指定系统中的一个目录作为挂载点，用户通过访问这个目录来实现对磁盘分区数据的存取操作。作为挂载点的目录相当于访问磁盘分区的入口。例如，将/dev/sdb6 挂载到/mnt 目录中，当用户在/mnt 目录下执行相关数据的存储操作时，Linux 操作系统会到/dev/sdb6 上执行相关操作。图 4.11 所示为磁盘挂载示意图。

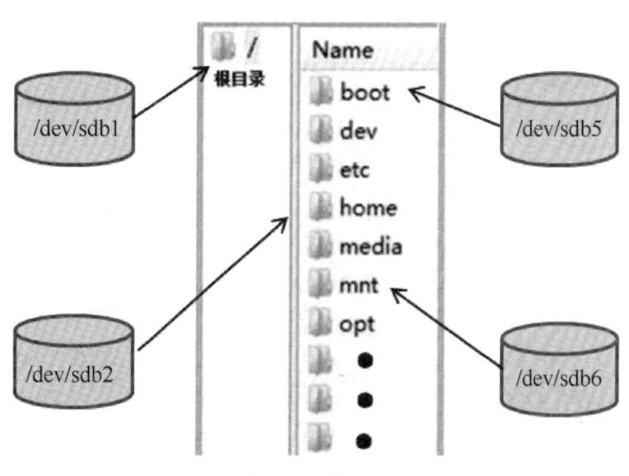

图 4.11　磁盘挂载示意图

在安装 Linux 操作系统的过程中，自动建立或识别的分区通常由系统自动完成挂载工作，如/root 分区、/boot 分区等；新增的磁盘分区、光盘、U 盘等设备，都必须由管理员手动挂载到系统目录中。

Linux 操作系统中提供了两个默认的挂载目录：/media 和/mnt。其中，/media 用作系统自动挂载点，/mnt 用作管理员手动挂载点。

从理论上讲，Linux 操作系统中的任何一个目录都可以作为挂载点。但从系统的角度出发，以下几个目录是不能作为挂载点使用的：/bin、/sbin、/etc、/lib、/lib64。

1. 手动挂载

mount 命令的作用是将一台设备（通常是存储设备）挂载到一个已经存在的目录中，访问这个目录就是访问该设备。其格式如下。

```
mount [选项] [--source] <源> | [--target] <目录>
```

mount 命令各选项及其功能说明如表 4.5 所示。

表 4.5　mount 命令各选项及其功能说明

选项	功能说明
-a	挂载 fstab 中的所有文件系统
-c	不对路径进行规范化
-f	空运行；跳过 mount(2)系统调用
-F	对每台设备禁用 fork（和-a 选项一起使用）
-h	显示帮助信息并退出
-i	不调用 mount.<类型> 助手程序
-l	列出所有带有指定标签的挂载
-n	不写/etc/mtab 文件内容
-o	挂载选项列表，以英文逗号分隔
-r	以只读方式挂载文件系统（同-o ro）
-t	限制文件系统类型集合
-v	显示当前操作的结果
-V	显示版本信息并退出
-w	以读写方式挂载文件系统（默认）

mount 命令-t<文件系统类型>与-o<选项>的选项及其功能说明如表 4.6 所示。

表 4.6　mount 命令-t<文件系统类型>与-o<选项>的选项及其功能说明

-t <文件系统类型>		-o <选项>	
选项	功能说明	选项	功能说明
ext4/xfs	Linux 目前常用的文件系统	ro	以只读方式挂载
msdos	DOS 的文件系统，即 FAT16 文件系统	rw	以读写方式挂载
vfat	FAT32 文件系统	remount	重新挂载已经挂载的设备
iso9660	CD-ROM 文件系统	user	允许普通用户挂载设备
ntfs	NTFS	nouser	不允许普通用户挂载设备
auto	自动检测文件系统	codepage=xxx	代码页
swap	交换分区的系统类型	iocharset=xxx	字符集

设备文件名对应分区的设备文件名，如/dev/sdb1；挂载点为用户指定的用于挂载的目录，作为挂载点的目录需要满足以下几方面的要求。

（1）目录事先存在，可使用 mkdir 命令新建目录。

（2）作为挂载点的目录不可被其他进程使用。

（3）挂载点的原有文件将被隐藏。

V4.5　磁盘挂载

【实例 4.3】将新增的 SCSI 磁盘分区/dev/sdb1、/dev/sdb2、/dev/sdb5 和/dev/sdb6 分别挂载到/mnt/data01、/mnt/data02、/mnt/data05 和/mnt/data06 目录中，执行命令如下。

```
[root@localhost cdrom]# cd  /mnt
[root@localhost mnt]# mkdir  data01  data02  data05  data06   //新建目录
[root@localhost mnt]# ls  -l  | grep  '^d' //显示使用 grep 命令查找的以“d”开头的目录
```

```
drwxr-xr-x. 2 root   root  6 8月  25 11:59 data01
drwxr-xr-x. 2 root   root  6 8月  25 11:59 data02
drwxr-xr-x. 2 root   root  6 8月  25 11:59 data05
drwxr-xr-x. 2 root   root  6 8月  25 11:59 data06
dr--r--r--. 4 root   root 82 8月  21 09:02 test
[root@localhost mnt]# mount  /dev/sdb1  /mnt/data01                //挂载目录
[root@localhost mnt]# mount  /dev/sdb2  /mnt/data02
[root@localhost mnt]# mount  /dev/sdb5  /mnt/data05
[root@localhost mnt]# mount  /dev/sdb6  /mnt/data06
```

完成挂载后，可以使用 df 命令查看磁盘挂载情况。df 命令主要用来查看系统中已经挂载的各个文件系统的磁盘使用情况，使用该命令可获取磁盘被占用的空间及目前剩余空间等信息。其格式如下。

```
df  [选项]  [文件]
```

df 命令各选项及其功能说明如表 4.7 所示。

表 4.7　df 命令各选项及其功能说明

选项	功能说明
-a	显示所有文件系统的磁盘使用情况
-h	以人类易读的格式输出
-H	等同于-h 选项，但计算时，1K 表示 1000，而不是 1024
-T	输出所有已挂载文件系统的类型
-i	输出文件系统的 i-node 信息，如果 i-node 满了，则即使有空间也无法存储信息
-k	按块大小输出文件系统磁盘使用情况
-l	只显示本机的文件系统

【实例 4.4】使用 df 命令查看磁盘使用情况，执行命令如下。

```
[root@localhost mnt]# df  -hT
文件系统                     类型    容量    已用    可用    已用%   挂载点
/dev/mapper/CentOS-root     xfs     36G     5.2G    30G     15%     /
…
/dev/sdb1                   ext4    4.8G    20M     4.6G    1%      /mnt/data01
/dev/sdb2                   ext4    2.9G    9.0M    2.8G    1%      /mnt/data02
/dev/sdb5                   ext4    7.8G    36M     7.3G    1%      /mnt/data05
/dev/sdb6                   ext4    3.9G    16M     3.7G    1%      /mnt/data06
```

2. 光盘挂载

Linux 将一切视为文件，光盘也不例外。识别出来的设备会存放在/dev 目录下，它需要挂载在一个目录中，才能以文件形式查看或者使用。

V4.6　光盘挂载

【实例 4.5】使用 mount 命令实现光盘挂载，执行命令如下。

```
[root@localhost ~]# mount  /dev/cdrom  /media
mount: /dev/sr0 写保护，将以只读方式挂载
```

也可以使用以下命令进行光盘挂载。

```
[root@localhost ~]# mount  /dev/sr0  /media
mount: /dev/sr0 写保护，将以只读方式挂载
```

显示光盘使用情况，执行命令如下。

```
[root@localhost ~]# df  -hT
文件系统                     类型    容量    已用    可用    已用%   挂载点
```

```
/dev/mapper/CentOS-root    xfs         36G    5.2G    30G     15%     /
devtmpfs                   devtmpfs    1.9G   0       1.9G    0%      /dev
tmpfs                      tmpfs       1.9G   0       1.9G    0%      /dev/shm
……
/dev/sr0                   iso9660     4.3G   4.3G    0       100%    /media
[root@localhost ~]#
```

显示光盘挂载目录文件内容，执行命令如下。

```
[root@localhost ~]# ls  -l  /media
总用量 686
-rw-rw-r--. 1 root root    14 11月 26 2018 CentOS_BuildTag
……
-rw-rw-r--. 1 root root  1690 12月 10 2015 RPM-GPG-KEY-CentOS-Testing-7
-r--r--r--. 1 root root  2883 11月 26 2018 TRANS.TBL
[root@localhost ~]#
```

3. U盘挂载

Linux 将一切视为文件，U 盘也不例外。识别出来的 U 盘会存放在/dev 目录下，它需要挂载在一个目录中，才能以文件形式查看或者使用。

【实例 4.6】使用 mount 命令实现 U 盘挂载。

（1）插入 U 盘，使用 fdisk -l 命令查看 U 盘是否被测试到，查看 U 盘数据信息，执行命令如下。

```
[root@localhost ~]# fdisk  -l                                //查看U盘数据信息
磁盘 /dev/sdc：62.9 GB，62930117632 字节，122910386 个扇区
Units = 扇区 of 1 * 512 = 512 bytes
扇区大小(逻辑/物理)：512 字节 / 512 字节
I/O 大小(最小/最佳)：512 字节 / 512 字节
磁盘标签类型：dos
磁盘标识符：0x270b8f9b
   设备      Boot     Start        End      Blocks        Id  System
/dev/sdc1    *      1060864   122910385   60924761       7   HPFS/NTFS/exFAT
```

（2）进行 U 盘挂载，执行命令如下。

```
[root@localhost ~]# mkdir  /mnt/u-disk
[root@localhost ~]# mount  /dev/sdc1  /mnt/u-disk
mount：未知的文件系统类型“NTFS”
```

从以上输出结果可以看出，无法进行 U 盘挂载，这是因为 U 盘文件系统的类型为 NTFS，Linux 操作系统默认情况下是无法识别 NTFS 的，需要安装支持 NTFS 的数据包。默认情况下，CentOS 8 安装光盘 ISO 镜像文件中包括 NTFS 数据包，只是默认情况下不会自动安装，需要手动对其进行配置及安装。

（3）挂载 U 盘，编辑仓库文件 local.repo，执行命令如下。

```
[root@localhost ~]# mount  /dev/sr0  /media
mount: /dev/sr0 写保护，将以只读方式挂载
[root@localhost ~]# vim  /etc/yum.repos.d/local.repo
[epel]
name=epel
baseurl=file:///media
gpgcheck=0
enable=1
"/etc/yum.repos.d/local.repo" 5L, 65C 已写入
```

（4）查看 NTFS 数据包，执行命令如下。

```
[root@localhost ~]# yum list | grep ntfs
ntfs-3g.x86_64                  2:2017.3.23-11.el7          epel
ntfs-3g-devel.x86_64            2:2017.3.23-11.el7          epel
ntfsprogs.x86_64                2:2017.3.23-11.el7          epel
```

（5）安装 NTFS 数据包，执行命令如下。

```
[root@localhost ~]# yum install ntfs-3g - y
已加载插件：fastestmirror, langpacks
Loading mirror speeds from cached hostfile
 * base: mirrors.aliyun.com
 * extras: mirrors.aliyun.com
 * updates: mirrors.aliyun.com
正在解决依赖关系
--> 正在检查事务
--> 软件包 ntfs-3g.x86_64.2.2017.3.23-11.el7 将被安装
--> 解决依赖关系完成
依赖关系解决
==========================================================================
 Package     架构          版本              源              大小
==========================================================================
正在安装：
 ntfs-3g    x86_64    2:2017.3.23-11.el7    epel            265 K
事务概要
==========================================================================
安装  1 软件包
总下载量：265 K
安装大小：612 K
……
  正在安装  : 2:ntfs-3g-2017.3.23-11.el7.x86_64          1/1
  验证中    : 2:ntfs-3g-2017.3.23-11.el7.x86_64          1/1
已安装：
  ntfs-3g.x86_64 2:2017.3.23-11.el7
完毕！
```

（6）安装成功后即可进行 U 盘挂载，执行命令如下。

```
[root@localhost ~]# mount /dev/sdb1 /mnt/u-disk
The disk contains an unclean file system (0, 0).
The file system wasn't safely closed on Windows. Fixing.
```

（7）U 盘挂载成功后，查看 U 盘挂载情况，执行命令如下。

```
[root@localhost ~]# df -hT
文件系统                    类型      容量   已用   可用   已用%   挂载点
/dev/mapper/CentOS-root     xfs       36G    4.3G   31G    13%     /
……
/dev/sdb1                   fuseblk   59G    4.7G   54G    9%      /mnt/u-disk
[root@localhost ~]#
```

（8）查看挂载后的 U 盘的数据信息，执行命令如下。

```
 [root@localhost ~]# ls -l /mnt/u-disk
总用量 1
```

```
drwxrwxrwx. 1 root root 0 7月  8 17:12 GHO
......
drwxrwxrwx. 1 root root 0 8月  25 14:37 user02
```

4. 自动挂载

通过使用mount命令挂载的文件系统在Linux操作系统关机或重启时会被自动卸载，所以一般手动挂载磁盘之后要把挂载信息写入/etc/fstab文件，这样系统在开机时会自动读取/etc/fstab文件中的内容，并根据文件中的配置挂载磁盘，不需要每次开机或重启之后手动进行挂载。/etc/fstab文件称为文件系统表（File System Table），其会显示系统中已经存在的挂载信息。

V4.7 自动挂载

【实例4.7】使用mount命令实现U盘自动挂载。

（1）使用cat /etc/fstab命令查看文件内容，执行命令如下。

```
[root@localhost ~]# cat  /etc/fstab
# /etc/fstab
# Created by anaconda on Mon Jun  8 01:15:36 2024
# Accessible filesystems, by reference, are maintained under '/dev/disk'
# See man pages fstab(5), findfs(8), mount(8) and/or blkid(8) for more info
#
/dev/mapper  /CentOS-root /                          xfs    defaults      0 0
UUID=6d58086e-0a6b-4399-93dc-c2016ea17fe0  /boot  xfs    defaults      0 0
/dev/mapper  /CentOS-swap swap                       swap   defaults      0 0
```

/etc/fstab文件中的每一行都对应一台自动挂载设备，每行包括6个字段。/etc/fstab文件各字段及其功能说明如表4.8所示。

表4.8 /etc/fstab文件各字段及其功能说明

字段	功能说明
第1个字段	需要挂载的设备文件名
第2个字段	挂载点，必须是一个目录且必须使用绝对路径
第3个字段	文件系统类型，可以设置为auto，即由系统自动检测
第4个字段	挂载参数，一般采用defaults，还可以设置rw、suid、dev、exec、auto等参数
第5个字段	能否被dump备份。dump是一个用来备份的命令，这个字段的取值通常为0或者1（0表示忽略，1表示需要）
第6个字段	是否检验扇区。在开机的过程中，系统默认使用fsck命令检验系统是否完整

（2）编辑/etc/fstab文件，在文件末尾添加一行内容，执行命令如下。

```
[root@localhost ~]# vim  /etc/fstab
# /etc/fstab
......
/dev/mapper  /CentOS-root /                          xfs    defaults      0 0
UUID=6d58086e-0a6b-4399-93dc-c2016ea17fe0  /boot  xfs    defaults      0 0
/dev/mapper  /CentOS-swap swap                       swap   defaults      0 0
/dev/sr0  /media  auto  defaults       0  0
~
"/etc/fstab" 12L, 515C 已写入
[root@localhost ~]# mount  -a                  //自动挂载系统中的所有文件系统
mount: /dev/sr0 写保护，将以只读方式挂载
[root@localhost ~]#
```

也可以使用以下命令修改文件的内容。

```
# echo "/dev/sr0  /media  iso9660  defaults  0  0"  >>  /etc/fstab
# mount  -a
```

（3）测试结果，重启系统，显示分区挂载情况，执行命令如下。

```
[root@localhost ~]# reboot
[root@localhost ~]# df -hT
文件系统                    类型      容量   已用   可用   已用%  挂载点
/dev/mapper/CentOS-root    xfs       36G    4.3G   31G    13%    /
......
/dev/sr0                   iso9660  4.3G   4.3G0  100%   /media
......
```

5. 卸载文件系统

V4.8 卸载文件系统

umount 命令用于卸载一个已经挂载的文件系统（分区），相当于 Windows 操作系统中的弹出设备。其格式如下。

```
umount [选项] <源> | <目录>
```

umount 命令各选项及其功能说明如表 4.9 所示。

表 4.9 umount 命令各选项及其功能说明

选项	功能说明
-a	卸载所有文件系统
-A	卸载当前命名空间中指定设备对应的所有挂载点
-c	不对路径进行规范化
-d	若挂载了回环设备，则释放该回环设备
-f	强制卸载（遇到不响应的网络文件系统时）
-i	不调用 umount.<类型> 辅助程序
-n	不写 /etc/mtab 文件内容
-l	立即断开文件系统
-o	限制文件系统集合（和-a 选项一起使用）
-R	递归卸载目录及其子对象
-r	若卸载失败，则尝试以只读方式重新挂载
-t	限制文件系统集合
-v	显示当前操作的结果

【实例 4.8】使用 umount 命令卸载文件系统，执行命令如下。

```
[root@localhost ~]# umount /mnt/u-disk
[root@localhost ~]# umount /media/cdrom
[root@localhost ~]# df -hT
文件系统                    类型      容量   已用   可用   已用%  挂载点
/dev/mapper/CentOS-root    xfs       36G    4.3G   31G    13%    /
devtmpfs                   devtmpfs 1.9G   0      1.9G   0%     /dev
......
```

在使用 umount 命令卸载文件系统时，必须保证此时的文件系统不处于 busy 状态。使文件系统处于 busy 状态的情况有：文件系统中有打开的文件，某个进程的工作目录在此文件系统中，文件系统的缓存文件正在被使用等。

4.2 LVM 简介与配置

逻辑卷管理（Logical Volume Manager，LVM）是在磁盘分区和文件系统之间增设的一层逻辑抽象，其设计目的是实现对磁盘的动态管理。管理员利用 LVM 时，不用重新分区磁盘即可动态调整文件系统的大小，且当服务器添加新磁盘后，管理员不必将已有的磁盘文件移动到校检磁盘中，通过 LVM 即可直接跨越磁盘扩展文件系统，这提供了一种非常高效、灵活的磁盘管理方式。

通过 LVM，用户可以在系统运行时动态调整文件系统的大小，也可以把数据从一个磁盘重定位到另一个磁盘中，还可以提高 I/O 操作的性能，以及提供冗余保护等，它的快照功能允许用户对逻辑卷进行实时备份。

4.2.1 LVM 简介

早期磁盘驱动器（Hard Disk Drive，HDD）呈现给操作系统的是一组连续的物理块，整个磁盘驱动器都被分配给文件系统或者其他数据存储，由操作系统或应用程序使用，这样做的缺点是缺乏灵活性：当一个磁盘驱动器的空间使用完时，很难扩展文件系统的大小；当磁盘驱动器的存储容量增加时，把整个磁盘驱动器分配给文件系统又会导致无法充分利用存储空间。

用户在安装 Linux 操作系统时遇到的一个常见问题是，如何正确评估分区的大小，以分配合适的磁盘空间。普通的磁盘分区管理方式在逻辑分区划分完成之后就无法改变其大小了，当一个逻辑分区存放不下某个文件时，这个文件受上层文件系统的限制，无法跨越多个分区存放，所以也不能同时存放到其他磁盘上。当某个分区空间耗尽时，解决的方法通常是使用符号链接，或者使用调整分区大小的工具，但这并没有从根本上解决问题。随着逻辑卷管理功能的出现，用户可以在无须停机的情况下方便地调整各个分区的大小。

对一般用户而言，使用最多的是动态调整文件系统大小的功能。这样，在分区时就不必为如何设置分区的大小而烦恼，在磁盘中预留部分空间，并根据系统的使用情况动态调整分区大小即可。

LVM 是磁盘分区和文件系统之间的一个逻辑层，作用是为文件系统屏蔽下层磁盘分区，通过它可以将若干个磁盘分区连接为一个整块抽象的卷组，在卷组中可以任意创建逻辑卷并在逻辑卷中建立文件系统，最终在系统中挂载使用的就是逻辑卷。逻辑卷的使用方法和管理方式与普通的磁盘分区是完全一样的。LVM 磁盘组织结构如图 4.12 所示。

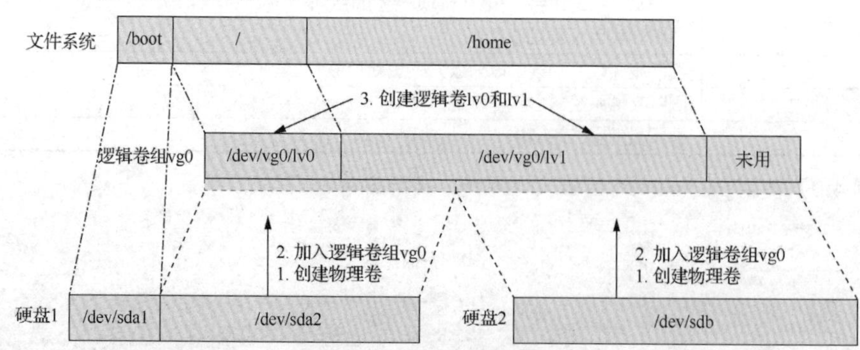

图 4.12　LVM 磁盘组织结构

LVM 中主要涉及以下几个概念。

（1）物理存储介质（Physical Storage Medium）：系统的物理存储设备，如/dev/sda、/dev/had 等，是存储系统最底层的存储单元。

（2）物理卷（Physical Volume，PV）：磁盘分区或逻辑上与磁盘分区具有同样功能的设备，是 LVM 的最基本的存储逻辑块，但和基本的物理存储介质（如分区、磁盘）相比，物理卷包含与 LVM 相关的管理参数。

（3）卷组（Volume Group，VG）：类似于非 LVM 系统中的物理磁盘，由一个或多个物理卷组成，可以在卷组中创建一个或多个逻辑卷。

（4）逻辑卷：可以将卷组划分成若干个逻辑卷，相当于在逻辑硬盘上划分出几个逻辑分区。逻辑卷建立在卷组之上，每个逻辑卷上都可以创建具体的文件系统，如/home、/mnt 等。

（5）物理块：每一个物理卷都被划分成许多称为物理块的基本单元，具有唯一编号的物理块是可以被 LVM 寻址的最小单元，物理块的大小是可以配置的，默认为 4MB，物理卷由许多大小相同的物理块组成。

在 CentOS 8 中，LVM 得到了重视。在安装操作系统的过程中，如果设置由系统自动进行分区，则系统除了创建一个/boot 引导分区之外，还会对剩余的磁盘空间全部采用 LVM，并在其中创建两个逻辑卷，分别挂载到/root 分区和/swap 分区中。

4.2.2 配置 LVM

1. 创建磁盘分区

磁盘分区是实现 LVM 的前提和基础，在使用 LVM 时，需要先划分磁盘分区，再将磁盘分区的类型设置为 8e，最后才能将分区初始化为物理卷。

这里使用前面安装的第二个磁盘的主分区/dev/sdb2 和逻辑分区/dev/sdb6 来进行演示。需要注意的是，要先将分区/dev/sdb2 和/dev/sdb6 卸载，并使用 fdisk 命令查看/dev/sdb 磁盘分区情况，执行命令如下。

```
[root@localhost ~]# fdisk  -l  /dev/sdb
Disk /dev/sdb：20 GiB，21474836480 字节，41943040 个扇区
磁盘型号：VMware Virtual S
单元：扇区 / 1 * 512 = 512 字节
扇区大小(逻辑/物理)：512 字节 / 512 字节
I/O 大小(最小/最佳)：512 字节 / 512 字节
磁盘标签类型：dos
磁盘标识符：0x163b050a
设备        启动      起点      末尾      扇区    大小 Id 类型
/dev/sdb1            2048 10487807 10485760    5G 83 Linux
/dev/sdb2        10487808 16779263  6291456    3G 83 Linux
/dev/sdb3        16779264 41943039 25163776   12G  5 扩展
/dev/sdb5        16781312 33558527 16777216    8G 83 Linux
/dev/sdb6        33560576 41943039  8382464    4G 83 Linux
[root@localhost ~]#
```

在 fdisk 命令中，输入“t”可以更改分区的类型，如果不知道分区类型对应的 ID，则可以输入“L”来查看各分区类型对应的 ID，如图 4.13 所示。

【实例 4.9】 将/dev/sdb2 和/dev/sdb6 的分区类型更改为 Linux LVM，即将分区的 ID 修改为 8e，如图 4.14 所示。分区创建成功后要保存分区表，重启系统或使用 partprobe /dev/sdb 命令即可。

```
[root@localhost ~]# fdisk  /dev/sdb

欢迎使用 fdisk (util-linux 2.37.4)。
更改将停留在内存中，直到您决定将更改写入磁盘。
使用写入命令前请三思。


命令(输入 m 获取帮助)：t
分区号 (1-3,5,6, 默认  6):
Hex 代码或别名（输入 L 列出所有代码）：L

00 空                24 NEC DOS            81 Minix / 旧 Linu    bf Solaris
01 FAT12             27 隐藏的 NTFS Win    82 Linux swap / So    c1 DRDOS/sec (FAT-
02 XENIX root        39 Plan 9             83 Linux              c4 DRDOS/sec (FAT-
03 XENIX usr         3c PartitionMagic     84 OS/2 隐藏 或 In    c6 DRDOS/sec (FAT-
04 FAT16 <32M        40 Venix 80286        85 Linux 扩展         c7 Syrinx
05 扩展              41 PPC PReP Boot      86 NTFS 卷集          da 非文件系统数据
06 FAT16             42 SFS                87 NTFS 卷集          db CP/M / CTOS / .
07 HPFS/NTFS/exFAT   4d QNX4.x             88 Linux 纯文本       de Dell 工具
08 AIX               4e QNX4.x 第2部分     8e Linux LVM          df BootIt
09 AIX 可启动        4f QNX4.x 第3部分     93 Amoeba             e1 DOS 访问
0a OS/2 启动管理器   50 OnTrack DM         94 Amoeba BBT         e3 DOS R/O
0b W95 FAT32         51 OnTrack DM6 Aux    9f BSD/OS             e4 SpeedStor
0c W95 FAT32 (LBA)   52 CP/M               a0 IBM Thinkpad 休    ea Linux 扩展启动
0e W95 FAT16 (LBA)   53 OnTrack DM6 Aux    a5 FreeBSD            eb BeOS fs
0f W95 扩展 (LBA)    54 OnTrackDM6         a6 OpenBSD            ee GPT
10 OPUS              55 EZ-Drive           a7 NeXTSTEP           ef EFI (FAT-12/16/
11 隐藏的 FAT12      56 Golden Bow         a8 Darwin UFS         f0 Linux/PA-RISC
12 Compaq 诊断       5c Priam Edisk        a9 NetBSD             f1 SpeedStor
14 隐藏的 FAT16 <3   61 SpeedStor          ab Darwin 启动        f4 SpeedStor
16 隐藏的 FAT16      63 GNU HURD 或 Sys    af HFS / HFS+         f2 DOS 次要
17 隐藏的 HPFS/NTF   64 Novell Netware     b7 BSDI fs            fb VMware VMFS
18 AST 智能睡眠      65 Novell Netware     b8 BSDI swap          fc VMware VMKCORE
1b 隐藏的 W95 FAT3   70 DiskSecure 多启    bb Boot Wizard 隐     fd Linux raid 自动
1c 隐藏的 W95 FAT3   75 PC/IX              bc Acronis FAT32 L    fe LANstep
1e 隐藏的 W95 FAT1   80 旧 Minix           be Solaris 启动       ff BBT

别名：
   linux          - 83
   swap           - 82
   extended       - 05
   uefi           - EF
   raid           - FD
   lvm            - 8E
   linuxex        - 85
Hex 代码或别名（输入 L 列出所有代码）：
```

图 4.13　查看各分区类型对应的 ID

```
[root@localhost ~]# fdisk  /dev/sdb

欢迎使用 fdisk (util-linux 2.37.4)。
更改将停留在内存中，直到您决定将更改写入磁盘。
使用写入命令前请三思。


命令(输入 m 获取帮助)：t
分区号 (1-3,5,6, 默认  6):
Hex 代码或别名（输入 L 列出所有代码）：8e

已将分区“Linux”的类型更改为“Linux LVM”。

命令(输入 m 获取帮助)：p
Disk /dev/sdb：20 GiB，21474836480 字节，41943040 个扇区
磁盘型号：VMware Virtual S
单元：扇区 / 1 * 512 = 512 字节
扇区大小(逻辑/物理)：512 字节 / 512 字节
I/O 大小(最小/最佳)：512 字节 / 512 字节
磁盘标签类型：dos
磁盘标识符：0x163b050a

设备        启动      起点      末尾      扇区  大小 Id 类型
/dev/sdb1            2048 10487807 10485760    5G 83 Linux
/dev/sdb2        10487808 16779263  6291456    3G 83 Linux
/dev/sdb3        16779264 41943039 25163776   12G  5 扩展
/dev/sdb5        16781312 33558527 16777216    8G 83 Linux
/dev/sdb6        33560576 41943039  8382464    4G 8e Linux LVM

命令(输入 m 获取帮助)：w
分区表已调整。
将调用 ioctl() 来重新读分区表。
正在同步磁盘。

[root@localhost ~]# partprobe  /dev/sdb
[root@localhost ~]#
```

图 4.14　更改分区类型

2. 创建物理卷

pvcreate 命令用于将物理磁盘分区初始化为物理卷，以便 LVM 使用。其格式如下。

```
pvcreate  [选项]  [参数]
```

pvcreate 命令各选项及其功能说明如表 4.10 所示。

表 4.10 pvcreate 命令各选项及其功能说明

选项	功能说明
-f	强制创建物理卷，不需要用户确认
-u	指定设备的通用唯一识别码
-y	所有问题都回答 yes
-Z	是否利用前 4 个扇区

【实例 4.10】将/dev/sdb2 和/dev/sdb6 分区转化为物理卷，如图 4.15 所示。

```
[root@localhost ~]# pvcreate /dev/sdb2 /dev/sdb6
WARNING: ext4 signature detected on /dev/sdb2 at offset 1080. Wipe it? [y/n]: y
  Wiping ext4 signature on /dev/sdb2.
WARNING: swap signature detected on /dev/sdb6 at offset 4086. Wipe it? [y/n]: y
  Wiping swap signature on /dev/sdb6.
  Physical volume "/dev/sdb2" successfully created.
  Physical volume "/dev/sdb6" successfully created.
[root@localhost ~]# pvcreate  -y /dev/sdb2 /dev/sdb6
  Physical volume "/dev/sdb2" successfully created.
  Physical volume "/dev/sdb6" successfully created.
```

图 4.15 将分区转化为物理卷

pvscan 命令用于扫描系统中连接的所有磁盘，并列出找到的物理卷。其格式如下。

```
pvscan  [选项]  [参数]
```

pvscan 命令各选项及其功能说明如表 4.11 所示。

表 4.11 pvscan 命令各选项及其功能说明

选项	功能说明
-d	调试模式
-n	仅显示不属于任何卷组的物理卷
-s	以短格式输出
-u	显示通用唯一识别码
-e	仅显示属于输出卷组的物理卷

【实例 4.11】使用 pvscan 命令扫描系统中连接的所有磁盘，并列出找到的物理卷，执行命令如下。

```
[root@localhost ~]# pvscan  -s
  /dev/sda2
  /dev/sdb6
  /dev/sdb2
  Total: 3 [48.99 GiB] / in use: 1 [<39.00 GiB] / in no VG: 2 [<10.00 GiB]
```

3. 创建卷组

卷组设备文件在创建卷组时会自动生成，其位于/dev 目录下，与卷组同名。卷组中的所有逻辑设备文件都保存在该目录下。卷组中可以包含一个或多个物理卷。vgcreate 命令用于创建 LVM 卷组。其格式如下。

```
vgcreate  [选项]  卷组名 物理卷名 [物理卷名…]
```

vgcreate 命令各选项及其功能说明如表 4.12 所示。

表 4.12　vgcreate 命令各选项及其功能说明

选项	功能说明
-l	设置卷组中允许创建的最大逻辑卷数
-p	设置卷组中允许添加的最大物理卷数
-s	设置卷组中的物理卷的大小，默认值为 4MB

vgdisplay 命令用于显示 LVM 卷组的信息，如果不指定选项，则显示所有卷组的属性。其格式如下。

```
vgdisplay [选项] [卷组名]
```

vgdisplay 命令各选项及其功能说明如表 4.13 所示。

表 4.13　vgdisplay 命令各选项及其功能说明

选项	功能说明
-A	仅显示活动卷组的属性
-s	使用短格式输出信息

【实例 4.12】为物理卷/dev/sdb2 和/dev/sdb6 创建名为 vg-group01 的卷组并查看相关信息，如图 4.16 所示。

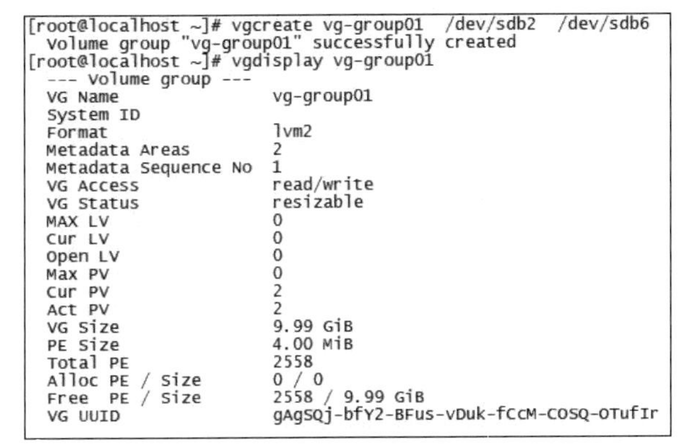

```
[root@localhost ~]# vgcreate vg-group01  /dev/sdb2  /dev/sdb6
  Volume group "vg-group01" successfully created
[root@localhost ~]# vgdisplay vg-group01
  --- Volume group ---
  VG Name               vg-group01
  System ID
  Format                lvm2
  Metadata Areas        2
  Metadata Sequence No  1
  VG Access             read/write
  VG Status             resizable
  MAX LV                0
  Cur LV                0
  Open LV               0
  Max PV                0
  Cur PV                2
  Act PV                2
  VG Size               9.99 GiB
  PE Size               4.00 MiB
  Total PE              2558
  Alloc PE / Size       0 / 0
  Free  PE / Size       2558 / 9.99 GiB
  VG UUID               gAgSQj-bfY2-BFus-vDuk-fCcM-COSQ-OTufIr
```

图 4.16　创建卷组并查看相关信息

4．创建逻辑卷

lvcreate 命令用于创建 LVM，逻辑卷是创建在卷组上的，逻辑卷对应的设备文件保存在卷组目录下。其格式如下。

```
lvcreate [选项] 逻辑卷名 卷组名
```

lvcreate 命令各选项及其功能说明如表 4.14 所示。

表 4.14　lvcreate 命令各选项及其功能说明

选项	功能说明
-L	指定逻辑卷的大小，单位为“kKmMgGtT”字节
-l	指定逻辑卷的大小
-n	后接逻辑卷名
-s	创建快照

lvdisplay 命令用于显示 LVM 空间大小、读写状态和快照信息等属性，如果省略选项，则 lvdisplay 命令会显示所有的逻辑卷属性。其格式如下。

```
lvdisplay [选项] 逻辑卷名
```

lvdisplay 命令各选项及其功能说明如表 4.15 所示。

表 4.15　lvdisplay 命令各选项及其功能说明

选项	功能说明
-C	以列的形式显示
-h	显示帮助信息

【实例 4.13】从 vg-group01 卷组中创建名为 databackup、容量为 8GiB 的逻辑卷，并使用 lvdisplay 命令查看逻辑卷的详细信息，如图 4.17 所示。

创建逻辑卷 databackup 后，查看 vg-group01 卷组的详细信息，如图 4.18 所示，可以看到 vg-group01 卷组还有 1.99GiB 的空闲空间。

```
[root@localhost ~]# lvcreate  -L 8G -n  databackup  vg-group01
  Logical volume "databackup" created.
[root@localhost ~]# lvdisplay  /dev/vg-group01/databackup
  --- Logical volume ---
  LV Path                /dev/vg-group01/databackup
  LV Name                databackup
  VG Name                vg-group01
  LV UUID                mBCred-8nMg-JqZn-f7ys-1aOI-gjGu-CH7c7b
  LV Write Access        read/write
  LV Creation host, time localhost.localdomain, 2020-08-26 18:33:20 +0800
  LV Status              available
  # open                 0
  LV Size                8.00 GiB
  Current LE             2048
  Segments               2
  Allocation             inherit
  Read ahead sectors     auto
  - currently set to     8192
  Block device           253:2
```

图 4.17　创建逻辑卷并查看逻辑卷的详细信息

```
[root@localhost ~]# vgdisplay vg-group01
  --- Volume group ---
  VG Name               vg-group01
  System ID
  Format                lvm2
  Metadata Areas        2
  Metadata Sequence No  2
  VG Access             read/write
  VG Status             resizable
  MAX LV                0
  Cur LV                1
  Open LV               0
  Max PV                0
  Cur PV                2
  Act PV                2
  VG Size               9.99 GiB
  PE Size               4.00 MiB
  Total PE              2558
  Alloc PE / Size       2048 / 8.00 GiB
  Free  PE / Size       510 / 1.99 GiB
  VG UUID               gAgSQj-bfY2-BFus-vDuk-fCcM-COSQ-OTufIr
```

图 4.18　查看 vg-group01 卷组的详细信息

5. 创建并挂载文件系统

逻辑卷相当于一个磁盘分区，使用逻辑卷需要进行格式化和挂载。

【实例 4.14】对逻辑卷/dev/vg-group01/databackup 进行格式化，如图 4.19 所示。

```
[root@localhost ~]# mkfs.ext4 /dev/vg-group01/databackup
mke2fs 1.42.9 (28-Dec-2013)
文件系统标签=
OS type: Linux
块大小=4096 (log=2)
分块大小=4096 (log=2)
Stride=0 blocks, Stripe width=0 blocks
524288 inodes, 2097152 blocks
104857 blocks (5.00%) reserved for the super user
第一个数据块=0
Maximum filesystem blocks=2147483648
64 block groups
32768 blocks per group, 32768 fragments per group
8192 inodes per group
Superblock backups stored on blocks:
        32768, 98304, 163840, 229376, 294912, 819200, 884736, 1605632

Allocating group tables: 完成
正在写入inode表: 完成
Creating journal (32768 blocks): 完成
Writing superblocks and filesystem accounting information: 完成
```

图 4.19　对逻辑卷进行格式化

创建挂载点目录，对逻辑卷进行手动挂载或者修改/etc/fstab 文件进行自动挂载，挂载后即可使用逻辑卷，如图 4.20 所示。

```
[root@localhost ~]# mkdir /mnt/backup-data
[root@localhost ~]# mount /dev/vg-group01/databackup  /mnt/backup-data
[root@localhost ~]# df -hT
文件系统                          类型      容量  已用  可用 已用% 挂载点
/dev/mapper/centos-root           xfs        36G   14G   22G   39% /
devtmpfs                          devtmpfs  1.9G     0  1.9G    0% /dev
tmpfs                             tmpfs     1.9G     0  1.9G    0% /dev/shm
tmpfs                             tmpfs     1.9G   13M  1.9G    1% /run
tmpfs                             tmpfs     1.9G     0  1.9G    0% /sys/fs/cgroup
/dev/sr0                          iso9660   4.3G  4.3G     0  100% /media/cdrom
/dev/sda1                         xfs      1014M  179M  836M   18% /boot
tmpfs                             tmpfs     378M     0  378M    0% /run/user/0
tmpfs                             tmpfs     378M   12K  378M    1% /run/user/42
/dev/sdb5                         ext4      4.8G   20M  4.6G    1% /mnt/data05
/dev/sdb1                         ext4      4.8G   20M  4.6G    1% /mnt/data01
/dev/mapper/vg--group01-databackup ext4     7.8G   36M  7.3G    1% /mnt/backup-data
```

图 4.20　挂载并使用逻辑卷

4.3 RAID 管理

独立磁盘冗余阵列（Redundant Arrays of Independent Disks，RAID）通常简称为磁盘阵列。简单地说，RAID 是由多个独立的高性能磁盘驱动器组成的磁盘子系统，提供比单个磁盘更高的存储性能和数据冗余性能。

4.3.1 RAID 简介

1. RAID 中的关键概念和技术

（1）镜像。

镜像是一种冗余技术，为磁盘提供了保护功能，以防止磁盘发生故障而造成数据丢失。对于 RAID 而言，采用镜像技术将会同时在阵列中产生两个完全相同的数据副本，分布在两个不同的磁盘驱动器组中。镜像提供了完全的数据冗余能力，当一个数据副本失效时，外部系统仍可正常访问另一个副本，不会对应用系统的运行和性能产生影响。此外，镜像不需要额外的计算和校验，修复故障的速度非常快，直接复制即可。镜像技术可以从多个副本中并发读取数据，提供了更高的读取性能，但不能并行写数据，写多个副本时会导致 I/O 性能降低。

（2）数据条带。

磁盘存储的性能瓶颈在于磁头寻道定位，它是一种慢速机械运动，无法与高速的 CPU 匹配。再者，单个磁盘驱动器性能存在物理极限，I/O 性能非常有限。RAID 由多个磁盘组成，数据条带技术将数据以块的方式分布存储在多个磁盘中，从而可以对数据进行并发处理。这样写入和读取数据可以在多个磁盘中同时进行，并发产生非常高的聚合 I/O，有效地提高整体 I/O 性能，且具有良好的线性扩展性。这在对大量数据进行处理时的效果尤其显著。如果不分块，则数据只能先按顺序存储在 RAID 的磁盘中，需要时再按顺序读取。通过数据条带技术，可得到数倍于顺序访问的性能。

（3）数据校验。

镜像具有安全性高、读取性能高的特点，但冗余开销太大。数据条带通过并发性大幅提高了性能，但未考虑数据的安全性、可靠性。数据校验是一种冗余技术，它通过校验数据提供数据的安全性，可以检测错误数据，并在能力允许的前提下进行数据重构。相对于镜像，数据校验大幅缩减了冗余开销，用较小的代价换取了较佳的数据完整性和可靠性。数据条带技术提供了高性能，数据校验提供了数据安全性，不同等级的 RAID 往往同时结合使用这两种技术。

进行数据校验时，RAID 要在写入数据的同时进行校验计算，并将得到的校验数据存储在 RAID 成员磁盘中。校验数据可以集中保存在某个磁盘或分散存储在多个磁盘中，校验数据也可以分块存储，不同等级的 RAID 的实现各不相同。当其中一部分数据出错时，会对剩余数据和校验数据进行反校验运算以重建丢失的数据。相对于镜像技术，数据校验技术节省了大量开销，但由于每次数据读写都要进行大量的校验运算，因此对计算机的运算速度要求很高，必须使用硬件 RAID 控制器。在数据重建恢复方面，数据校验技术比镜像技术复杂得多且速度慢得多。

2. 常见的 RAID 等级

（1）RAID0。

RAID0 会把连续的数据分散到多个磁盘中进行存取，系统有数据请求时可以被多个磁盘并行执行，每个磁盘都执行属于自己的那一部分数据请求。如果要制作 RAID0，则一台服务器至少需要两个磁盘，其读写速度是一个磁盘的两倍。如果有 N 个磁盘，则其读写速度是一个磁盘的 N 倍。虽然 RAID0 的读写速度可以提高，但是由于没有数据备份功能，因此安全性较低。图 4.21 所示为 RAID0 技术结构示意图。

RAID0 技术的优缺点和应用场景分别如下。

优点：充分利用 I/O 总线性能，使其带宽翻倍，读写速度翻倍；充分利用磁盘空间，利用率为 100%。

缺点：不提供数据冗余；无数据校验功能，无法保证数据的正确性；存在单点故障。

应用场景：对数据完整性要求不高的场景，如日志存储、个人娱乐；对读写效率要求高，但对安全性要求不高的场景，如图像工作站。

（2）RAID1。

RAID1 会通过磁盘数据镜像实现数据冗余，在成对的磁盘中产生互为备份的数据。当原始数据繁忙时，可直接从镜像备份中读取数据。同样地，要制作 RAID1，至少需要两个磁盘，当读取数据时，其中一个磁盘会被读取，另一个磁盘会被用作备份。其数据安全性较高，但是磁盘空间利用率较低，只有 50%。图 4.22 所示为 RAID1 技术结构示意图。

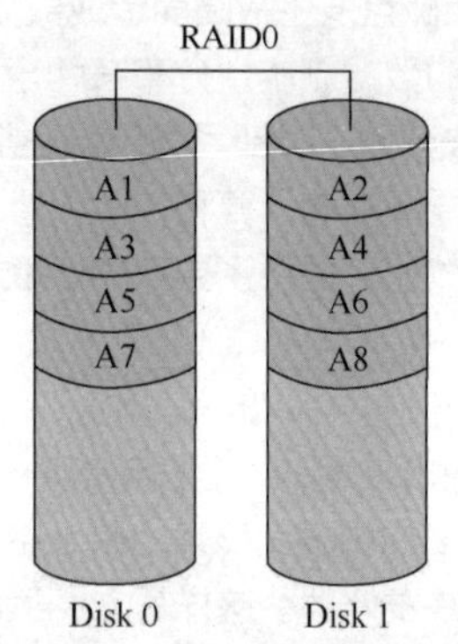

图 4.21　RAID0 技术结构示意图

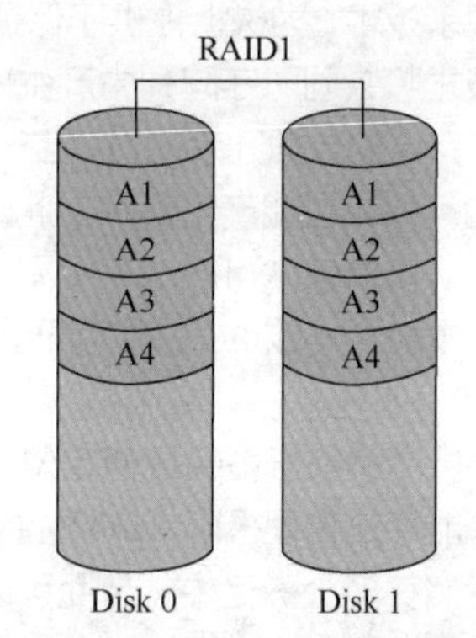

图 4.22　RAID1 技术结构示意图

RAID1 技术的优缺点和应用场景如下。

优点：提供数据冗余，数据双倍存储；提供良好的读取性能。

缺点：无数据校验功能；磁盘利用率低，成本高。

应用场景：存放重要数据的场景，如数据存储领域。

（3）RAID5。

RAID5 是目前常见的 RAID 等级，它具备很好的扩展性。当阵列磁盘数量增加时，并行操作的能力随之提高，可支持更多的磁盘，从而拥有更大的容量及更高的性能。RAID5 的磁盘可同时存储数据和校验数据，数据块和对应的校验信息保存在不同的磁盘中，当一个磁盘损坏时，系统可以根据同一条带的其他数据块和对应的校验数据来重建损坏的数据。与其他 RAID 等级一样，重建数据时，RAID5 的性能会受到较大的影响。

RAID5 兼顾存储性能、数据安全和存储成本等各方面因素，基本上可以满足大部分的存储应用需求。数据中心大多采用它作为应用数据的保护方案。

RAID0 大幅提升了设备的读写性能，但不具备容错能力；RAID1 虽然十分注重数据安全，但是磁盘利用率低；RAID5 可以理解为 RAID0 和 RAID1 的折中方案，是目前综合性能较好的数据保护解决方案。一般而言，中小型企业会采用 RAID5，大型企业会采用 RAID10。图 4.23 所示为 RAID5 技术结构示意图。

RAID5 技术的优缺点和应用场景如下。

优点：读写性能高；有校验机制；磁盘空间利用率高。

缺点：磁盘越多，安全性越差。

应用场景：对安全性要求高的场景，如金融、数据库、存储等。

（4）RAID01。

RAID01 是先做条带化再做镜像，本质是对物理磁盘实现镜像。相同的配置下，RAID01 比 RAID10

具有更好的容错能力。

RAID01 的数据将同时写入两个 RAID，如果其中一个磁盘阵列损坏，则其仍可继续工作，在保证数据安全性的同时提高了性能。RAID01 和 RAID10 内部都含有 RAID1，因此整体磁盘利用率仅为 50%。图 4.24 所示为 RAID01 技术结构示意图。

RAID01 技术的优缺点和应用场景如下。

优点：提供了较高的 I/O 性能；有数据冗余；无单点故障。

缺点：成本较高；安全性比 RAID10 差。

应用场景：特别适用于既有大量数据需要存取，又对数据安全性要求严格的领域，如银行、金融、商业超市、仓储库房、档案管理等。

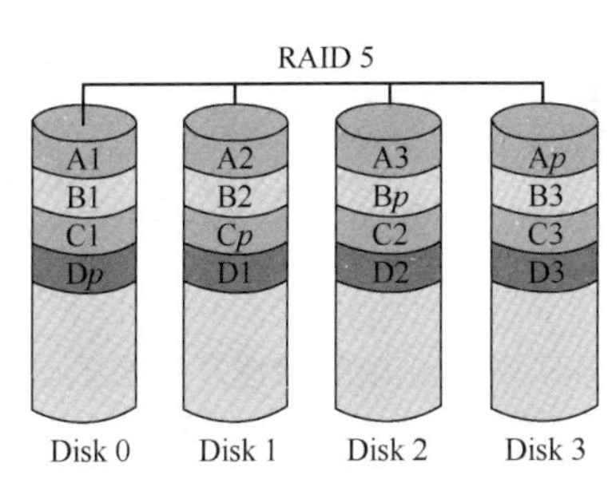

图 4.23　RAID5 技术结构示意图

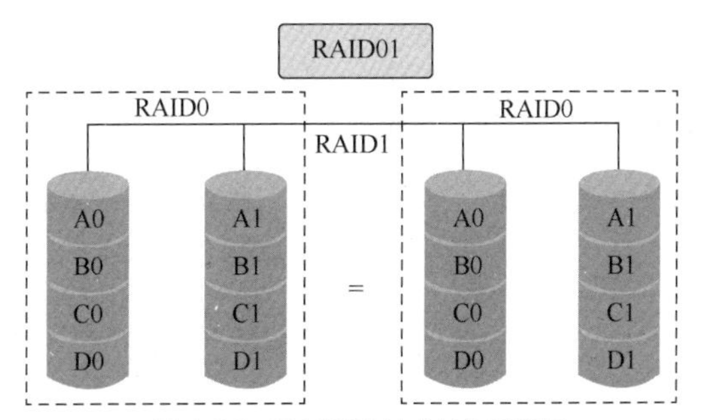

图 4.24　RAID01 技术结构示意图

（5）RAID10。

图 4.25 所示为 RAID10 技术结构示意图。

RAID10 是先做镜像再做条带化，本质是对虚拟磁盘实现镜像。

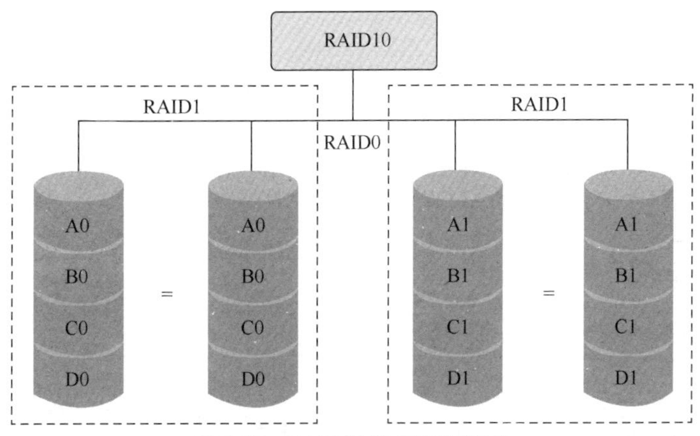

图 4.25　RAID10 技术结构示意图

RAID10 技术的优缺点和应用场景如下。

优点：RAID10 的读取性能优于 RAID01；提供了较高的 I/O 性能；有数据冗余；无单点故障；安全性高。

缺点：成本较高。

应用场景：RAID10 同样特别适用于既有大量数据需要存取，又对数据安全性要求严格的领域，如银行、金融、商业超市、仓储库房、档案管理等。

（6）RAID50。

RAID50 具有 RAID5 和 RAID0 的共同特性。它由两组 RAID5 磁盘组成（其中，每组最少有 3 个磁盘），每一组都使用了分布式奇偶位；两组RAID5磁盘再组成RAID0，实现跨磁盘数据读取。RAID50提供了可靠的数据存储和优秀的整体性能，并支持更大的卷尺寸。即使两个物理磁盘（每个阵列中的一个）发生故障，数据也可以顺利恢复。RAID50最少需要6个磁盘，适用于高可靠性存储、高读取速度、高数据传输性能的应用场景，包括事务处理和有许多用户存取小文件的办公应用程序。图4.26所示为RAID50技术结构示意图。

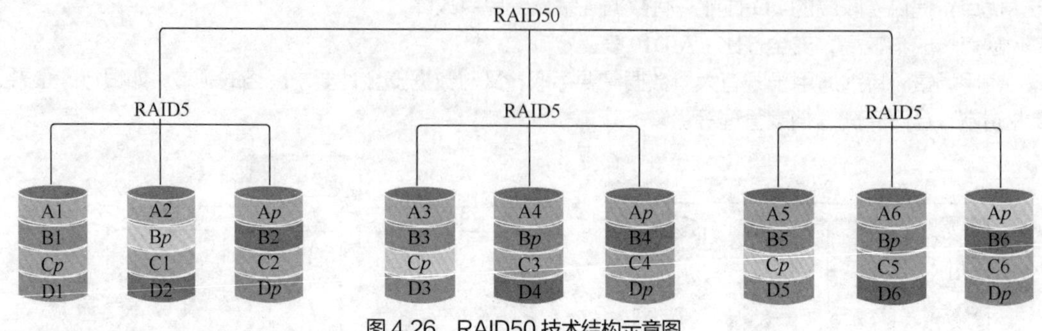

图4.26 RAID50技术结构示意图

优点：可靠的数据存储和优秀的整体性能，即使两个位于不同子组的物理磁盘发生故障，数据也可以顺利恢复过来。此外，相对于同数量磁盘的RAID5而言，由于RAID50校验数据位于RAID5子磁盘组上，因此重建速度也有很大提高。特别是各RAID5子磁盘组采用条带化方式进行存储，写操作消耗更小，具备更快的数据读取速率。

缺点：磁盘故障时影响阵列整体性能，故障后重建信息的时间比在镜像配置情况下长。

应用场景：适用于随机数据存储、安全性要求高、并发能力要求高的应用场景，如邮件服务器、WWW服务器等。

4.3.2 RAID配置

创建4个大小都为2GB的磁盘，并将其中3个创建为RAID5磁盘，将1个创建为热备磁盘。

1. 添加磁盘

可以按照4.1.2节介绍的方法，添加4个大小都为2GB的磁盘，如图4.27所示。

添加完成后，重新启动系统，使用fdisk -l | grep sd命令进行查看，可以看到4个磁盘都被系统检测到，说明磁盘安装成功，如图4.28所示。

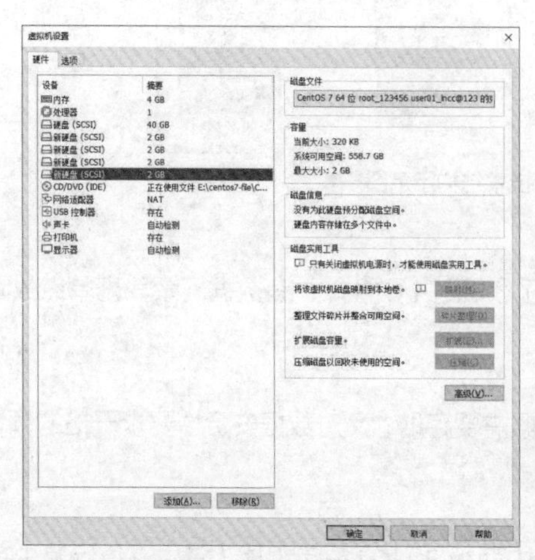
图4.27 添加4个新磁盘

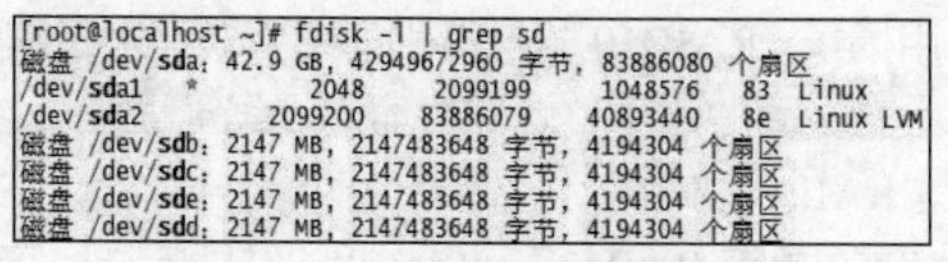
```
[root@localhost ~]# fdisk -l | grep sd
磁盘 /dev/sda：42.9 GB, 42949672960 字节, 83886080 个扇区
/dev/sda1   *        2048     2099199     1048576   83  Linux
/dev/sda2         2099200    83886079    40893440   8e  Linux LVM
磁盘 /dev/sdb：2147 MB, 2147483648 字节, 4194304 个扇区
磁盘 /dev/sdc：2147 MB, 2147483648 字节, 4194304 个扇区
磁盘 /dev/sde：2147 MB, 2147483648 字节, 4194304 个扇区
磁盘 /dev/sdd：2147 MB, 2147483648 字节, 4194304 个扇区
```
图4.28 磁盘安装成功

2. 对磁盘进行初始化

由于 RAID5 要用到整个磁盘，因此使用 fdisk 命令创建分区。此时，需要将整个磁盘创建成一个主分区，将分区类型改为 fd，即 Linux raid autodetect，如图 4.29 所示，设置完成后保存并退出。

使用同样的方法，设置另外 3 个磁盘，创建主分区并将分区类型改为 fd，使用 fdisk -l | grep sd[b-e] 命令进行查看，磁盘初始化设置完成，如图 4.30 所示。

```
[root@localhost ~]# fdisk /dev/sdb
欢迎使用 fdisk (util-linux 2.23.2)。

更改将停留在内存中，直到您决定将更改写入磁盘。
使用写入命令前请三思。

Device does not contain a recognized partition table
使用磁盘标识符 0x2839ca58 创建新的 DOS 磁盘标签。

命令(输入 m 获取帮助)：n
Partition type:
   p   primary (0 primary, 0 extended, 4 free)
   e   extended
Select (default p): p
分区号 (1-4，默认 1)：
起始 扇区 (2048-4194303，默认为 2048)：
将使用默认值 2048
Last 扇区, +扇区 or +size{K,M,G} (2048-4194303，默认为 4194303)：
将使用默认值 4194303
分区 1 已设置为 Linux 类型，大小设为 2 GiB

命令(输入 m 获取帮助)：t
已选择分区 1
Hex 代码(输入 L 列出所有代码)：fd
已将分区"Linux"的类型更改为"Linux raid autodetect"

命令(输入 m 获取帮助)：w
The partition table has been altered!

Calling ioctl() to re-read partition table.
正在同步磁盘。
[root@localhost ~]# fdisk -l | grep sdb
磁盘 /dev/sdb：2147 MB, 2147483648 字节，4194304 个扇区
/dev/sdb1            2048     4194303     2096128   fd  Linux raid autodetect
```

图 4.29　创建主分区并将分区类型改为 fd

```
[root@localhost ~]# fdisk -l | grep sd[b-e]
磁盘 /dev/sdb：2147 MB, 2147483648 字节，4194304 个扇区
/dev/sdb1            2048     4194303     2096128   fd  Linux raid autodetect
磁盘 /dev/sdc：2147 MB, 2147483648 字节，4194304 个扇区
/dev/sdc1            2048     4194303     2096128   fd  Linux raid autodetect
磁盘 /dev/sde：2147 MB, 2147483648 字节，4194304 个扇区
/dev/sde1            2048     4194303     2096128   fd  Linux raid autodetect
磁盘 /dev/sdd：2147 MB, 2147483648 字节，4194304 个扇区
/dev/sdd1            2048     4194303     2096128   fd  Linux raid autodetect
```

图 4.30　磁盘初始化设置完成

3. 创建 RAID5 及其热备份

多磁盘和设备管理（Multiple Disk and Device Administration，MDADM）是 Linux 操作系统中的一种标准的软件 RAID 管理工具。在 Linux 操作系统中，采用虚拟块设备方式实现软件 RAID，其利用多台底层的块设备虚拟出一台新的虚拟设备，并利用数据条带技术将数据块均匀分布到多个磁盘中以提高虚拟设备的读写性能，利用不同的数据冗余算法来保护用户数据不会因为某台数据块设备发生故障而完全丢失，且能在设备被替换后将丢失的数据恢复到新的设备中。

目前，虚拟块设备支持 RAID0、RAID1、RAID4、RAID5、RAID6 和 RAID10 等不同的冗余级别和集成方式，也支持由多个 RAID 层叠构成的阵列。

mdadm 命令的格式如下。

```
mdadm [模式] [选项]
```

mdadm 命令各模式及其功能说明、各选项及其功能说明分别如表 4.16 和表 4.17 所示。

表 4.16　mdadm 命令各模式及其功能说明

模式	功能说明
-A，--assemble	加入一个以前定义的阵列
-B，--build	创建一个逻辑阵列
-C，--create	创建一个阵列
-Q，--query	查看一台设备，判断它是虚拟块设备还是虚拟块设备阵列的一部分
-D，--detail	输出一台或多台虚拟块设备的详细信息
-E，--examine	输出设备中虚拟块设备的超级块的内容
-F, --follow, --monitor	选择 Monitor 模式
-G，--grow	改变在用阵列的大小或形态

表4.17 mdadm命令各选项及其功能说明

选项	功能说明
-a，--auto{=no,yes,md,mdp,part,p}	自动创建对应的设备，yes表示自动在/dev目录下创建RAID设备
-l，--level=	指定要创建的RAID的等级。例如，-l 5或--level=5表示创建RAID5
-n，--raid-devices=	指定阵列中的可用磁盘数目。例如，-n 3或--raid-devices=3表示使用3个磁盘来创建RAID
-x，--spare-devices=	指定初始阵列的热备磁盘数量。例如，-x 1或--spare-devices=1表示热备磁盘只有1个
-f，--fail	使一个RAID磁盘发生故障
-r，--remove	移除一个故障的RAID磁盘
--add	添加一个RAID磁盘
-s，--scan	扫描配置文件或/proc/mdstat文件以搜寻丢失的信息
-S（大写）	停止RAID
-R，--run	阵列中的某一部分出现在其他阵列或文件系统中时，mdadm 命令会确认该阵列。使用此选项后将不进行确认

【实例4.15】使用mdadm命令直接将4个磁盘中的3个创建为RAID5，将1个创建为热备磁盘，如图4.31所示。

```
[root@localhost ~]# mdadm --create  /dev/md0 --auto=yes --level=5 --raid-devices=3 --spare-devices=1 /dev/sd[b-e]1
mdadm: Defaulting to version 1.2 metadata
mdadm: array /dev/md0 started.

[root@localhost ~]# mdadm  -C  /dev/md0  -a  yes  -l  5  -n 3  -x 1  /dev/sd[b-e]1
mdadm: Defaulting to version 1.2 metadata
mdadm: array /dev/md0 started.
```

图4.31 创建RAID5

对于初学者，建议使用如下完整命令创建RAID5。

```
mdadm --create  /dev/md0 --auto=yes --level=5 --raid-devices=3 --spare-devices=1 /dev/sd[b-e]1
```

如果对命令比较熟悉，则可以使用简写命令 mdadm -C /dev/md0 -a yes -l 5 -n 3 -x 1 /dev/sd[b-e]1 创建RAID5。这两条命令的功能完全一样，其中“/dev/sd[b-e]1”可以写成“/dev/sdb1 /dev/sdc1 /dev/sdd1/dev/sde1”，也可以写成“/dev/sd[b,c,d,e]1”，这里通过“[b-e]”将重复的项目简化。

创建完成之后，使用mdadm -D /dev/md0命令查看RAID5状态，如图4.32所示。从图4.32可以看出，/dev/sdb1、/dev/sdc1和/dev/sdd1组成了RAID5，而/dev/sde1为热备磁盘。显示结果中的主要字段的含义如下。

```
[root@localhost ~]# mdadm -D /dev/md0
/dev/md0:
           Version : 1.2
     Creation Time : Thu Aug 27 22:28:04 2020
        Raid Level : raid5
        Array Size : 4188160 (3.99 GiB 4.29 GB)
     Used Dev Size : 2094080 (2045.00 MiB 2144.34 MB)
      Raid Devices : 3
     Total Devices : 4
       Persistence : Superblock is persistent

       Update Time : Thu Aug 27 22:30:01 2020
             State : clean
    Active Devices : 3
   Working Devices : 4
    Failed Devices : 0
     Spare Devices : 1

            Layout : left-symmetric
        Chunk Size : 512K

Consistency Policy : resync

              Name : localhost.localdomain:0  (local to host localhost.localdomain)
              UUID : 084c63a1:99c580c3:19a4a6e8:80668dc1
            Events : 19

    Number   Major   Minor   RaidDevice State
       0       8       17        0      active sync   /dev/sdb1
       1       8       33        1      active sync   /dev/sdc1
       4       8       49        2      active sync   /dev/sdd1

       3       8       65        -      spare   /dev/sde1
```

图4.32 查看RAID5状态

（1）Version：版本。

（2）Creation Time：创建时间。

（3）Raid Level：RAID 的等级。

（4）Array Size：阵列容量。

（5）Active Devices：活动磁盘的数量。

（6）Working Devices：所有磁盘的数量。

（7）Failed Devices：出现故障的磁盘的数量。

（8）Spare Devices：热备份磁盘的数量。

4. 添加 RAID5

添加 RAID5 到配置文件/etc/mdadm.conf 中，此文件默认是不存在的，如图 4.33 所示。

```
[root@localhost ~]# echo 'DEVICE /dev/sd[b-e]1' >> /etc/mdadm.conf
[root@localhost ~]# mdadm -Ds   >> /etc/mdadm.conf
mdadm: Unknown keyword 'DEVICE
[root@localhost ~]# cat   /etc/mdadm.conf
'DEVICE /dev/sd[b-e]1'
ARRAY /dev/md0 metadata=1.2 spares=1 name=localhost.localdomain:0 UUID=a641a8af:adb107d0:c4414430:ba55ad59
```

图 4.33　添加 RAID5

5. 格式化 RAID

使用 mkfs.xfs /dev/md0 命令对/dev/md0 进行格式化，如图 4.34 所示。

```
[root@localhost ~]# mkfs
mkfs         mkfs.btrfs   mkfs.cramfs  mkfs.ext2    mkfs.ext3    mkfs.ext4    mkfs.fat     mkfs.minix   mkfs.msdos   mkfs.vfat    mkfs.xfs
[root@localhost ~]# mkfs.xfs  /dev/md0
meta-data=/dev/md0               isize=512    agcount=8, agsize=130944 blks
         =                       sectsz=512   attr=2, projid32bit=1
         =                       crc=1        finobt=0, sparse=0
data     =                       bsize=4096   blocks=1047040, imaxpct=25
         =                       sunit=128    swidth=256 blks
naming   =version 2              bsize=4096   ascii-ci=0 ftype=1
log      =internal log           bsize=4096   blocks=2560, version=2
         =                       sectsz=512   sunit=8 blks, lazy-count=1
realtime =none                   extsz=4096   blocks=0, rtextents=0
```

图 4.34　格式化 RAID

6. 挂载 RAID

将 RAID 挂载后即可使用，也可以把挂载点写入/etc/fstab 文件中，实现自动挂载，即使用 echo '/dev/md0 /mnt/raid5 xfs defaults 0 0 ' >> /etc/fstab 命令，这样下次系统重启后即可使用 RAID，如图 4.35 所示。查看 RAID 挂载使用情况，如图 4.36 所示。

```
[root@localhost ~]# mkdir  /mnt/raid5
[root@localhost ~]# mount  /dev/md0  /mnt/raid5
[root@localhost ~]# ls -l /mnt/raid5
总用量 0
[root@localhost ~]# echo '/dev/md0  /mnt/raid5  xfs  defaults  0 0 ' >> /etc/fstab
[root@localhost ~]# tail -3  /etc/fstab
UUID=6d58086e-0a6b-4399-93dc-c2016ea17fe0 /boot                   xfs     defaults        0 0
/dev/mapper/centos-swap swap                    swap    defaults        0 0
/dev/md0  /mnt/raid5  xfs  defaults  0 0
```

图 4.35　挂载 RAID

```
[root@localhost ~]# df  -hT
文件系统                类型      容量  已用  可用 已用% 挂载点
/dev/mapper/centos-root xfs        36G  4.2G   31G   12% /
devtmpfs                devtmpfs  1.9G     0  1.9G    0% /dev
tmpfs                   tmpfs     1.9G     0  1.9G    0% /dev/shm
tmpfs                   tmpfs     1.9G   13M  1.9G    1% /run
tmpfs                   tmpfs     1.9G     0  1.9G    0% /sys/fs/cgroup
/dev/sda1               xfs      1014M  179M  836M   18% /boot
tmpfs                   tmpfs     378M   12K  378M    1% /run/user/42
tmpfs                   tmpfs     378M     0  378M    0% /run/user/0
/dev/md0                xfs       4.0G   33M  4.0G    1% /mnt/raid5
```

图 4.36　查看 RAID 挂载使用情况

4.3.3 RAID5 实例配置

测试使用热备磁盘替换阵列中的磁盘并同步数据，移除损坏的磁盘，添加新的磁盘作为热备磁盘，并删除 RAID。

1. 写入测试文件

在 RAID5 上写入一个大小为 10MB 的文件，将其命名为 10M_file，以供数据恢复时测试使用，并显示该设备中的内容，如图 4.37 所示。

```
[root@localhost ~]# cd  /mnt/raid5
[root@localhost raid5]# dd  if=/dev/zero  of=10M_file  count=1  bs=10M
记录了1+0 的读入
记录了1+0 的写出
10485760字节(10 MB)已复制, 0.00785943 秒, 1.3 GB/秒
[root@localhost raid5]# ls  -l
总用量 10240
-rw-r--r--. 1 root root 10485760 8月  28 05:49 10M_file
```

图 4.37　写入测试文件

2. RAID 的数据恢复

如果 RAID 中的某个磁盘损坏，则系统会自动停止该磁盘的工作，并使用热备磁盘代替损坏的磁盘继续工作。例如，假设/dev/sdc1 损坏，更换损坏的 RAID 中设备成员的方法是，先使用 mdadm /dev/md0 --fail /dev/sdc1 或 mdadm /dev/md0 -f /dev/sdc1 命令将损坏的 RAID 成员标记为失效，再使用 mdadm -D /dev/md0 命令查看 RAID 信息，发现热备磁盘/dev/sde1 已经自动替换了损坏的/dev/sdc1，且文件没有损坏，如图 4.38 所示。

```
[root@localhost raid5]# mdadm  /dev/md0  -f  /dev/sdc1
mdadm: Unknown keyword 'DEVICE
mdadm: set /dev/sdc1 faulty in /dev/md0
[root@localhost raid5]# mdadm  -D  /dev/md0
mdadm: Unknown keyword 'DEVICE
/dev/md0:
           Version : 1.2
     Creation Time : Fri Aug 28 05:06:13 2020
        Raid Level : raid5
        Array Size : 4188160 (3.99 GiB 4.29 GB)
     Used Dev Size : 2094080 (2045.00 MiB 2144.34 MB)
      Raid Devices : 3
     Total Devices : 4
       Persistence : Superblock is persistent

       Update Time : Fri Aug 28 06:06:18 2020
             State : clean
    Active Devices : 3
   Working Devices : 3
    Failed Devices : 1
     Spare Devices : 0

            Layout : left-symmetric
        Chunk Size : 512K

Consistency Policy : resync

              Name : localhost.localdomain:0  (local to host localhost.localdomain)
              UUID : a641a8af:adb107d0:c4414430:ba55ad59
            Events : 37

    Number   Major   Minor   RaidDevice State
       0       8       17        0      active sync   /dev/sdb1
       3       8       65        1      active sync   /dev/sde1
       4       8       49        2      active sync   /dev/sdd1

       1       8       33        -      faulty   /dev/sdc1

[root@localhost raid5]# ls  -l
总用量 10240
-rw-r--r--. 1 root root 10485760 8月  28 05:49 10M_file
```

图 4.38　RAID 的数据恢复

3. 移除损坏的磁盘

使用 mdadm /dev/md0 -r /dev/sdc1 或 mdadm /dev/md0 --remove /dev/sdc1 命令，移除损坏的磁盘/dev/sdc1，再次查看信息，可看到其 Failed Devices 字段的数值变为 0，如图 4.39 所示。

```
[root@localhost ~]# mdadm /dev/md0 -r /dev/sdc1
mdadm: hot removed /dev/sdc1 from /dev/md0
[root@localhost ~]# mdadm  -D  /dev/md0
/dev/md0:
           Version : 1.2
     Creation Time : Fri Aug 28 18:18:39 2020
        Raid Level : raid5
        Array Size : 4188160 (3.99 GiB 4.29 GB)
     Used Dev Size : 2094080 (2045.00 MiB 2144.34 MB)
      Raid Devices : 3
     Total Devices : 3
       Persistence : Superblock is persistent

       Update Time : Fri Aug 28 18:21:25 2020
             State : clean
    Active Devices : 3
   Working Devices : 3
    Failed Devices : 0
     Spare Devices : 0

            Layout : left-symmetric
        Chunk Size : 512K

Consistency Policy : resync

              Name : localhost.localdomain:0  (local to host localhost.localdomain)
              UUID : ad8d67fb:d6ac0c3f:e27ac3f2:207124a7
            Events : 38

    Number   Major   Minor   RaidDevice State
       0       8       17        0      active sync   /dev/sdb1
       3       8       65        1      active sync   /dev/sde1
       4       8       49        2      active sync   /dev/sdd1
```

图 4.39　移除损坏的磁盘

4. 添加新的磁盘作为热备磁盘

参考 4.1.2 节的内容，添加新的磁盘。添加完成后，查看磁盘信息，可以看到新增的磁盘/dev/sdf1，如图 4.40 所示。

```
[root@localhost ~]# fdisk -l | grep sd
磁盘 /dev/sda: 42.9 GB, 42949672960 字节, 83886080 个扇区
/dev/sda1   *        2048     2099199     1048576   83  Linux
/dev/sda2         2099200    83886079    40893440   8e  Linux LVM
磁盘 /dev/sdb: 2147 MB, 2147483648 字节, 4194304 个扇区
/dev/sdb1            2048     4194303     2096128   fd  Linux raid autodetect
磁盘 /dev/sdc: 2147 MB, 2147483648 字节, 4194304 个扇区
/dev/sdc1            2048     4194303     2096128   fd  Linux raid autodetect
磁盘 /dev/sdf: 2147 MB, 2147483648 字节, 4194304 个扇区
磁盘 /dev/sde: 2147 MB, 2147483648 字节, 4194304 个扇区
/dev/sde1            2048     4194303     2096128   fd  Linux raid autodetect
磁盘 /dev/sdd: 2147 MB, 2147483648 字节, 4194304 个扇区
/dev/sdd1            2048     4194303     2096128   fd  Linux raid autodetect
[root@localhost ~]# fdisk /dev/sdf
欢迎使用 fdisk (util-linux 2.23.2)。

更改将停留在内存中，直到您决定将更改写入磁盘。
使用写入命令前请三思。

Device does not contain a recognized partition table
使用磁盘标识符 0x052457d2 创建新的 DOS 磁盘标签。

命令(输入 m 获取帮助)：p

磁盘 /dev/sdf：2147 MB, 2147483648 字节，4194304 个扇区
Units = 扇区 of 1 * 512 = 512 bytes
扇区大小(逻辑/物理)：512 字节 / 512 字节
I/O 大小(最小/最佳)：512 字节 / 512 字节
磁盘标签类型：dos
磁盘标识符：0x052457d2

   设备 Boot      Start         End      Blocks   Id  System

命令(输入 m 获取帮助)：n
Partition type:
   p   primary (0 primary, 0 extended, 4 free)
   e   extended
Select (default p): p
分区号 (1-4，默认 1)：
起始 扇区 (2048-4194303，默认为 2048)：
将使用默认值 2048
Last 扇区, +扇区 or +size{K,M,G} (2048-4194303，默认为 4194303)：
将使用默认值 4194303
分区 1 已设置为 Linux 类型，大小设为 2 GiB

命令(输入 m 获取帮助)：t
已选择分区 1
Hex 代码(输入 L 列出所有代码)：fd
已将分区"Linux"的类型更改为"Linux raid autodetect"

命令(输入 m 获取帮助)：w
The partition table has been altered!

Calling ioctl() to re-read partition table.
正在同步磁盘。
[root@localhost ~]# mkfs.xfs /dev/sdf1
```

图 4.40　新增的磁盘/dev/sdf1

使用 mdadm /dev/md0 --add /dev/sdf1 或 mdadm /dev/md0 -a /dev/sdf1 命令，在阵列中添加一块新的磁盘/dev/sdf1。添加完成后，其会自动变为热备磁盘。查看相关信息，如图 4.41 所示。

```
[root@localhost ~]# mdadm /dev/md0  --add  /dev/sdf1
mdadm: added /dev/sdf1
[root@localhost ~]# mdadm  -D  /dev/md0
/dev/md0:
           Version : 1.2
     Creation Time : Fri Aug 28 18:18:39 2020
        Raid Level : raid5
        Array Size : 4188160 (3.99 GiB 4.29 GB)
     Used Dev Size : 2094080 (2045.00 MiB 2144.34 MB)
      Raid Devices : 3
     Total Devices : 4
       Persistence : Superblock is persistent

       Update Time : Fri Aug 28 18:59:17 2020
             State : clean
    Active Devices : 3
   Working Devices : 4
    Failed Devices : 0
     Spare Devices : 1

            Layout : left-symmetric
        Chunk Size : 512K

Consistency Policy : resync

              Name : localhost.localdomain:0  (local to host localhost.localdomain)
              UUID : ad8d67fb:d6ac0c3f:e27ac3f2:207124a7
            Events : 41

    Number   Major   Minor   RaidDevice State
       0       8       17        0      active sync   /dev/sdb1
       3       8       65        1      active sync   /dev/sde1
       4       8       49        2      active sync   /dev/sdd1

       5       8       81        -      spare   /dev/sdf1
```

图 4.41　查看相关信息

5. 删除 RAID

删除 RAID 一定要慎重，操作不当可能会导致系统无法启动，操作步骤如下。

（1）如果系统中配置了自动挂载功能，则应该使用 Vim 编辑器删除/etc/fstab 文件中的 RAID 的相关启动信息，即删除信息“/dev/md0 /mnt/raid5 xfs defaults 0 0”。

（2）使用 umount /mnt/raid5 命令卸载 RAID 磁盘。

（3）使用 mdadm -S /dev/md0 命令停止 RAID 磁盘工作。

（4）使用 mdadm --misc --zero-superblock /dev/sd[b,d-f]1 命令删除 RAID 中的相关磁盘。

（5）使用 rm -f /etc/mdadm.conf 命令删除 RAID 相关配置文件。

（6）使用 mdadm -D /dev/md0 命令查看 RAID 相关情况，可以看到已经删除了 RAID，如图 4.42 所示。

```
[root@localhost ~]# vim /etc/fstab

#
# /etc/fstab
# Created by anaconda on Mon Jun  8 01:15:36 2020
#
# Accessible filesystems, by reference, are maintained under '/dev/disk'
# See man pages fstab(5), findfs(8), mount(8) and/or blkid(8) for more info
#
/dev/mapper/centos-root /                       xfs     defaults        0 0
UUID=6d58086e-0a6b-4399-93dc-c2016ea17fe0 /boot                   xfs     defaults        0 0
/dev/mapper/centos-swap swap                    swap    defaults        0 0
/dev/md0 /mnt/raid5  xfs  defaults 0 0
~

[root@localhost ~]# tail  -3  /etc/fstab
/dev/mapper/centos-root /                       xfs     defaults        0 0
UUID=6d58086e-0a6b-4399-93dc-c2016ea17fe0 /boot                   xfs     defaults        0 0
/dev/mapper/centos-swap swap                    swap    defaults        0 0
[root@localhost ~]# umount  /mnt/raid5
[root@localhost ~]# mdadm  -S  /dev/md0
mdadm: stopped /dev/md0
[root@localhost ~]# mdadm  --misc  --zero-superblock  /dev/sd[b,d-f]1
[root@localhost ~]# rm  -f  /etc/mdadm.conf
[root@localhost ~]#  mdadm  -D  /dev/md0
mdadm: cannot open /dev/md0: No such file or directory
```

图 4.42　删除 RAID

实训

本实训的主要任务是使用 fdisk 分区工具进行磁盘分区，熟练使用 fdisk 命令的各个选项对磁盘进行挂载与卸载、配置管理逻辑卷以及 RAID 管理等操作。

【实训目的】

（1）掌握在虚拟机中添加磁盘的方法。

（2）掌握在 Linux 操作系统中使用 fdisk 分区工具管理分区及格式化的方法。

（3）掌握文件系统挂载与卸载的方法。

（4）掌握 RAID 管理的配置方法。

【实训内容】

（1）在虚拟机中添加新的磁盘，其大小为 40GB。

（2）使用 fdisk 分区工具进行磁盘分区，新增磁盘的第一个主分区的大小为 12GB，第二个主分区的大小为 8GB，用剩余磁盘创建扩展分区，并在其中创建两个逻辑分区，分区大小都为 10GB。

（3）对新建分区进行格式化操作。

（4）在/mnt 目录下，新建目录/data01、/data02、/data05 和/data06。

（5）将新建分区分别挂载到/mnt 目录下的/data01、/data02、/data05 和/data06 目录中。

（6）查看磁盘挂载情况。

（7）以同样的方法，在虚拟机中添加 4 个新的磁盘，其大小都为 20GB。

（8）练习 RAID 管理操作。

练习题

1. 选择题

（1）Linux 操作系统中，最多可以划分（　　）个主分区。

A. 1　　B. 2　　C. 4　　D. 8

（2）Linux 操作系统中，按照设备分区命名的规则，IDE1 的第 1 个磁盘的第 3 个主分区为（　　）。

A. /dev/hda0　　B. /dev/hda1　　C. /dev/hda2　　D. /dev/hda3

（3）Linux 操作系统中，SCSI 磁盘设备节点前缀为（　　）。

A. hd　　B. md　　C. sd　　D. sr

（4）Linux 操作系统中，RAID 设备节点前缀为（　　）。

A. hd　　B. md　　C. sd　　D. sr

（5）Linux 操作系统中，SCSI 数据光驱设备节点前缀为（　　）。

A. hd　　B. md　　C. sd　　D. sr

（6）Linux 操作系统中，IDE 磁盘设备节点前缀为（　　）。

A. hd　　B. md　　C. sd　　D. sr

（7）Linux 操作系统中，使用 fdisk 命令进行磁盘分区时，输入“n”可以创建分区，再输入（　　）可以创建主分区。

A. “p”　　B. “l”　　C. “e”　　D. “w”

（8）Linux 操作系统中，mkfs 命令的作用是在磁盘中创建 Linux 文件系统，用于设置文件系统类型的选项是（　　）。

A. -t　　B. -h　　C. -v　　D. -l

（9）Linux 操作系统中，mkfs 命令的作用是在磁盘中创建 Linux 文件系统，若不指定文件系统类型，则默认使用（　　）。

A. XFS　　B. Ext2　　C. Ext3　　D. Ext4

（10）mount 命令的作用是将一台设备（通常是存储设备）挂载到一个已经存在的目录中。mount 命令使用（　　）选项时，表示设置文件系统类型。

A. -o　　B. -l　　C. -n　　D. -t

（11）在 fdisk 命令中，使用-t 选项可以更改分区的类型。如果不知道分区类型对应的 ID，则可以输入“L”来查看各分区类型对应的 ID。若将分区类型改为“Linux LVM”，则表示将分区的 ID 修改为（　　）。

A. 86　　B. 87　　C. 88　　D. 8e

（12）在 fdisk 命令中，若将分区类型改为“Linux raid autodetect”，则表示将分区的 ID 修改为（　　）。

A. fb　　B. fc　　C. fd　　D. fe

（13）mdadm 是 Linux 操作系统中的一种标准的 RAID 管理工具，可以使用（　　）选项查看 RAID5 的状态。

A. -A　　B. -B　　C. -C　　D. -D

（14）若想在一个新分区中建立文件系统，则应该使用（　　）命令。

A. fdisk　　B. mkfs　　C. format　　D. makefs

2. 简答题

（1）简述 Linux 操作系统中的设备命名规则。

（2）如何进行磁盘挂载与卸载？

（3）如何创建逻辑卷？如何创建、删除 RAID5？

第5章 网络配置与管理

作为 Linux 操作系统的网络管理员，学习服务器的网络配置是至关重要的，随时了解 Linux 操作系统的运行状态、监控管理 Linux 操作系统是网络管理员的日常工作。本章主要介绍管理网络配置文件、使用图形用户界面和命令行配置网络及系统监控。

【教学目标】

① 掌握网络常用的配置文件。
② 掌握使用图形用户界面和命令行配置网络的方法。
③ 掌握磁盘、内存、CPU 监控的方法。

【素质目标】

① 在介绍网络配置的过程中，强调网络安全的重要性，教育学生遵守相关法律法规，树立牢固的信息安全意识。
② 理解网络管理员的责任重大，培养责任心和社会责任感。
③ 在模拟实际网络环境搭建与维护的过程中，锻炼学生的团队合作能力和项目协调能力。

5.1 管理网络配置文件

Linux 主机要想与网络中的其他主机进行通信，必须进行正确的网络配置，网络配置通常包括主机名、IP 地址、子网掩码、默认网关、DNS 服务器等的配置。

5.1.1 修改常用网络配置文件

1. 网卡配置文件

V5.1 网卡配置文件

网卡 IP 地址配置是否正确决定了服务器能否相互通信。在 Linux 操作系统中，一切都是文件，因此配置网络服务就是编辑网卡配置文件。

在 CentOS 7 及以前，网卡配置文件名称以 eth 开头，第 1 块网卡为 eth0，第 2 块网卡为 eth1，以此类推；而在 CentOS 8 中，网卡配置文件名称以 ifcfg 开头，其后为网卡接口名称，如 ifcfg-ens160。

CentOS 8 中的网卡配置文件为/etc/sysconfig/network-scripts/ifcfg-<iface>，其中，iface 为网卡接口名称，本书中是 ens160。网卡配置文件的语法格式如表 5.1 所示。

表5.1　网卡配置文件的语法格式

选项	功能说明	默认值	可选值
TYPE	网络类型	Ethernet	Ethernet、Wireless、TeamPort、Team、VLAN
PROXY_METHOD	代理配置的方法	none	none、auto
BROWSER_ONLY	代理配置是否仅用于浏览器	no	no、yes
BOOTPROTO	网卡获取IP地址的方式	dhcp	none、dhcp、static、shared、ibft、autoip
DEFROUTE	即default route，是否将此设备设置为默认路由	yes	no、yes
IPV4_FAILURE_FATAL	如果IPv4配置失败，则是否禁用设备	no	no、yes
IPV6INIT	是否启用IPv6的接口	yes	no、yes
IPV6_AUTOCONF	是否允许使用IPv6自动配置地址	yes	no、yes
IPV6_DEFROUTE	是否允许使用IPv6默认路由	yes	no、yes
IPV6_FAILURE_FATAL	IPv6故障是否不致命	no	no、yes
IPV6_ADDR_GEN_MODE	生成IPv6地址的方式	stable-privacy	eui64、stable-privacy
NAME	网络连接的名称		
UUID	用来标识网卡的唯一识别码		
DEVICE	网卡的名称	ens160	
ONBOOT	在开机或重启网卡的时候是否启动网卡	no	no、yes
HWADDR	硬件MAC地址		
IPADDR	IP地址		
NETMASK	子网掩码		
PREFIX	网络前缀		
GATEWAY	网关		
DNS{1,2}	域名解析器		

【实例5.1】配置网络IP地址，并查看相关信息。

（1）打开Linux操作系统终端窗口，使用ifconfig或ip address命令查看本地IP地址，如图5.1所示。

（2）编辑网络配置文件/etc/sysconfig/network-scripts/ifcfg-ens160，如图5.2所示。

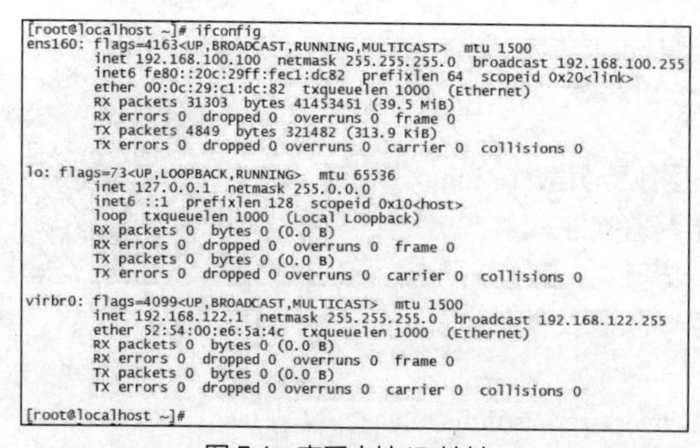

```
[root@localhost ~]# ifconfig
ens160: flags=4163<UP,BROADCAST,RUNNING,MULTICAST>  mtu 1500
        inet 192.168.100.100  netmask 255.255.255.0  broadcast 192.168.100.255
        inet6 fe80::20c:29ff:fec1:dc82  prefixlen 64  scopeid 0x20<link>
        ether 00:0c:29:c1:dc:82  txqueuelen 1000  (Ethernet)
        RX packets 31303  bytes 41453451 (39.5 MiB)
        RX errors 0  dropped 0  overruns 0  frame 0
        TX packets 4849  bytes 321482 (313.9 KiB)
        TX errors 0  dropped 0 overruns 0  carrier 0  collisions 0

lo: flags=73<UP,LOOPBACK,RUNNING>  mtu 65536
        inet 127.0.0.1  netmask 255.0.0.0
        inet6 ::1  prefixlen 128  scopeid 0x10<host>
        loop  txqueuelen 1000  (Local Loopback)
        RX packets 0  bytes 0 (0.0 B)
        RX errors 0  dropped 0  overruns 0  frame 0
        TX packets 0  bytes 0 (0.0 B)
        TX errors 0  dropped 0 overruns 0  carrier 0  collisions 0

virbr0: flags=4099<UP,BROADCAST,MULTICAST>  mtu 1500
        inet 192.168.122.1  netmask 255.255.255.0  broadcast 192.168.122.255
        ether 52:54:00:e6:5a:4c  txqueuelen 1000  (Ethernet)
        RX packets 0  bytes 0 (0.0 B)
        RX errors 0  dropped 0  overruns 0  frame 0
        TX packets 0  bytes 0 (0.0 B)
        TX errors 0  dropped 0 overruns 0  carrier 0  collisions 0

[root@localhost ~]#
```

图5.1　查看本地IP地址

```
[root@localhost ~]#
[root@localhost ~]# vim  /etc/sysconfig/network-scripts/ifcfg-ens160
[root@localhost ~]#
```

图5.2　编辑网络配置文件

（3）修改网卡配置文件的内容，如图5.3所示。使用Vim编辑器进行配置内容的修改，相关修改内容如下。

```
[root@localhost ~]# vim  /etc/sysconfig/network-scripts/ifcfg-ens160
修改选项:
BOOTPROTO=dhcp--->static                    //将网卡获取 IP 地址的方式配置为静态
ONBOOT=no--->yes                            //是否启动网卡，配置为启动网卡
增加选项:
IPADDR=192.168.100.100                      //配置 IP 地址
PREFIX=24 或 NETMASK=255.255.255.0          //配置网络前缀或子网掩码
GATEWAY=192.168.100.2                       //配置网关
DNS1=8.8.8.8                                //配置域名解析器
[root@localhost ~]#
```

（4）使用 ifconfig 命令查看网络配置结果，如图 5.4 所示。

```
[root@localhost ~]# cat  /etc/sysconfig/network-scripts/ifcfg-ens160
TYPE=Ethernet
PROXY_METHOD=none
BROWSER_ONLY=no
BOOTPROTO=none
DEFROUTE=yes
IPV4_FAILURE_FATAL=no
IPV6INIT=yes
IPV6_AUTOCONF=yes
IPV6_DEFROUTE=yes
IPV6_FAILURE_FATAL=no
NAME=ens160
UUID=c9178c4d-cad2-4425-af6a-159ab40c876f
DEVICE=ens160
ONBOOT=yes
IPADDR=192.168.100.100
PREFIX=24
GATEWAY=192.168.100.2
DNS1=8.8.8.8
[root@localhost ~]#
```

图 5.3　修改网卡配置文件的内容

```
[root@localhost ~]# ifconfig
ens160: flags=4163<UP,BROADCAST,RUNNING,MULTICAST>  mtu 1500
        inet 192.168.100.100  netmask 255.255.255.0  broadcast 192.168.100.255
        inet6 fe80::20c:29ff:fec1:dc82  prefixlen 64  scopeid 0x20<link>
        ether 00:0c:29:c1:dc:82  txqueuelen 1000  (Ethernet)
        RX packets 32289  bytes 41529527 (39.6 MiB)
        RX errors 0  dropped 0  overruns 0  frame 0
        TX packets 5032  bytes 349251 (341.0 KiB)
        TX errors 0  dropped 0 overruns 0  carrier 0  collisions 0

lo: flags=73<UP,LOOPBACK,RUNNING>  mtu 65536
        inet 127.0.0.1  netmask 255.0.0.0
        inet6 ::1  prefixlen 128  scopeid 0x10<host>
        loop  txqueuelen 1000  (Local Loopback)
        RX packets 0  bytes 0 (0.0 B)
        RX errors 0  dropped 0  overruns 0  frame 0
        TX packets 0  bytes 0 (0.0 B)
        TX errors 0  dropped 0 overruns 0  carrier 0  collisions 0

virbr0: flags=4099<UP,BROADCAST,MULTICAST>  mtu 1500
        inet 192.168.122.1  netmask 255.255.255.0  broadcast 192.168.122.255
        ether 52:54:00:e6:5a:4c  txqueuelen 1000  (Ethernet)
        RX packets 0  bytes 0 (0.0 B)
        RX errors 0  dropped 0  overruns 0  frame 0
        TX packets 0  bytes 0 (0.0 B)
        TX errors 0  dropped 0 overruns 0  carrier 0  collisions 0

[root@localhost ~]#
```

图 5.4　查看网络配置结果

2. 主机名配置文件与主机名解析配置文件

查看主机名配置文件与主机名解析配置文件，执行命令如下。

```
[root@localhost ~]# cat  /etc/hostname
localhost.localdomain
[root@localhost ~]# cat  /etc/hosts
127.0.0.1   localhost localhost.localdomain localhost4 localhost4.localdomain4
::1         localhost localhost.localdomain localhost6 localhost6.localdomain6
[root@localhost ~]#
```

/etc/hostname 文件中只有一行内容，其中记录了本机的主机名，即用户在安装 CentOS 8 时指定的主机名，用户可以直接对其进行修改。

注意　直接修改/etc/hostname 文件中的主机名时，应同时修改/etc/hosts 文件中的内容。

3. 域名解析服务器配置文件

查看域名解析服务器配置文件，执行命令如下。

```
[root@localhost ~]# cat  /etc/resolv.conf
# Generated by NetworkManager
search csg.com                         //定义域名的搜索列表
nameserver 8.8.8.8                     //定义 DNS 服务器的 IP 地址
[root@localhost ~]#
```

域名解析服务器配置文件的主要作用是定义 DNS 服务器，可根据网络的具体情况进行设置。它的格式很简单，每一行都由一个关键字开头，后接配置参数，可以设置多个 DNS 服务器。

（1）nameserver：定义 DNS 服务器的 IP 地址。

（2）domain：定义本地域名。

（3）search：定义域名的搜索列表。

（4）sortlist：对返回的域名进行排序。

5.1.2 网络常用管理命令

1. ifconfig 命令——管理网络接口

ifconfig 命令是一个可以用来查看、配置、启用或禁用网络接口的命令。ifconfig 命令可以用于临时配置网卡的 IP 地址、子网掩码、网关等。使用 ifconfig 命令配置的网络相关信息，在主机重启后就不再存在，若要使其永久有效，则可以将其保存在/etc/sysconfig/network-scripts/ifcfg-ens160 文件中。其格式如下。

V5.2 网络常用管理命令

```
ifconfig [网络设备] [选项]
```

ifconfig 命令各选项及其功能说明如表 5.2 所示。

表 5.2 ifconfig 命令各选项及其功能说明

选项	功能说明
up	启动指定网络设备或网卡
down	关闭指定网络设备或网卡
-arp	设置指定网卡是否支持地址解析协议（Address Resolution Protocol，ARP）
-promisc	设置是否支持网卡的混杂模式，如果选择此选项，则网卡将接收网络中发送给它的所有数据包
-allmulti	设置是否支持多播模式，如果选择此选项，则网卡将接收网络中的所有多播数据包
-a	显示全部接口信息
-s	显示摘要信息
add	给指定网卡添加 IPv6 地址
del	删除给指定网卡添加的 IPv6 地址
netmask<子网掩码>	设置网卡的子网掩码
tunnel<地址>	建立 IPv4 与 IPv6 之间的隧道通信地址
-broadcast<地址>	为指定网卡设置广播协议
-pointtopoint<地址>	为网卡设置点对点通信协议

【实例 5.2】使用 ifconfig 命令配置网卡相关信息，操作如下。

（1）显示 ens160 的网卡信息，如图 5.5 所示。

```
[root@localhost ~]# ifconfig  ens160
ens160: flags=4163<UP,BROADCAST,RUNNING,MULTICAST>  mtu 1500
        inet 192.168.100.100  netmask 255.255.255.0  broadcast 192.168.100.255
        inet6 fe80::20c:29ff:fec1:dc82  prefixlen 64  scopeid 0x20<link>
        ether 00:0c:29:c1:dc:82  txqueuelen 1000  (Ethernet)
        RX packets 32499  bytes 41550773 (39.6 MiB)
        RX errors 0  dropped 0  overruns 0  frame 0
        TX packets 5118  bytes 364615 (356.0 KiB)
        TX errors 0  dropped 0 overruns 0  carrier 0  collisions 0

[root@localhost ~]#
```

图 5.5 显示 ens160 的网卡信息

（2）关闭和启动网卡，执行命令如下。

```
[root@localhost ~]# ifconfig ens160 down
[root@localhost ~]# ifconfig ens160 up
```

（3）配置网络接口相关信息，添加 IPv6 地址，进行相关测试，执行命令如下。

```
[root@localhost ~]# ifconfig ens160 add  2000::1/64      //添加 IPv6 地址
[root@localhost ~]# ping -6 2000::1                     //测试网络联通性
```

```
PING 2000::1(2000::1) 56 data bytes
64 bytes from 2000::1: icmp_seq=1 ttl=64 time=0.085 ms
64 bytes from 2000::1: icmp_seq=2 ttl=64 time=0.103 ms
64 bytes from 2000::1: icmp_seq=3 ttl=64 time=0.109 ms
^C
--- 2000::1 ping statistics ---
7 packets transmitted, 7 received, 0% packet loss, time 6013ms
rtt min/avg/max/mdev = 0.085/0.103/0.109/0.014 ms
[root@localhost ~]# reboot                          //重启操作系统
Last login: Sun Aug 30 19:00:20 2024 from 192.168.100.1
[root@localhost ~]# ping -6 2000::1                 //测试网络联通性
connect: 网络不可达                                  //网络不可达
[root@localhost ~]#
```

（4）配置网络接口相关信息，添加 IPv4 地址，启动与关闭 ARP 功能，进行相关测试，执行命令如下。

```
[root@localhost ~]# ifconfig ens160 192.168.100.100 netmask 255.255.255.0
broadcast 192.168.100.255                    //添加 IPv4 地址、子网掩码和一个广播地址
[root@localhost ~]# ifconfig ens160 arp      //启动 ARP 功能
[root@localhost ~]# ifconfig ens160 -arp     //关闭 ARP 功能
```

2. hostnamectl 命令——设置并查看主机名

使用 hostnamectl 命令可以设置并查看主机名。其格式如下。

```
hostnamectl  [选项]  [主机名]
```

hostnamectl 命令各选项及其功能说明如表 5.3 所示。

表 5.3　hostnamectl 命令各选项及其功能说明

选项	功能说明
-h,--help	显示帮助信息
-version	显示安装包的版本信息
--static	修改静态主机名，即内核主机名，是系统在启动时从/etc/hostname 文件中自动初始化的主机名
--transient	修改瞬态主机名。瞬态主机名是在系统运行时临时分配的主机名，由内核管理，例如，通过 DHCP 或 DNS 服务器分配的 localhost 就是瞬态主机名
--pretty	修改灵活主机名。灵活主机名是允许使用特殊字符的主机名，即使用 UTF-8 格式的自由主机名，以展示给终端用户
-P, --privileged	在执行之前获得的特权
--no-ask-password	不提示输入的密码
-H, --host=[USER@]HOST	操作远程主机
status	显示当前主机名的状态
set-hostname NAME	设置当前主机名
set-icon-name NAME	设置系统级别的图标名称
set-chassis NAME	设置系统的机箱类型的名称

【实例 5.3】使用 hostnamectl 命令设置并查看主机名，操作如下。

（1）查看当前主机名，如图 5.6 所示。

（2）设置主机名并查看相关信息，如图 5.7 所示，执行命令如下。

```
[root@localhost ~]# hostnamectl  set-hostname lncc.edu
[root@localhost ~]# cat  /etc/hostname
[root@localhost ~]# bash
[root@lncc ~]# hostnamectl  status
[root@lncc ~]#
```

```
[root@localhost ~]# hostnamectl status
   Static hostname: localhost.localdomain
         Icon name: computer-vm
           Chassis: vm
        Machine ID: 1c6d53f6e8384c00a048e01f5b21ea44
           Boot ID: eb4e8c973fbd472e88c984eb1c2f98db
    Virtualization: vmware
  Operating System: CentOS Stream 8
       CPE OS Name: cpe:/o:centos:centos:8
            Kernel: Linux 4.18.0-365.el8.x86_64
      Architecture: x86-64
[root@localhost ~]#
```

图 5.6　查看当前主机名

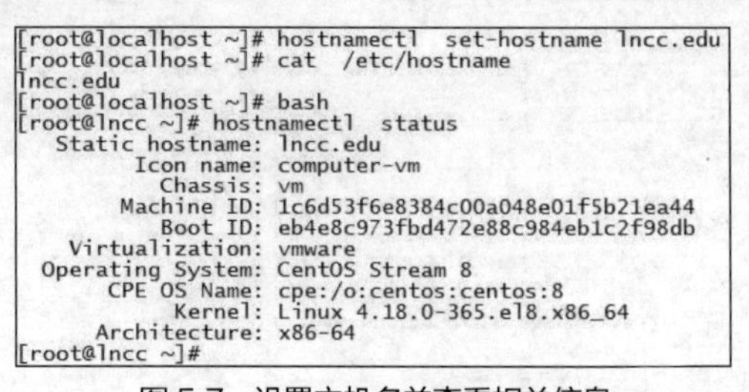

图 5.7　设置主机名并查看相关信息

3. route 命令——管理路由

route 命令用于显示并设置 Linux 内核中的网络路由表，route 命令设置的主要是静态路由。要实现两个不同子网间的通信，需要一台连接两个网络的路由器或者同时位于两个网络的网关。需要注意的是，直接在命令模式下使用 route 命令添加的路由信息不会被永久保存，主机重启之后该路由就失效了，若要使其永久有效，则可以在/etc/rc.local 文件中添加 route 命令来保存设置。其格式如下。

```
route [选项]
```

route 命令各选项及其功能说明如表 5.4 所示。

表 5.4　route 命令各选项及其功能说明

选项	功能说明
-v	选择详细信息模式
-A	采用指定的地址类型
-n	以数字形式代替主机名形式来显示地址
-net	路由目标为网络
-host	路由目标为主机
-F	显示内核的转发信息表（Forwarding Information Base，FIB）
-C	显示内核的路由缓存
add	添加一条路由
del	删除一条路由
target	指定目标网络或主机，可以是以点分十进制表示的 IP 地址、主机名或网络名
netmask	为添加的路由指定网络掩码
gw	为发往目标网络或主机的分组指定网关

【实例 5.4】使用 route 命令管理路由，操作如下。

（1）查看当前路由信息，如图 5.8 所示，执行命令如下。

```
[root@localhost ~]# route
```

```
[root@localhost ~]# route
Kernel IP routing table
Destination     Gateway         Genmask         Flags Metric Ref    Use Iface
default         _gateway        0.0.0.0         UG    100    0        0 ens160
192.168.100.0   0.0.0.0         255.255.255.0   U     100    0        0 ens160
192.168.122.0   0.0.0.0         255.255.255.0   U     0      0        0 virbr0
[root@localhost ~]#
```

图 5.8　查看当前路由信息

（2）添加一条路由，如图 5.9 所示，执行命令如下。

```
[root@localhost ~]# route  add  -net  192.168.200.0  netmask  255.255.255.0  dev  ens160
[root@localhost ~]# route
```

```
[root@localhost ~]# route  add  -net  192.168.200.0  netmask  255.255.255.0 dev ens160
[root@localhost ~]# route
Kernel IP routing table
Destination     Gateway         Genmask         Flags Metric Ref    Use Iface
default         _gateway        0.0.0.0         UG    100    0        0 ens160
192.168.100.0   0.0.0.0         255.255.255.0   U     100    0        0 ens160
192.168.122.0   0.0.0.0         255.255.255.0   U     0      0        0 virbr0
192.168.200.0   0.0.0.0         255.255.255.0   U     0      0        0 ens160
[root@localhost ~]#
```

图 5.9　添加一条路由

（3）添加一条屏蔽路由，如图 5.10 所示，执行命令如下。

```
[root@localhost ~]# route  add  -net  192.168.200.0  netmask  255.255.255.0  reject
[root@localhost ~]# route
```

```
[root@localhost ~]# route  add  -net  192.168.200.0  netmask  255.255.255.0  reject
[root@localhost ~]# route
Kernel IP routing table
Destination     Gateway         Genmask         Flags Metric Ref    Use Iface
default         _gateway        0.0.0.0         UG    100    0        0 ens160
192.168.100.0   0.0.0.0         255.255.255.0   U     100    0        0 ens160
192.168.122.0   0.0.0.0         255.255.255.0   U     0      0        0 virbr0
192.168.200.0   -               255.255.255.0   !     0      -        0 -
192.168.200.0   0.0.0.0         255.255.255.0   U     0      0        0 ens160
[root@localhost ~]#
```

图 5.10　添加一条屏蔽路由

（4）删除一条屏蔽路由，如图 5.11 所示，执行命令如下。

```
[root@localhost ~]# route  del  -net  192.168.200.0  netmask  255.255.255.0 reject
[root@localhost ~]# route
```

```
[root@localhost ~]# route  del  -net  192.168.200.0  netmask  255.255.255.0 reject
[root@localhost ~]# route
Kernel IP routing table
Destination     Gateway         Genmask         Flags Metric Ref    Use Iface
default         _gateway        0.0.0.0         UG    100    0        0 ens160
192.168.100.0   0.0.0.0         255.255.255.0   U     100    0        0 ens160
192.168.122.0   0.0.0.0         255.255.255.0   U     0      0        0 virbr0
192.168.200.0   0.0.0.0         255.255.255.0   U     0      0        0 ens160
[root@localhost ~]#
```

图 5.11　删除一条屏蔽路由

4. ping 命令——检测网络联通性

ping 命令是 Linux 操作系统中使用非常频繁的命令，用来测试主机之间网络的联通性。ping 命令使用的是互联网控制报文协议（Internet Control Message Protocol，ICMP），发送 ICMP 回送请求消息给目标主机。ICMP 规定，目标主机必须返回 ICMP 回送应答消息给源主机，如果源主机在一定时间内收到 ICMP 回送应答消息，则认为主机之间可达，否则不可达。其格式如下。

```
ping [选项] [目标网络]
```

ping 命令各选项及其功能说明如表 5.5 所示。

表 5.5　ping 命令各选项及其功能说明

选项	功能说明
-c<回应次数>	设置要求回应的次数
-f	极限检测
-i<时间间隔>	指定收发信息的时间间隔
-I<网络界面>	使用指定的网络界面发送数据包
-n	只输出数值
-p<范本样式>	设置填满数据包的范本样式
-q	不显示命令执行过程，开关和结尾的相关信息除外
-r	忽略普通的路由表，直接将数据包送到目标主机上
-R	记录路由过程
-s<数据包大小>	设置数据包大小
-t<存活数值>	设置存活数值
-v	显示命令的详细执行过程

【实例 5.5】使用 ping 命令检测网络联通性，操作如下。

（1）在 Linux 操作系统中使用不带选项的 ping 命令后，系统会一直不断地发送 ICMP 回送请求消息，直到按“Ctrl+C”组合键终止，如图 5.12 所示，执行命令如下。

```
[root@localhost ~]# ping  www.163.com
```

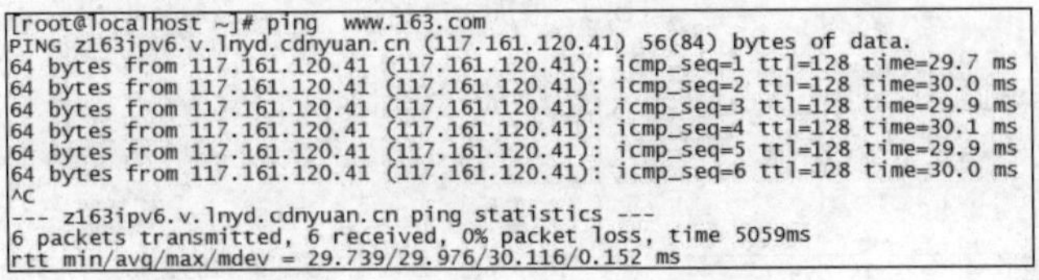

```
[root@localhost ~]# ping  www.163.com
PING z163ipv6.v.lnyd.cdnyuan.cn (117.161.120.41) 56(84) bytes of data.
64 bytes from 117.161.120.41 (117.161.120.41): icmp_seq=1 ttl=128 time=29.7 ms
64 bytes from 117.161.120.41 (117.161.120.41): icmp_seq=2 ttl=128 time=30.0 ms
64 bytes from 117.161.120.41 (117.161.120.41): icmp_seq=3 ttl=128 time=29.9 ms
64 bytes from 117.161.120.41 (117.161.120.41): icmp_seq=4 ttl=128 time=30.1 ms
64 bytes from 117.161.120.41 (117.161.120.41): icmp_seq=5 ttl=128 time=29.9 ms
64 bytes from 117.161.120.41 (117.161.120.41): icmp_seq=6 ttl=128 time=30.0 ms
^C
--- z163ipv6.v.lnyd.cdnyuan.cn ping statistics ---
6 packets transmitted, 6 received, 0% packet loss, time 5059ms
rtt min/avg/max/mdev = 29.739/29.976/30.116/0.152 ms
```

图 5.12　使用不带选项的 ping 命令

（2）指定回应次数和时间间隔，设置回应次数为 4 次，时间间隔为 1s，如图 5.13 所示，执行命令如下。

```
[root@localhost ~]# ping  -c  4  -i  1  www.163.com
```

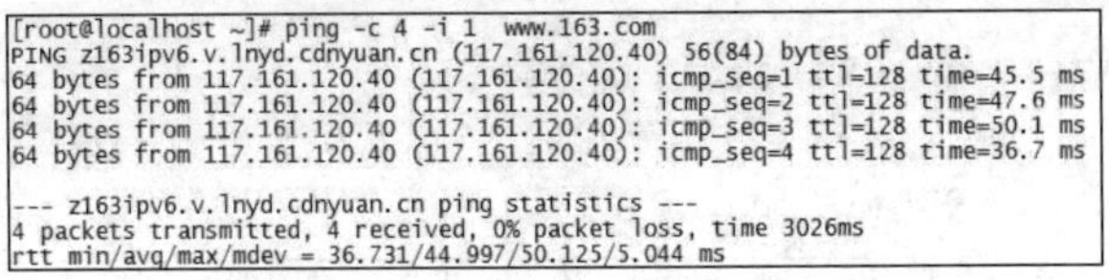

```
[root@localhost ~]# ping -c 4 -i 1  www.163.com
PING z163ipv6.v.lnyd.cdnyuan.cn (117.161.120.40) 56(84) bytes of data.
64 bytes from 117.161.120.40 (117.161.120.40): icmp_seq=1 ttl=128 time=45.5 ms
64 bytes from 117.161.120.40 (117.161.120.40): icmp_seq=2 ttl=128 time=47.6 ms
64 bytes from 117.161.120.40 (117.161.120.40): icmp_seq=3 ttl=128 time=50.1 ms
64 bytes from 117.161.120.40 (117.161.120.40): icmp_seq=4 ttl=128 time=36.7 ms

--- z163ipv6.v.lnyd.cdnyuan.cn ping statistics ---
4 packets transmitted, 4 received, 0% packet loss, time 3026ms
rtt min/avg/max/mdev = 36.731/44.997/50.125/5.044 ms
```

图 5.13　指定回应次数和时间间隔

5. netstat 命令——查看网络信息

netstat 命令是一个综合的网络状态查看命令，可以从显示的 Linux 操作系统的网络状态信息中得知整个 Linux 操作系统的网络情况，包括网络连接、路由表、接口状态、网络链路和多播成员等。其格式如下。

```
netstat [选项]
```

netstat 命令各选项及其功能说明如表 5.6 所示。

表 5.6　netstat 命令各选项及其功能说明

选项	功能说明
-a,--all	显示所有连接中的端口套接字
-A<网络类型>,--<网络类型>	列出网络类型连接中的相关地址
-c,--continuous	持续列出网络状态
-C,--cache	显示路由器配置的缓存信息
-e,--extend	显示网络其他相关信息
-F，--fib	显示 FIB
-g,--groups	显示多播成员名单
-h,--help	显示帮助信息
-i,--interfaces	显示网络接口列表信息
-l,--listening	显示监控中的服务器的套接字
-M,--masquerade	显示伪装的网络连接
-n,--numeric	直接使用 IP 地址，而不通过域名服务器进行解析
-N,--netlink,--sysmbolic	显示网络硬件外围设备的符号连接名称
-o,--times	显示计时器
-p,--programs	显示正在使用的套接字的程序识别码和程序名称
-r,--route	显示路由表
-s,--statistics	显示网络工作信息统计表

续表

选项	功能说明
-t,--tcp	显示传输控制协议（Transmission Control Protocol，TCP）的连接状况
-u,--udp	显示用户数据报协议（User Datagram Protocol，UDP）的连接状况
-v,--verbose	显示命令执行过程
-V,--version	显示版本信息

【实例 5.6】使用 netstat 命令查看网络信息，操作如下。

（1）查看网络接口列表信息，如图 5.14 所示，执行命令如下。

```
[root@localhost ~]# netstat -i
```

```
[root@localhost ~]# netstat  -i
Kernel Interface table
Iface             MTU    RX-OK RX-ERR RX-DRP RX-OVR    TX-OK TX-ERR TX-DRP TX-OVR Flg
ens160           1500    33935      0      0 0          5721      0      0      0 BMRU
lo              65536        0      0      0 0             0      0      0      0 LRU
virbr0           1500        0      0      0 0             0      0      0      0 BMU
[root@localhost ~]#
```

图 5.14　查看网络接口列表信息

（2）查看网络所有连接端口的信息，如图 5.15 所示，执行命令如下。

```
[root@localhost ~]# netstat -an | more
```

```
[root@localhost ~]# netstat -an | more
Active Internet connections (servers and established)
Proto Recv-Q Send-Q Local Address           Foreign Address         State
tcp        0      0 0.0.0.0:111             0.0.0.0:*               LISTEN
tcp        0      0 0.0.0.0:6000            0.0.0.0:*               LISTEN
tcp        0      0 192.168.122.1:53        0.0.0.0:*               LISTEN
tcp        0      0 0.0.0.0:22              0.0.0.0:*               LISTEN
tcp        0      0 127.0.0.1:631           0.0.0.0:*               LISTEN
tcp        0      0 127.0.0.1:25            0.0.0.0:*               LISTEN
tcp        0     52 192.168.100.100:22      192.168.100.1:54202     ESTABLISHED
tcp6       0      0 :::111                  :::*                    LISTEN
tcp6       0      0 :::6000                 :::*                    LISTEN
tcp6       0      0 :::22                   :::*                    LISTEN
tcp6       0      0 ::1:631                 :::*                    LISTEN
tcp6       0      0 ::1:25                  :::*                    LISTEN
udp        0      0 0.0.0.0:5353            0.0.0.0:*
udp        0      0 192.168.122.1:53        0.0.0.0:*
udp        0      0 0.0.0.0:67              0.0.0.0:*
udp        0      0 0.0.0.0:111             0.0.0.0:*
udp        0      0 0.0.0.0:53376           0.0.0.0:*
udp        0      0 127.0.0.1:323           0.0.0.0:*
udp        0      0 0.0.0.0:799             0.0.0.0:*
udp6       0      0 :::111                  :::*
udp6       0      0 ::1:323                 :::*
udp6       0      0 :::799                  :::*
raw6       0      0 :::58                   :::*                    7
Active UNIX domain sockets (servers and established)
Proto RefCnt Flags       Type       State         I-Node   Path
unix  2      [ ACC ]     STREAM     LISTENING     55143    @/tmp/dbus-sSJVjReE
unix  2      [ ACC ]     STREAM     LISTENING     25858    /run/lvm/lvmetad.socket
unix  2      [ ACC ]     STREAM     LISTENING     55834    @/tmp/dbus-TU4CVOZYWO
unix  2      [ ACC ]     STREAM     LISTENING     45842    /run/gssproxy.sock
unix  2      [ ACC ]     STREAM     LISTENING     54422    @/tmp/.X11-unix/X0
unix  2      [ ACC ]     STREAM     LISTENING     56086    @/tmp/.ICE-unix/10260
unix  2      [ ACC ]     STREAM     LISTENING     53813    /var/run/libvirt/libvirt-sock
unix  2      [ ACC ]     STREAM     LISTENING     53815    /var/run/libvirt/libvirt-sock-ro
unix  2      [ ACC ]     STREAM     LISTENING     53817    /var/run/libvirt/libvirt-admin-sock
--More--
```

图 5.15　查看网络所有连接端口的信息

（3）查看网络所有 TCP 端口的连接信息，如图 5.16 所示，执行命令如下。

```
[root@localhost ~]# netstat -at
```

（4）查看网络多播成员名单信息，如图 5.17 所示，执行命令如下。

```
[root@localhost ~]# netstat -g
```

```
[root@localhost ~]# netstat -at
Active Internet connections (servers and established)
Proto Recv-Q Send-Q Local Address           Foreign Address         State
tcp        0      0 0.0.0.0:sunrpc          0.0.0.0:*               LISTEN
tcp        0      0 0.0.0.0:x11             0.0.0.0:*               LISTEN
tcp        0      0 localhost.locald:domain 0.0.0.0:*               LISTEN
tcp        0      0 0.0.0.0:ssh             0.0.0.0:*               LISTEN
tcp        0      0 localhost:ipp           0.0.0.0:*               LISTEN
tcp        0      0 localhost:smtp          0.0.0.0:*               LISTEN
tcp        0     52 localhost.localdoma:ssh 192.168.100.1:57345     ESTABLISHED
tcp6       0      0 [::]:sunrpc             [::]:*                  LISTEN
tcp6       0      0 [::]:x11                [::]:*                  LISTEN
tcp6       0      0 [::]:ssh                [::]:*                  LISTEN
tcp6       0      0 localhost:ipp           [::]:*                  LISTEN
tcp6       0      0 localhost:smtp          [::]:*                  LISTEN
```

图 5.16　查看网络所有 TCP 端口的连接信息

```
[root@localhost ~]# netstat  -g
IPv6/IPv4 Group Memberships
Interface       RefCnt Group
--------------- ------ ---------------------
lo              1      all-systems.mcast.net
ens160          1      mdns.mcast.net
ens160          1      all-systems.mcast.net
virbr0          1      mdns.mcast.net
virbr0          1      all-systems.mcast.net
virbr0          1      224.0.0.106
lo              1      ff02::1
lo              1      ff01::1
ens160          1      ff02::1:ffc1:dc82
ens160          1      ff02::fb
ens160          1      ff02::1
ens160          1      ff01::1
virbr0          1      ff02::6a
virbr0          1      ff02::1
virbr0          1      ff01::1
[root@localhost ~]#
```

图 5.17　查看网络多播成员名单信息

6. nslookup 命令——查询 DNS 信息

nslookup 命令是常用域名查询命令，用于查询 DNS 信息，其有两种工作模式，即交互模式和非交互模式。在交互模式下，用户可以向 DNS 服务器查询各类主机、域名信息或者输出域名中的主机列表；在非交互模式下，用户可以针对一个主机或域名获取特定的名称或所需信息。其格式如下。

```
nslookup 域名
```

【实例 5.7】使用 nslookup 命令进行域名查询，操作如下。

（1）在交互模式下，使用 nslookup 命令查询域名相关信息，直到用户输入 exit 命令退出查询模式为止，如图 5.18 所示，执行命令如下。

```
[root@localhost ~]# nslookup
> www.163.com
> exit
[root@localhost ~]#
```

（2）在非交互模式下，使用 nslookup 命令查询域名相关信息，如图 5.19 所示，执行命令如下。

```
[root@localhost ~]# nslookup  www.163.com
[root@localhost ~]#
```

```
[root@localhost ~]# nslookup
> www.163.com
Server:         8.8.8.8
Address:        8.8.8.8#53

Non-authoritative answer:
www.163.com     canonical name = www.163.com.163jiasu.com.
www.163.com.163jiasu.com        canonical name = www.163.com.w.kunluncan.com.
Name:   www.163.com.w.kunluncan.com
Address: 120.201.77.18
Name:   www.163.com.w.kunluncan.com
Address: 120.201.104.220
Name:   www.163.com.w.kunluncan.com
Address: 120.201.104.222
Name:   www.163.com.w.kunluncan.com
Address: 120.201.104.226
Name:   www.163.com.w.kunluncan.com
Address: 120.201.104.225
Name:   www.163.com.w.kunluncan.com
Address: 120.201.104.221
Name:   www.163.com.w.kunluncan.com
Address: 120.201.104.224
Name:   www.163.com.w.kunluncan.com
Address: 120.201.104.219
Name:   www.163.com.w.kunluncan.com
Address: 2409:8c14:f13:6604:3::3f4
Name:   www.163.com.w.kunluncan.com
Address: 2409:8c14:f13:6604:3::3f3
> exit

[root@localhost ~]#
```

图 5.18　在交互模式下查询域名相关信息

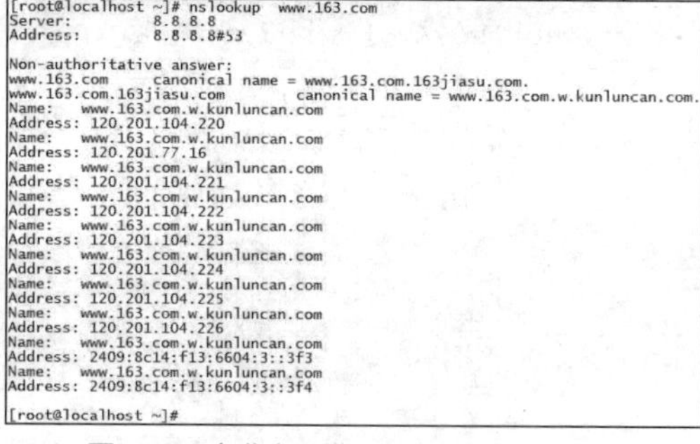

图 5.19　在非交互模式下查询域名相关信息

7. traceroute 命令——追踪路由

traceroute 命令用于追踪网络数据包的路由途径，通过 traceroute 命令可以知道源主机到达互联网另一端主机（目标主机）的路径。其格式如下。

```
traceroute  [选项]  [目标主机或 IP 地址]
```

traceroute 命令各选项及其功能说明如表 5.7 所示。

表 5.7　traceroute 命令各选项及其功能说明

选项	功能说明
-d	使用套接字层级的排错功能
-f<存活数值>	设置第一个检测数据包的存活数值
-g<网关>	设置来源路由网关，最多可设置 8 个
-i<网络界面>	使用指定的网络界面发送数据包
-I	使用 ICMP 回应取代 UDP 资料信息
-m<存活数值>	设置检测数据包的最大存活数值
-n	直接使用 IP 地址而非主机名进行追踪
-p<通信端口>	设置 UDP 的通信端口
-q	发送数据包检测次数
-r	忽略普通的路由表，直接将数据包发送到目标主机
-s<来源地址>	设置本地主机发送数据包的 IP 地址
-t<服务类型>	设置检测数据包的服务类型（Type of Service，ToS）数值
-v	显示命令的详细执行过程

【实例 5.8】使用 traceroute 命令追踪网络数据包的路由途径，操作如下。

（1）查看本地到网易（www.163.com）的路由访问情况，直到按“Ctrl+C”组合键终止，如图 5.20 所示，执行命令如下。

```
[root@localhost ~]# traceroute  -q  4  www.163.com
```

说明 记录按序号从 1 开始，每个记录就是一跳，一跳表示一个网关，可以看到每行有 4 个时间，单位都是 ms，这是探测数据包向每个网关发送 4 个数据包且网关响应后返回的时间。有时会看到一些行是以“*”表示的，出现这样的情况，可能是因为防火墙拦截了 ICMP 的返回信息，得不到相关的数据包返回数据。

（2）将存活数值设置为 5 后，查看本地到 www.163.com 的路由访问情况，如图 5.21 所示，执行命令如下。

```
[root@localhost ~]# traceroute  -m  5  www.163.com
```

```
[root@localhost ~]# traceroute -q 4  www.163.com
traceroute to www.163.com (117.161.120.38), 30 hops max, 60 byte packets
 1  gateway (192.168.100.2)  0.165 ms  0.139 ms  0.156 ms  0.116 ms
 2  * * * *
 3  * * * *
 4  * * * *
 5  * * * *
 6  * * * *
 7  * * * *
 8  * * * *
 9  * * * *^C
```

图 5.20　查看本地到网易的路由访问情况

```
[root@localhost ~]# traceroute -m 5  www.163.com
traceroute to www.163.com (117.161.120.37), 5 hops max, 60 byte packets
 1  gateway (192.168.100.2)  0.131 ms  0.151 ms  0.129 ms
 2  * * *
 3  * * *
 4  * * *
 5  * * *
[root@localhost ~]#
```

图 5.21　设置存活数值后的路由访问情况

（3）查看路由访问情况，显示 IP 地址，不查看主机名，如图 5.22 所示，执行命令如下。

```
[root@localhost ~]# traceroute  -n  www.163.com
```

```
[root@localhost ~]# traceroute -n  www.163.com
traceroute to www.163.com (117.161.120.34), 30 hops max, 60 byte packets
 1  192.168.100.2  0.208 ms  0.147 ms  0.146 ms
 2  * * *
 3  * * *
 4  * * *
 5  * * *
 6  * * *
 7  *^C
[root@localhost ~]#
```

图 5.22　显示 IP 地址，不查看主机名

8. ip 命令——配置网络

ip 命令是 iproute2 软件包中的一个强大的网络配置命令，用来显示或操作路由、网络设备、策略路由和隧道等。它能够替代一些传统的网络管理命令，如 ifconfig 命令、route 命令等。其格式如下。

```
ip [选项] [操作对象] [命令] [参数]
```

ip 命令各选项及其功能说明如表 5.8 所示。

表 5.8　ip 命令各选项及其功能说明

选项	功能说明
-V,-Version	输出 IP 的版本信息并退出
-s,-stats,-statistics	输出详细的信息，如果这个选项出现两次或者多次，则输出的信息会更加详细
-f,-family	后面接协议种类，包括 inet、inet6 或 link，用于强调使用的协议种类
-4	-family inet 的简写
-6	-family inet6 的简写
-o,oneline	对每行记录都使用单行输出，换行用字符代替，如果需要使用 wc、grep 等命令处理 IP 地址的输出，则会使用到这个选项
-r,-resolve	查询域名解析系统，以获得的主机名代替主机 IP 地址

ip 命令各操作对象及其功能说明如表 5.9 所示。

表 5.9　ip 命令各操作对象及其功能说明

操作对象	功能说明
link	网络设备
address	一台设备的协议地址（IPv4 或者 IPv6）
neighbor	ARP 或者邻居发现与信息请求（Neighbour Discovery and Information Solicitation，NDISC）缓冲区条目
route	路由表条目
rule	路由策略数据库中的规则
maddress	多播地址
mroute	多播路由缓冲区条目
tunnel	IP 中的通道

iproute2 软件包是 Linux 操作系统中管理传输控制协议/互联网协议（Transmission Control Protocol/Internet Protocol，TCP/IP）网络和流量的新一代工具包，旨在替代工具链（net-tools），即 ifconfig、arp、route、netstat 等命令。net-tools 和 iproute2 中的命令对比如表 5.10 所示。

表 5.10　net-tools 和 iproute2 中的命令对比

net-tools 中的命令	iproute2 中的命令
arp -na	ip neigh
ifconfig	ip link
ifconfig -a	ip addr show
ifconfig -help	ip help
ifconfig -s	ip -s link
ifconfig eth0 up	ip link set eth0 up
ipmaddr	ip maddr
iptunnel	ip tunnel
netstat	ss
netstat -i	ip -s link
netstat -g	ip addr
netstat -l	is -l
netstat -r	ip route
route add	ip route add
route del	ip route del
route -n	ip route show
vconfig	ip link

【实例 5.9】使用 ip 命令配置网络信息，操作如下。

（1）使用 ip 命令查看网络地址配置情况，如图 5.23 所示，命令如下。

```
[root@localhost ~]# ip  address  show
```

```
[root@localhost ~]# ip  address  show
1: lo: <LOOPBACK,UP,LOWER_UP> mtu 65536 qdisc noqueue state UNKNOWN group default qlen 1000
    link/loopback 00:00:00:00:00:00 brd 00:00:00:00:00:00
    inet 127.0.0.1/8 scope host lo
       valid_lft forever preferred_lft forever
    inet6 ::1/128 scope host
       valid_lft forever preferred_lft forever
2: ens160: <BROADCAST,MULTICAST,UP,LOWER_UP> mtu 1500 qdisc mq state UP group default qlen
1000
    link/ether 00:0c:29:c1:dc:82 brd ff:ff:ff:ff:ff:ff
    inet 192.168.100.100/24 brd 192.168.100.255 scope global noprefixroute ens160
       valid_lft forever preferred_lft forever
    inet6 fe80::20c:29ff:fec1:dc82/64 scope link noprefixroute
       valid_lft forever preferred_lft forever
3: virbr0: <NO-CARRIER,BROADCAST,MULTICAST,UP> mtu 1500 qdisc noqueue state DOWN group defa
ult qlen 1000
    link/ether 52:54:00:e6:5a:4c brd ff:ff:ff:ff:ff:ff
    inet 192.168.122.1/24 brd 192.168.122.255 scope global virbr0
       valid_lft forever preferred_lft forever
[root@localhost ~]# _
```

图 5.23　使用 ip 命令查看网络地址配置情况

（2）使用 ip 命令查看链路配置情况，如图 5.24 所示，执行命令如下。

```
[root@localhost ~]# ip  link
```

```
[root@localhost ~]# ip  link
1: lo: <LOOPBACK,UP,LOWER_UP> mtu 65536 qdisc noqueue state UNKNOWN mode DEFAULT group defa
ult qlen 1000
    link/loopback 00:00:00:00:00:00 brd 00:00:00:00:00:00
2: ens160: <BROADCAST,MULTICAST,UP,LOWER_UP> mtu 1500 qdisc mq state UP mode DEFAULT group
default qlen 1000
    link/ether 00:0c:29:c1:dc:82 brd ff:ff:ff:ff:ff:ff
3: virbr0: <NO-CARRIER,BROADCAST,MULTICAST,UP> mtu 1500 qdisc noqueue state DOWN mode DEFAU
LT group default qlen 1000
    link/ether 52:54:00:e6:5a:4c brd ff:ff:ff:ff:ff:ff
[root@localhost ~]#
```

图 5.24　使用 ip 命令查看链路配置情况

（3）使用 ip 命令查看路由表信息，如图 5.25 所示，执行命令如下。

```
[root@localhost ~]# ip  route
```

```
[root@localhost ~]# ip  route
default via 192.168.100.2 dev ens160 proto static metric 100
192.168.100.0/24 dev ens160 proto kernel scope link src 192.168.100.100 metric 100
192.168.122.0/24 dev virbr0 proto kernel scope link src 192.168.122.1 linkdown
192.168.200.0/24 dev ens160 scope link
[root@localhost ~]#
```

图 5.25　使用 ip 命令查看路由表信息

（4）使用 ip 命令查看链路信息，如图 5.26 所示，执行命令如下。

```
[root@localhost ~]# ip  link  show  ens160
```

```
[root@localhost ~]# ip  link  show  ens160
2: ens160: <BROADCAST,MULTICAST,UP,LOWER_UP> mtu 1500 qdisc mq state UP mode DEFAULT group
default qlen 1000
    link/ether 00:0c:29:c1:dc:82 brd ff:ff:ff:ff:ff:ff
[root@localhost ~]#
```

图 5.26　使用 ip 命令查看链路信息

（5）使用 ip 命令查看接口统计信息，如图 5.27 所示，执行命令如下。

```
[root@localhost ~]# ip  -s  link  ls  ens160
```

```
[root@localhost ~]# ip  -s  link  ls  ens160
2: ens160: <BROADCAST,MULTICAST,UP,LOWER_UP> mtu 1500 qdisc mq state UP mode DEFAULT group
default qlen 1000
    link/ether 00:0c:29:c1:dc:82 brd ff:ff:ff:ff:ff:ff
    RX:  bytes packets errors dropped  missed   mcast
     41979845   36023      0       0       0     440
    TX:  bytes packets errors dropped carrier collsns
       625622    6730      0       0       0       0
[root@localhost ~]#
```

图 5.27　使用 ip 命令查看接口统计信息

（6）使用 ip 命令查看 ARP 表信息，如图 5.28 所示，执行命令如下。

```
[root@localhost ~]# ip  neigh  show
```

```
[root@localhost ~]# ip  neigh  show
192.168.100.2 dev ens160 lladdr 00:50:56:e9:55:a9 STALE
192.168.100.1 dev ens160 lladdr 00:50:56:c0:00:08 DELAY
[root@localhost ~]#
```

图 5.28　使用 ip 命令查看 ARP 表信息

5.2 使用图形用户界面和命令行配置网络

可以使用图形用户界面和命令行两种方式来配置网络。多元化的操作习惯和技术选择，可以提升管理员在复杂环境下的适应能力。

5.2.1　使用图形用户界面配置网络

下面使用 nmtui 命令实现图形用户界面配置网络。

（1）使用 nmtui 命令配置网络，执行命令如下。

```
[root@localhost ~]# nmtui
```

（2）进入“网络管理器文”界面（如图5.29所示），选择“编辑连接”选项，按“Enter”键后，进入以太网编辑界面（如图5.30所示），选择“ens160”选项，按“Enter”键后，进入“编辑连接”界面（如图5.31所示）。

图5.29 “网络管理器文”界面

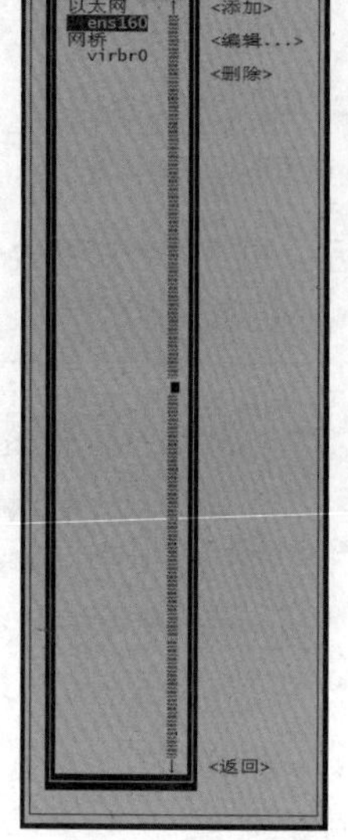

图5.30 以太网编辑界面

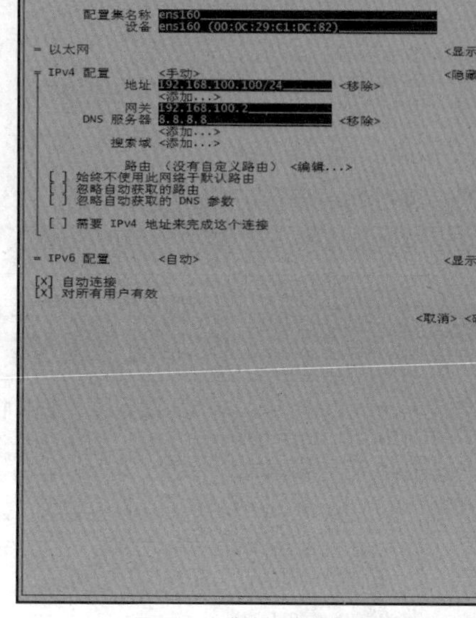

图5.31 “编辑连接”界面

（3）在“编辑连接”界面中设置IP地址相关信息即可。

5.2.2 使用nmcli命令行配置网络

NetworkManager是管理和监控网络设置的守护进程，设备是网络接口，连接是对网络接口的配置。一个网络接口可以有多个连接配置，但只有一个连接配置生效。

1. 常用nmcli命令配置

常用的nmcli命令配置如下。

nmcli connection show：显示所有连接。

nmcli connection show--active：显示所有活动的连接状态。

nmcli connection show "ens160"：显示网络连接配置。

nmcli device status：显示设备状态。

nmcli device show ens160：显示网络接口属性。

nmcli connection add help：查看帮助信息。

nmcli connection reload：重新加载配置。

nmcli connection down test01：禁用test01的配置。注意，一个网络接口可以有多个连接配置（test01连接要提前创建）。

nmcli connection up test01：启用test01连接配置。

nmcli device disconnect ens160：禁用ens160网卡。

nmcli device connect ens160：启用 ens160网卡。

2. 创建和删除连接

（1）创建连接default，其IP地址通过DHCP自动获取，执行命令如下。

```
[root@Server01 ~]# nmcli connection show
NAME    UUID                                        TYPE      DEVICE
```

```
ens160  c9178c4d-cad2-4425-af6a-159ab40c876f  ethernet    ens160
virbr0  aa941aba-b247-40d2-a2db-0ae05218133e  bridge      virbr0
[root@localhost ~]# nmcli  connection  add  con-name  default  type  ethernet
ifname  ens160
连接 "default" (8b829df8-e0e2-4b3c-a4be-d325efcd0420) 已成功添加。
[root@localhost ~]# nmcli  connection  show
NAME     UUID                                  TYPE      DEVICE
ens160   c9178c4d-cad2-4425-af6a-159ab40c876f  ethernet  ens160
virbr0   aa941aba-b247-40d2-a2db-0ae05218133e  bridge    virbr0
default  8b829df8-e0e2-4b3c-a4be-d325efcd0420  ethernet  --
[root@localhost ~]#
```

（2）删除连接 default，执行命令如下。

```
[root@localhost ~]# nmcli  connection  delete  default
成功删除连接 "default" (8b829df8-e0e2-4b3c-a4be-d325efcd0420)。
[root@localhost ~]# nmcli  connection  show
```

（3）创建连接 test01，指定静态 IP 地址，不自动连接，执行命令如下。

```
[root@localhost ~]# nmcli connection add con-name test01 ipv4.method manual ifname
ens160 autoconnect no type ethernet ipv4.addresses 192.168.200.100/24 gw4 192.168.200.1
连接 "test01" (a27955ac-9c4e-4205-a345-6c0b6f0f8dd8) 已成功添加。
[root@localhost ~]# nmcli  connection  show
NAME    UUID                                  TYPE      DEVICE
ens160  c9178c4d-cad2-4425-af6a-159ab40c876f  ethernet  ens160
virbr0  aa941aba-b247-40d2-a2db-0ae05218133e  bridge    virbr0
test01  a27955ac-9c4e-4205-a345-6c0b6f0f8dd8  ethernet  --
[root@localhost ~]#
```

（4）参数说明如下。

con-name：指定连接名称，没有特殊要求。

ipv4.method：指定获取 IP 地址的方式。

ifname：指定网卡设备名称，即这次配置所生效的网卡。

autoconnect：指定是否自动启动网卡。

ipv4.addresses：指定 IPv4 地址。

gw4：指定网关。

3. 查看/etc/sysconfig/network-scripts/目录

查看/etc/sysconfig/network-scripts/目录，执行命令如下。

```
[root@localhost ~]# ls  /etc/sysconfig/network-scripts/ifcfg-*
/etc/sysconfig/network-scripts/ifcfg-ens160   /etc/sysconfig/network-scripts/
ifcfg-test01
[root@localhost ~]#
```

其中显示了文件/etc/sysconfig/network-scripts/ifcfg-test01，说明添加连接成功。

4. 启用 test01 连接配置

启用 test01 连接配置，执行命令如下。

```
[root@localhost ~]# nmcli connection up test01
连接已成功激活（D-Bus 活动路径：/org/freedesktop/NetworkManager/ActiveConnection/5）
[root@localhost ~]# nmcli  connection  show
NAME    UUID                                  TYPE      DEVICE
test01  a27955ac-9c4e-4205-a345-6c0b6f0f8dd8  ethernet  ens160
virbr0  aa941aba-b247-40d2-a2db-0ae05218133e  bridge    virbr0
ens160  c9178c4d-cad2-4425-af6a-159ab40c876f  ethernet  --
[root@localhost ~]#
```

5. 查看是否生效

查看ens160网络接口属性，执行命令如下。

```
root@localhost ~]# nmcli  device  show  ens160
GENERAL.DEVICE:                         ens160
GENERAL.TYPE:                           ethernet
GENERAL.HWADDR:                         00:0C:29:C1:DC:82
GENERAL.MTU:                            1500
GENERAL.STATE:                          100（已连接）
GENERAL.CONNECTION:                     test01
GENERAL.CON-PATH:                       /org/freedesktop/NetworkManager/ActiveC>
WIRED-PROPERTIES.CARRIER:               开
IP4.ADDRESS[1]:                         192.168.200.100/24
IP4.GATEWAY:                            192.168.200.1
IP4.ROUTE[1]:                           dst = 192.168.200.0/24, nh = 0.0.0.0, m>
IP4.ROUTE[2]:                           dst = 0.0.0.0/0, nh = 192.168.200.1, mt>
IP6.ADDRESS[1]:                         fe80::e569:1ebc:1652:96bf/64
…
```

可以看到基本的IP地址配置成功。

6. 修改连接设置

（1）修改test01为自动启动，修改DNS的IP地址为192.168.200.1，添加DNS的IP地址8.8.8.8，执行命令如下。

```
[root@localhost ~]# nmcli  connection  modify  test01  connection.autoconnect  yes
[root@localhost ~]# nmcli  connection  modify  test01  ipv4.dns  192.168.200.1
[root@localhost ~]# nmcli  connection  modify  test01  +ipv4.dns  8.8.8.8
```

（2）查看配置结果，执行命令如下。

```
[root@localhost ~]# cat  /etc/sysconfig/network-scripts/ifcfg-test01
TYPE=Ethernet
PROXY_METHOD=none
BROWSER_ONLY=no
BOOTPROTO=none
IPADDR=192.168.200.100
PREFIX=24
GATEWAY=192.168.200.1
DEFROUTE=yes
IPV4_FAILURE_FATAL=no
IPV6INIT=yes
IPV6_AUTOCONF=yes
IPV6_DEFROUTE=yes
IPV6_FAILURE_FATAL=no
IPV6_ADDR_GEN_MODE=stable-privacy
NAME=test01
UUID=a27955ac-9c4e-4205-a345-6c0b6f0f8dd8
DEVICE=ens160
ONBOOT=yes
DNS1=192.168.200.1
DNS2=8.8.8.8
[root@localhost ~]#
```

从中可以看到配置均已生效。

（3）删除DNS的IP地址8.8.8.8，修改IP地址和默认网关，执行命令如下。

```
[root@localhost ~]# nmcli  connection  modify  test01  -ipv4.dns  8.8.8.8
[root@localhost ~]# nmcli  connection  modify  test01  ipv4.addresses
192.168.200.200/24  gw4  192.168.200.254
[root@localhost ~]#
```

（4）添加多个 IP 地址，执行命令如下。

```
[root@localhost ~]# nmcli connection modify test01 +ipv4.addresses
192.168.200.10/24
[root@localhost ~]# cat /etc/sysconfig/network-scripts/ifcfg-test01
```

（5）删除 test01 连接，执行命令如下。

```
[root@localhost ~]# nmcli connection delete test01
成功删除连接 "test01" (a27955ac-9c4e-4205-a345-6c0b6f0f8dd8)。
[root@localhost ~]# nmcli connection show
NAME    UUID                                  TYPE      DEVICE
ens160  c9178c4d-cad2-4425-af6a-159ab40c876f  ethernet  ens160
virbr0  aa941aba-b247-40d2-a2db-0ae05218133e  bridge    virbr0
[root@localhost ~]#
```

7. nmcli 命令和/etc/sysconfig/network-scripts/ifcfg-*文件的对应关系

nmcli 命令和/etc/sysconfig/network-scripts/ifcfg-*文件的对应关系如表 5.11 所示。

表 5.11　nmcli 命令和/etc/sysconfig/network-scripts/ifcfg-*文件的对应关系

nmcil	/etc/sysconfig/network-scripts/ifcfg-*文件
ipv4.method manual	BOOTPROTO=none
ipv4.method auto	BOOTPROTO=dhcp
gw4　192.168.100.254	GATEWAY=192.168.100.254
ipv4.dns　8.8.8.8	DNS1=8.8.8.8
ipv4.dns-search　example.com	DOMAIN=example.com
ipv4.ignore-auto-dns　true	PEERDNS=no
connection.autoconnect　yes	ONBOOT=yes
connection.id　ens160	NAME=ens160
connection.interface-name　ens160	DEVICE=ens160

5.3 系统监控

系统监控是系统管理员的主要工作之一。Linux 操作系统提供了各种日志及性能监控工具以帮助用户完成系统监控工作，本节将对这些工具进行简单介绍。

5.3.1 磁盘监控

iostat 命令用于查看 CPU 利用率和磁盘性能等相关数据。有时候系统响应慢、数据传送慢，这可能是由多方面原因导致的，如 CUP 利用率过高、网络环境差、系统平均负载过高，甚至磁盘已经损坏等。因此，在系统性能出现问题时，磁盘性能是一个值得分析的重要指标。其格式如下。

```
iostat [选项]
```

iostat 命令各选项及其功能说明如表 5.12 所示。

表 5.12　iostat 命令各选项及其功能说明

选项	功能说明
-c	只显示 CPU 利用率
-d	只显示磁盘利用率
-p	可以显示每个磁盘的分区使用情况
-k	以 B/s 为单位显示磁盘利用率
-x	显示磁盘整体状态信息
-n	显示 NTFS 报告

【实例 5.10】使用 iostat 命令查看 CPU 利用率和磁盘性能等相关数据，操作如下。

（1）使用 iostat 命令查看 CPU 和磁盘的利用率，如图 5.32 所示，执行命令如下。

```
[root@localhost ~]# iostat  -c
[root@localhost ~]# iostat  -d
```

```
[root@localhost ~]# iostat  -c
Linux 4.18.0-365.el8.x86_64 (localhost.localdomain)     2024年02月23日  _x86_64_        (2 CPU)

avg-cpu:  %user   %nice %system %iowait  %steal   %idle
           0.25    0.03    0.27    0.09    0.00   99.36


[root@localhost ~]# iostat  -d
Linux 4.18.0-365.el8.x86_64 (localhost.localdomain)     2024年02月23日  _x86_64_        (2 CPU)

Device             tps    kB_read/s    kB_wrtn/s    kB_read    kB_wrtn
nvme0n1           0.83        22.33         4.96     938472     208329
scd0              0.00         0.05         0.00       2089          0
dm-0              0.82        21.12         4.91     887528     206281
dm-1              0.00         0.05         0.00       2220          0

[root@localhost ~]#
```

图 5.32　查看 CPU 和磁盘的利用率

（2）使用 iostat 命令显示磁盘整体状态信息，如图 5.33 所示，执行命令如下。

```
[root@localhost ~]# iostat  -x
```

```
[root@localhost ~]# iostat  -x
Linux 4.18.0-365.el8.x86_64 (localhost.localdomain)     2024年02月23日  _x86_64_        (2 CPU)

avg-cpu:  %user   %nice %system %iowait  %steal   %idle
           0.25    0.03    0.27    0.09    0.00   99.36

Device            r/s     w/s     rkB/s     wkB/s   rrqm/s   wrqm/s  %rrqm  %wrqm r_await w_await aqu-sz rareq-sz wareq-sz  svctm  %util
nvme0n1          0.65    0.18     22.17      4.99     0.00     0.02   0.22  11.32    8.29   10.04   0.01    34.35    27.68   3.29   0.27
scd0             0.00    0.00      0.05      0.00     0.00     0.00   0.00   0.00    8.82    0.00   0.00    22.71     0.00   7.82   0.00
dm-0             0.62    0.20     20.97      4.94     0.00     0.00   0.00   0.00    8.36   15.02   0.01    33.81    24.53   3.29   0.27
dm-1             0.00    0.00      0.05      0.00     0.00     0.00   0.00   0.00    0.08    0.00   0.00    22.65     0.00   0.18   0.00

[root@localhost ~]#
```

图 5.33　显示磁盘整体状态信息

iostat 命令各输出字段及其功能说明如表 5.13 所示。

表 5.13　iostat 命令各输出字段及其功能说明

输出字段	功能说明
tps	每秒 I/O 数（即磁盘连续读和连续写之和）
Blk_read/s	每秒从设备读取的数据大小，单位为 block/s（块每秒）
Blk_wrtn/s	每秒写入设备的数据大小，单位为 block/s
Blk_read	从磁盘读出的块的总和
Blk_wrtn	写入磁盘的块的总和
kB_read/s	每秒从磁盘读取的数据大小，单位为 KB/s
kB_wrtn/s	每秒写入磁盘的数据大小，单位为 KB/s
kB_read	从磁盘读出的数据总和，单位为 KB
kB_wrtn	写入磁盘的数据总和，单位为 KB
rrqm/s	每秒合并到设备的读请求数量
wrqm/s	每秒合并到设备的写请求数量
r/s	每秒向磁盘发起的读操作数量
w/s	每秒向磁盘发起的写操作数量
rsec/s	每秒向磁盘发起读取的扇区数量
wsec/s	每秒向磁盘发起写入的扇区数量
avgrq-sz	I/O 请求的平均大小，以扇区为单位
avgqu-sz	向设备发起 I/O 请求队列的平均长度
await	I/O 请求的平均等待时间，单位为 ms，包括请求队列消耗的时间和为每个请求服务的时间
svctm	I/O 请求的平均服务时间，单位为 ms
%util	处理 I/O 请求所占用的百分比，即设备利用率，当这个值接近 100%时，表示磁盘 I/O 已经饱和

5.3.2 内存监控

vmstat 命令可实时、动态地监控操作系统的虚拟内存、进程、磁盘、CPU 的活动等。其格式如下。

```
vmstat  [选项]
```

vmstat 命令各选项及其功能说明如表 5.14 所示。

表 5.14 vmstat 命令各选项及其功能说明

选项	功能说明
-a	显示活跃和非活跃内存
-f	显示从系统启动至今的进程复制数量
-m	显示 slabinfo 信息
-n	只在开始时显示一次各字段的名称
-s	显示内存相关统计信息及各种系统活动数量
-d	显示磁盘相关统计信息
-p	显示指定磁盘分区统计信息
-S	使用指定单位显示，参数有 k、K、m、M，分别代表 1000 字节、1024 字节、1000000 字节、1048576 字节，默认单位为 K（1024 字节）
-V	显示版本信息

【实例 5.11】使用 vmstat 命令实时、动态地监控操作系统的虚拟内存、进程、磁盘、CPU 的活动等情况，操作如下。

（1）使用 vmstat 命令查看内存、磁盘使用情况，如图 5.34 所示，执行命令如下。

```
[root@localhost ~]# vmstat  -a
[root@localhost ~]# vmstat  -d
```

```
[root@localhost ~]# vmstat -a
procs -----------memory---------- ---swap-- -----io---- -system-- ------cpu-----
 r  b   swpd   free  inact active   si   so    bi    bo   in   cs us sy id wa st
 2  0      0 3036364 263748 327908    0    0    63     1   32   94  0  1 99  0  0
[root@localhost ~]# vmstat -d
disk- ------------reads------------ ------------writes----------- -----IO------
       total merged sectors      ms  total merged sectors      ms    cur    sec
sda     9430      1  690203   76409    525     49   16407     867      0     32
sdb      330      0   27332      86      0      0       0       0      0      0
sr0       41      0    4132     143      0      0       0       0      0      0
dm-0    7241      0  625523   74213    570      0   12311     884      0     31
dm-1      90      0    4920      81      0      0       0       0      0      0
```

图 5.34 查看内存、磁盘使用情况

（2）使用 vmstat 命令，每 3s 显示一次系统内存统计信息，总共显示 5 次，如图 5.35 所示，执行命令如下。

```
[root@localhost ~]# vmstat  3  5
```

```
[root@localhost ~]# vmstat 3  5
procs -----------memory---------- ---swap-- -----io---- -system-- ------cpu-----
 r  b   swpd   free   buff  cache   si   so    bi    bo   in   cs us sy id wa st
 2  0      0 3037232   2132 411476    0    0    60     1   32   92  0  1 99  0  0
 0  0      0 3037232   2132 411476    0    0     0     0   43   71  0  0 100  0  0
 0  0      0 3037232   2132 411476    0    0     0     0   42   80  0  0 100  0  0
 0  0      0 3037232   2132 411476    0    0     0     0   39   75  0  0 100  0  0
 0  0      0 3037232   2132 411476    0    0     0     0   44   80  0  0 100  0  0
[root@localhost ~]#
```

图 5.35 每 3s 显示一次系统内存统计信息

vmstat 命令各字段输出选项及其功能说明如表 5.15 所示。

表 5.15 vmstat 命令各字段输出选项及其功能说明

字段输出选项（进程）	功能说明
r	运行队列中的进程数量
b	等待 I/O 的进程数量

续表

字段输出选项（内存）	功能说明
swpd	使用虚拟内存大小
free	可用内存大小
buff	用作缓存的内存大小
cache	用作高速缓存的内存大小
字段输出选项（交换分区）	**功能说明**
si	每秒从交换分区写入内存的大小
so	每秒写入交换分区的内存大小
字段输出选项（I/O）	**功能说明**
bi	每秒写入的块数
bo	每秒读取的块数
字段输出选项（系统）	**功能说明**
in	每秒中断数，包括时钟中断
cs	每秒上下文切换数
字段输出选项（CPU）	**功能说明**
us	用户进程执行时间
sy	系统进程执行时间
id	空闲时间（包括 I/O 等待时间）
wa	I/O 等待时间
st	显示虚拟机监控程序在为另一个虚拟处理器提供服务时虚拟 CPU 或 CPU 非自愿等待的时间比例

5.3.3 CPU 监控

在 Linux 操作系统中，监控 CPU 的性能时主要关注 3 个指标：运行队列、CPU 利用率、上下文切换。

1. 运行队列

每个 CPU 都维护着一个线程的运行队列。理论上，调试器应该不断地执行线程。线程不是处于睡眠状态（阻塞和等待 I/O），就是处于可运行状态。如果 CPU 子系统处于高负荷状态，则意味着调试器将无法及时响应系统请求，导致可运行状态进程阻塞在运行队列中，当运行队列越来越长的时候，线程将花费更多的时间来获取被执行的机会。

2. CPU 利用率

CPU 利用率即 CPU 利用的百分比，是评估系统性能十分重要的一个度量指标。多数系统性能监控工具关于 CPU 利用率的分类有以下几种。

（1）User Time（用户进程执行的时间）：用户空间中执行进程时间占 CPU 开销时间的比例。

（2）System Time（内核线程及中断时间）：内核空间中执行线程和中断时间占 CPU 开销时间的比例。

（3）Wait I/O Time（I/O 请求等待时间）：所有进程被阻塞时，完成一次 I/O 请求的等待时间占 CPU 开销时间的比例。

（4）Idle Time（空闲时间）：进程处于睡眠状态的时间占 CPU 开销时间的比例。

3. 上下文切换

当前的处理器大都能够运行一个进程（单一线程）或者线程，多路超线程处理器则能运行多个线程，Linux 内核在一个双核心处理器上显示为两个独立的处理器。

一个标准的 Linux 操作系统内核可以运行 50～50000 个线程，在只有一个 CPU 时，内核将调试并均衡每个进程和线程，一个线程要么获得时间额度，要么获得较高优先级（如硬件中断），其中较高优先级的线程将重新回到处理器的队列中，这种线程的转换关系就是上下文切换。

mpstat 命令用于查看具有多个 CPU 的计算机的性能；vmstat 命令只能显示 CPU 的总的性能。mpstat 命令可以用于实时系统监控，显示与 CPU 相关的一些统计信息，这些信息存放在/proc/stat 文件中。其格式如下。

```
mpstat  [选项]
```

mpstat 命令各选项及其功能说明如表 5.16 所示。

表 5.16　mpstat 命令各选项及其功能说明

选项	功能说明
-P{|ALL}	表示监控哪个 CPU，CPU 编号范围为[0，CPU 个数-1]
interval	相邻两次采样的时间间隔
count	采样的次数，count 只能和 delay 一起使用

【实例 5.12】使用 mpstat 命令进行实时 CPU 监控，查看多核 CPU 的当前运行状态信息，每 3s 更新一次，如图 5.36 所示，执行命令如下。

```
[root@localhost ~]# mpstat  -P  ALL  3
```

```
[root@localhost ~]# mpstat  -P  ALL  3
Linux 4.18.0-365.el8.x86_64 (localhost.localdomain)    2024年02月23日  _x86_64_       (2 CPU)

07时53分45秒  CPU    %usr   %nice    %sys %iowait    %irq   %soft  %steal  %guest  %gnice   %idle
07时53分48秒  all    0.00    0.00    0.00    0.00    0.17    0.17    0.00    0.00    0.00   99.67
07时53分48秒    0    0.00    0.00    0.00    0.00    0.00    0.33    0.00    0.00    0.00   99.67
07时53分48秒    1    0.00    0.00    0.00    0.00    0.33    0.00    0.00    0.00    0.00   99.67

07时53分48秒  CPU    %usr   %nice    %sys %iowait    %irq   %soft  %steal  %guest  %gnice   %idle
07时53分51秒  all    0.17    0.00    0.00    0.00    0.00    0.00    0.00    0.00    0.00   99.83
07时53分51秒    0    0.33    0.00    0.00    0.00    0.00    0.00    0.00    0.00    0.00   99.67
07时53分51秒    1    0.00    0.00    0.00    0.00    0.00    0.00    0.00    0.00    0.00  100.00
^C

平均时间:  CPU    %usr   %nice    %sys %iowait    %irq   %soft  %steal  %guest  %gnice   %idle
平均时间:  all    0.08    0.00    0.00    0.00    0.08    0.08    0.00    0.00    0.00   99.75
平均时间:    0    0.17    0.00    0.00    0.00    0.00    0.17    0.00    0.00    0.00   99.67
平均时间:    1    0.00    0.00    0.00    0.00    0.17    0.00    0.00    0.00    0.00   99.83
[root@localhost ~]#
```

图 5.36　查看多核 CPU 的当前运行状态信息

mpstat 命令各输出字段及其功能说明如表 5.17 所示。

表 5.17　mpstat 命令各输出字段及其功能说明

输出字段	功能说明
%usr	表示处理用户进程所使用 CPU 的百分比。用户进程是用于应用程序的非内核进程
%nice	表示使用 nice 命令对进程进行降级时使用 CPU 的百分比
%sys	表示内核进程使用 CPU 的百分比
%iowait	表示等待进行输入/输出时所使用 CPU 的百分比
%irq	表示用于处理系统中断的 CPU 的百分比
%soft	表示用于软件中断的 CPU 的百分比
%steal	显示虚拟机管理器在服务另一个虚拟 CPU 时，虚拟 CPU 处于非自愿等待状态下花费的时间占 CPU 开销时间的比例
%guest	显示运行虚拟 CPU 时 CPU 花费时间的百分比
%idle	显示 CPU 的空闲时间
%intr/s	显示每秒 CPU 接收的中断总数

5.3.4　性能分析监控

top 命令是 Linux 操作系统中常用的性能分析命令，其能够实时显示系统中各个进程的资源使用状况，类似于 Windows 的任务管理器。top 命令显示的是一个动态过程，即可以通过用户按键来不断刷新当前状态。其格式如下。

```
top  [选项]
```

top 命令各选项及其功能说明如表 5.18 所示。

表 5.18　top 命令各选项及其功能说明

选项	功能说明
e	以批处理模式操作
-c	显示完整的命令行
-d	屏幕刷新间隔时间
-I	忽略失效过程
-s	以保密模式操作
-S	以累积模式操作
-i<时间>	设置时间间隔
-u<用户名>	指定用户名
-p<进程号>	指定进程
-n<次数>	指定循环显示的次数

【实例 5.13】使用 top 命令显示系统中各个进程的资源使用状况，查看系统当前信息，如图 5.37 所示，执行命令如下。

```
[root@localhost ~]# top  -c
```

```
[root@localhost ~]# top  -c
top - 07:55:27 up 11:57,  2 users,  load average: 0.09, 0.03, 0.01
Tasks: 238 total,   1 running, 237 sleeping,   0 stopped,   0 zombie
%Cpu(s):  0.2 us,  0.2 sy,  0.0 ni, 99.7 id,  0.0 wa,  0.0 hi,  0.0 si,  0.0 st
MiB Mem :   3704.6 total,   1141.4 free,   1495.3 used,   1067.8 buff/cache
MiB Swap:   2048.0 total,   2048.0 free,      0.0 used.   1949.9 avail Mem

    PID USER      PR  NI    VIRT    RES    SHR S  %CPU  %MEM     TIME+ COMMAND
  41445 root      20   0   65812   5364   4448 R   0.7   0.1   0:00.05 top -c
      1 root      20   0  241740  14712   9192 S   0.0   0.4   0:04.59 /usr/lib/systemd/systemd --swit+
      2 root      20   0       0      0      0 S   0.0   0.0   0:00.03 [kthreadd]
      3 root       0 -20       0      0      0 I   0.0   0.0   0:00.00 [rcu_gp]
      4 root       0 -20       0      0      0 I   0.0   0.0   0:00.00 [rcu_par_gp]
      6 root       0 -20       0      0      0 I   0.0   0.0   0:00.00 [kworker/0:0H-events_highpri]
      8 root       0 -20       0      0      0 I   0.0   0.0   0:00.00 [mm_percpu_wq]
      9 root      20   0       0      0      0 S   0.0   0.0   0:00.00 [rcu_tasks_rude_]
```

图 5.37　查看系统当前信息

实训

本实训的主要任务是修改常用网络配置文件，熟练掌握常用网络管理命令，对磁盘、内存、CPU、性能分析等进行相关系统监控操作。

【实训目的】

（1）掌握修改常用网络配置文件的方法。

（2）熟练掌握常用网络管理命令的使用方法。

（3）掌握相关系统监控操作的方法。

【实训内容】

（1）修改常用网络配置文件，设置 IP 地址、网关、DNS 等，使 Linux 操作系统可以访问 Internet。

（2）常用网络管理命令的使用，如 ifconfig 命令、hostnamectl 命令、route 命令、ping 命令、netstat 命令、nslookup 命令、ip 命令等。

（3）使用 nmcli 命令配置网络环境。

（4）对磁盘、内存、CPU 等进行相关系统监控操作，进行性能分析。

练习题

1. 选择题

（1）在 Linux 操作系统中，查看自己主机的 IP 地址时使用的命令是（　　）。

A．hostnamectl　　B．ifconfig　　C．host　　D．ping

（2）对于网卡配置文件/etc/sysconfig/network-scripts/ifcfg-ens160，（　　）用于重启网卡。

A．BOOTPROTO　　B．IPADDR　　C．ONBOOT　　D．PREFIX

（3）使用 ping 命令检测网络联通性时，用于设置回应返回次数的选项是（　　）。

A．-c　　B．-f　　C．-i　　D．-n

（4）可以使用（　　）命令来追踪网络数据包的路由途径。

A．nslookup　　B．ip　　C．netstat　　D．traceroute

（5）测试自己的主机和其他主机能否正常通信时，可以使用（　　）命令。

A．host　　B．ping　　C．ifconfig　　D．nslookup

2. 简答题

（1）如何配置本机的 IP 地址？如何修改本机的主机名？

（2）如何使用 ip 命令来查看本地的 IP 地址、路由等信息？

（3）监控本机的磁盘、内存、CPU 的使用情况，并找出最耗资源的程序。

第6章 软件包管理

06

Linux 中的很多软件都是通过源代码包方式发布的。相对于二进制软件包，虽然源代码包的配置和编译烦琐一些，但是它的可移植性好很多。针对不同的体系结构，软件开发者往往仅需发布同一份源代码包，不同的最终用户经过编译即可正确运行。因此，作为 Linux 操作系统的管理员，必须学会软件的安装、升级、删除和查询的方法，以支撑系统的管理与使用。本章主要介绍 RPM 安装软件包、YUM 安装软件包以及 DNF 安装软件包。

【教学目标】

1. 理解软件包的命令方式。
2. 理解 rpm 和 yum 命令的格式及功能。
3. 熟练掌握使用 rpm 命令进行软件的安装、升级、删除和查询的方法。
4. 熟练掌握使用 yum 命令进行软件的安装、升级、删除、查询和配置的方法。
5. 熟练掌握使用 dnf 命令进行软件的安装、升级、删除、查询和配置的方法。

【素质目标】

1. 鼓励学生在实践中探索和掌握自定义软件仓库、构建和打包软件的方法，培养学生的创新思维和动手能力。
2. 通过共同管理和维护软件环境，培养学生的团队协作意识，理解不同角色间配合的重要性。
3. 在软件安装和升级的过程中，强调安全性和稳定性，让学生明白每一个操作都可能影响整个系统和用户，从而培养其严谨、负责的工作态度。

6.1 RPM 安装软件包

红帽包管理器（Red Hat Package Manager，RPM）是由红帽公司开发的软件包安装和管理程序，使用 RPM 的用户可以自行安装和管理 Linux 中的应用程序及系统工具。

V6.1 RPM 简介

6.1.1 RPM 简介

RPM 是以数据库记录的方式将需要的软件安装到 Linux 操作系统中的一套管理机制。RPM 最大的特点是将要安装的软件编译好，并打包成 RPM 机制的安装包，通过软件默认的数据库记录这款软件安装时必须具备的依赖关系。在安装时，RPM 会先检查是否满足这款软件安装的依赖关系，满足则安装，不满足则拒绝安装。

RPM 包中包含可执行的二进制程序，这个二进制程序和 Windows 软件包中的可执行文件类似；RPM 包中还包含程序运行时所需要的文件，这也和 Windows 的软件包类似。Windows 程序运行时，除了需要可执行文件以外，还需要其他文件。对于一个 RPM 包中的应用程序而言，除了自身所带的附加文件能够保证其正常运行以外，有时还需要其他特定版本的文件，这就是软件包的依赖关系。依赖关系并不是 Linux 软件特有的，Windows 软件之间也存在依赖关系。例如，要在 Windows 操作系统中运行 3D 游戏，在安装该 3D 游戏的时候，系统可能会提示要安装 DirectX 9。Linux 和 Windows 的原理是差不多的。因此，被打包的二进制应用程序除了二进制文件以外，还包括库文件、配置文件（可以实现软件的一些设置）、帮助文件。RPM 保留了一个数据库，这个数据库包含所有软件包的资料。通过这个数据库，用户可以进行软件包的查询，删除软件时也可以将该软件安装在多处目录下的文件删除，因此初学者应尽可能使用 RPM 形式的软件包。

RPM 可以让用户直接以二进制方式安装软件包，并可以帮助用户查询是否已经安装有关的库文件。在使用 RPM 删除程序时，RPM 会询问用户是否要删除有关程序；如果使用 RPM 来升级软件，则 RPM 会保留原先的配置文件，这样用户无须重新配置新的文件。RPM 虽然是为 Linux 而设计的，但是它已经移植到 Solaris、AIX 和 Irix 等其他 UNIX 操作系统中。RPM 遵循 GPL，用户可以在符合 GPL 的条件下自由使用及传播 RPM。

1. RPM 的功能

（1）方便的升级功能。RPM 可对单个软件包进行升级，并保留用户原先的配置信息。

（2）强大的查询功能。RPM 可以针对整个软件包的数据或者某个特定的文件进行查询，并可以轻松地查询某个文件属于哪个软件包。

（3）系统校验。如果不小心删除了某个重要文件，但不知道哪个软件包需要此文件，则可以使用 RPM 查询已经安装的软件包缺少了哪些文件，是否需要重新安装，还可以检验出安装的软件包是否已经被其他用户修改过。

2. RPM 的优点

（1）RPM 已经编译且打包好，安装方便。

（2）软件信息记录在 RPM 数据库中，方便查询、验证与删除。

3. RPM 的缺点

（1）当前系统环境必须与 RPM 包的编译环境一致。

（2）需要满足依赖关系。

（3）删除时要注意，最底层的软件不可以先移除，否则可能会导致整个系统出现问题。

6.1.2 RPM 的命名格式

1. 典型的命名格式

V6.2 RPM 的命名格式

RPM 典型的命名格式如下。

```
软件名-版本号-释出号.体系号.rpm
```

其中，体系号指的是执行程序适用的处理器体系，一般包含以下几个体系。

（1）i386 体系：适用于任何 Intel 80386 以上的 x86 架构的计算机。

（2）i686 体系：适用于任何 Intel 80686（奔腾 Pro 处理器以上）的 x86 架构的计算机，i686 体系的程序通常对 CPU 进行了优化。

（3）x86_64 体系：适用于 64 位计算机。

（4）PPC 体系：适用于 PowerPC 或 Apple Power Macintosh。

（5）Noarch 体系：没有架构要求，即这个软件包与硬件架构无关，可以通用，有些脚本（如 Shell 脚本）被打包到独立于架构的 RPM 中，这就是 noarch 包。

当体系号为 src 时，表明其为源代码包，否则为执行程序包。例如，wxy-3.5.6-8.x86_64.rpm 为执行程序包，其软件名为 wxy，主版本号为 3，次版本号为 5，修订版本号为 6，释出号为 8，体系号为 x86_64，扩展名为.rpm；而 wxy-3.5.6-8.src.rpm 表明其为源代码包。

在 Internet 中，用户经常会看到这样的目录：/RPMS 和/SRPMS。其中，/RPMS 目录下存放的是一般的 RPM 软件包，这些软件包是由软件的源代码编译成的可执行文件，并包装为 RPM 软件包；/SRPMS 目录下存放的都是以.src.rpm 结尾的文件，这些文件是由软件的源代码包装成的。

2. URL 方式的命名格式

（1）FTP 方式的命名格式。

```
ftp://[用户名[: 密码]@]主机[: 端口]/包文件
```

其中，[ ]中的内容表示可选项；主机可以是主机名，也可以是 IP 地址；包文件可以包含目录信息。如果未指定用户，则 RPM 采用匿名方式传输数据（用户名为 anonymous）。如果未指定密码，则 RPM 会根据实际情况提示用户输入密码。如果未指定端口，则表示 RPM 使用默认端口（一般为 21）。

例如，ftp://ftp.aaa.com/bbb.rpm 表示使用匿名方式传输数据，主机为 ftp.aaa.com，包文件为 bbb.rpm。

又如，ftp://10.10.10.10:3300/web/bbb.rpm 表示使用匿名方式传输数据，主机 IP 地址为 10.10.10.10，端口号为 3300，包文件目录为/web，包文件为 bbb.rpm。

当用户需要安装这类 RPM 软件包时，必须执行如下命令。

```
#rpm  -ivh  ftp://ftp.aaa.com/bbb.rpm
#rpm  -ivh  ftp://10.10.10.10:3300/web/bbb.rpm
```

（2）HTTP 方式的命名格式。

```
http://主机[: 端口]/包文件
```

其中，[ ]中的内容表示可选项；主机可以是主机名，也可以是 IP 地址；包文件可以包含目录信息。如果未指定端口，则 RPM 默认使用 80 端口。

例如，http://xxx.yyy.com/www.rpm 表示使用 HTTP 方式获取 xxx.yyy.com 主机上的 www.rpm 文件。

又如，http://xxx.yyy.com:3000/web/www.rpm 表示使用 HTTP 方式获取 xxx.yyy.com 主机上的/web 目录下的 www.rpm 文件，使用 3000 端口。

当用户需要安装这类 RPM 软件包时，必须执行如下命令。

```
#rpm  -ivh  http://xxx.yyy.com/www.rpm
#rpm  -ivh  http://xxx.yyy.com:3000/web/www.rpm
```

3. 其他命名格式

命名格式：任意。

例如，将 wxy-3.5.6-8.x86_64.rpm 改名为 wxy.txt，使用 RPM 安装也会成功，其根本原因是 RPM 判定一个文件是否为 RPM 格式时，不是看名称，而是看内容，即检查其是否符合特定的格式。

6.1.3 RPM 的使用

1. 使用 RPM 安装软件

从一般意义上讲，软件包的安装其实就是文件的复制，即把软件所用到的各个文件复制到特定目录下，使用 RPM 安装软件时也如此，但 RPM 在安装前通常要执行以下操作。

V6.3 使用 RPM 安装软件

（1）检查软件包的依赖关系。

RPM 格式的软件包中可能包含对依赖关系的描述，如软件执行时需要什么动态链接库、需要哪些程序及版本号要求等。当 RPM 发现所依赖的动态链接库或程序等不存在或不符合要求时，其默认的做法是中止软件包的安装。

（2）检查软件包的冲突。

有的软件与某些软件不能共存，软件包的作者会将这种冲突记录到 RPM 软件包中。安装时，若 RPM 发现有冲突，则会中止安装。

（3）执行安装前脚本程序。

安装前脚本程序由软件包的作者设定，需要在安装前执行，通常用于检测操作环境、建立有关目录、清理多余文件等，为顺利安装做好准备。

（4）处理配置文件。

RPM 对配置文件有特别的处理，因为用户常常需要根据实际情况对软件的配置文件做相应的修改。如果安装时简单地覆盖此类文件，则用户需重新手动设置，这样操作比较麻烦。在这种情况下，RPM 会将原配置文件重命名（原文件名后加上.rpmorig）并保存起来，用户可根据需要进行恢复，以避免重新设置。

（5）解压软件包并存放到相应位置。

此操作是极其重要的部分，也是软件包安装的关键。在此操作中，RPM 会将软件包解压缩，并将其中的文件存放到正确的位置。同时，文件的操作权限等属性要设置正确。

（6）执行安装后的脚本程序。

安装后的脚本程序为软件的正确执行设置了相关资源。

（7）更新 RPM 数据库。

安装后，RPM 将所安装的软件及相关信息记录到其数据库中，以便于以后升级、查询、校验和删除软件。

（8）执行安装时触发脚本程序。

触发脚本程序指软件包满足某种条件时才触发执行的脚本程序，它用于软件包之间的交互控制。

注意 “软件包名”和“软件名”是不同的，例如，wxy-3.5.6-8.x86_64.rpm 是软件包名，而 wxy 是软件名。

使用 rpm 命令安装软件时，其格式如下。

```
rpm [选项] [包文件名]
```

RPM 安装软件命令各选项及其功能说明如表 6.1 所示。

表 6.1 RPM 安装软件命令各选项及其功能说明

选项	功能说明
-i,--install	安装软件包
-v	显示命令执行过程和附加信息
-h,--hash	在软件包安装的时候列出哈希标记（和-v 选项一起使用效果会更好）
--test	不真正安装软件，只是判断当前能否安装软件
--percent	安装软件包时输出安装百分比
--allfiles	安装全部文件，包含配置文件，否则配置文件会被跳过
--excludedocs	安装程序文档
--force	忽略软件包及文件的冲突
--ignorearch	不验证软件包架构
--ignoreos	不验证软件包操作系统
--ignoresize	在安装前不检查磁盘空间
--nodeps	不验证软件包依赖关系

【实例 6.1】使用 rpm 命令安装并解压缩 RAR 格式的工具软件 unrar。

（1）使用 wget 命令下载工具软件 unrar，执行命令如下。

```
[root@localhost ~]# cd  /mnt
[root@localhost mnt]# wget  https://download1.rpmfusion.org/nonfree/el/updates/7/x86_64/u/unrar-5.4.5-1.el7.x86_64.rpm
[root@localhost mnt]# wget  http://ayo.freshrpms.net/redhat/9/i386/RPMS.freshrpms/unrar-3.2.1-fr1.i386.rpm
[root@localhost mnt]# ls -l
总用量 232
-rw-r--r--. 1 root root  84769 5月  15 2003 unrar-3.2.1-fr1.i386.rpm
-rw-r--r--. 1 root root 150648 1月  25 2017 unrar-5.4.5-1.el7.x86_64.rpm
[root@localhost mnt]#
```

（2）下载 unrar-5.4.5-1.el7.x86_64.rpm 文件，如图 6.1 所示。

```
[root@localhost ~]# cd /mnt
[root@localhost mnt]# wget  https://download1.rpmfusion.org/nonfree/el/updates/7/x86_64/u/unrar-5.4.5-1.el7.x86_64.rpm
--2020-09-03 03:12:58--  https://download1.rpmfusion.org/nonfree/el/updates/7/x86_64/u/unrar-5.4.5-1.el7.x86_64.rpm
正在解析主机 download1.rpmfusion.org (download1.rpmfusion.org)... 193.28.235.60
正在连接 download1.rpmfusion.org (download1.rpmfusion.org)|193.28.235.60|:443... 已连接。
已发出 HTTP 请求，正在等待回应... 200 OK
长度：150648 (147K) [application/x-rpm]
正在保存至："unrar-5.4.5-1.el7.x86_64.rpm"

100%[===========================================================================>] 150,648      179KB/s 用时 0.8s
```

图 6.1　下载 unrar-5.4.5-1.el7.x86_64.rpm 文件

（3）下载 unrar-3.2.1-fr1.i386.rpm 文件，如图 6.2 所示。

```
[root@localhost mnt]# wget http://ayo.freshrpms.net/redhat/9/i386/RPMS.freshrpms/unrar-3.2.1-fr1.i386.rpm
--2020-09-03 03:14:46--  http://ayo.freshrpms.net/redhat/9/i386/RPMS.freshrpms/unrar-3.2.1-fr1.i386.rpm
正在解析主机 ayo.freshrpms.net (ayo.freshrpms.net)... 94.23.24.61, 2001:41d0:2:193d::1
正在连接 ayo.freshrpms.net (ayo.freshrpms.net)|94.23.24.61|:80... 已连接。
已发出 HTTP 请求，正在等待回应... 200 OK
长度：84769 (83K) [application/x-redhat-package-manager]
正在保存至："unrar-3.2.1-fr1.i386.rpm"

56% [========================================>                    ] 48,008      3.26KB/s 剩余 12s
63% [============================================>                ] 53,656      3.55KB/s
68% [================================================>            ] 57,892      3.75KB/s
100%[============================================================>] 84,769      5.14KB/s 用时 23s

2020-09-03 03:15:12 (3.63 KB/s) - 已保存 "unrar-3.2.1-fr1.i386.rpm" [84769/84769])
```

图 6.2　下载 unrar-3.2.1-fr1.i386.rpm 文件

（4）使用 rpm 命令安装 unrar，安装的选项很多，一般而言，使用“rpm　-ivh　name”格式的命令即可，如图 6.3 和图 6.4 所示，尽量不要使用暴力安装方式（即不要使用--force 选项进行安装）。

```
[root@localhost mnt]# rpm -ivh unrar-3.2.1-fr1.i386.rpm
警告：unrar-3.2.1-fr1.i386.rpm: 头V3 DSA/SHA1 Signature, 密钥 ID e42d547b: NOKEY
错误：依赖检测失败：
        libc.so.6 被 unrar-3.2.1-fr1.i386 需要
        libc.so.6(GLIBC_2.0) 被 unrar-3.2.1-fr1.i386 需要
        libc.so.6(GLIBC_2.1) 被 unrar-3.2.1-fr1.i386 需要
        libc.so.6(GLIBC_2.1.3) 被 unrar-3.2.1-fr1.i386 需要
        libc.so.6(GLIBC_2.2) 被 unrar-3.2.1-fr1.i386 需要
        libgcc_s.so.1 被 unrar-3.2.1-fr1.i386 需要
        libgcc_s.so.1(GCC_3.0) 被 unrar-3.2.1-fr1.i386 需要
        libgcc_s.so.1(GLIBC_2.0) 被 unrar-3.2.1-fr1.i386 需要
        libm.so.6 被 unrar-3.2.1-fr1.i386 需要
        libstdc++.so.5 被 unrar-3.2.1-fr1.i386 需要
        libstdc++.so.5(CXXABI_1.2) 被 unrar-3.2.1-fr1.i386 需要
        libstdc++.so.5(GLIBCPP_3.2) 被 unrar-3.2.1-fr1.i386 需要
```

图 6.3　安装 unrar-3.2.1-fr1.i386.rpm 文件

```
[root@localhost mnt]# rpm -ivh unrar-5.4.5-1.el7.x86_64.rpm
警告：unrar-5.4.5-1.el7.x86_64.rpm: 头V4 RSA/SHA1 Signature, 密钥 ID a3108f6c: NOKEY
准备中...                          ################################# [100%]
        软件包 unrar-5.4.5-1.el7.x86_64 已经安装
```

图 6.4　安装 unrar-5.4.5-1.el7.x86_64.rpm 文件

从安装过程中可以看出，unrar-3.2.1-fr1.i386.rpm 文件没有安装成功，这是因为该软件需要满足依赖关系；而 unrar-5.4.5-1.el7.x86_64.rpm 文件安装成功。

2. 使用 RPM 删除软件

删除软件即卸载软件。需要注意的是，删除软件的过程一定是由最上层向下删除的，否则会产生结构上的问题。使用 rpm 命令删除软件时，其格式如下。

```
rpm [选项] [软件名]
```

RPM 删除软件命令各选项及其功能说明如表 6.2 所示。

表 6.2 RPM 删除软件命令各选项及其功能说明

选项	功能说明
-e,--erase	删除软件包
--nodeps	不验证软件包依赖关系
--noscripts	不执行软件包脚本
--notriggers	不执行软件包触发的任何脚本
--test	只执行删除的测试
--vv	显示调试信息

【实例 6.2】使用 rpm 命令删除 unrar 软件，执行命令如下。

```
[root@localhost ~]# rpm -qa | grep unrar          //查询 unrar 软件安装情况
unrar-5.4.5-1.el7.x86_64
[root@localhost ~]# rpm -e unrar                  //删除 unrar 软件
[root@localhost ~]# rpm -qa | grep unrar
[root@localhost ~]#                               //已经无法查询到 unrar 软件的信息
```

注意 这里使用了 rpm -e [软件名]命令，其中，“软件名”可以包含版本号等信息，但是不可以包含扩展名.rpm。例如，删除软件包 unrar-5.4.5-1 时，可以使用如下命令。

```
rpm -e unrar-5.4.5-1
rpm -e unrar-5.4.5
rpm -e unrar-
rpm -e unrar
```

但不可以使用如下命令。

```
rpm -e unrar-5.4.5-1.el7.x86_64.rpm
rpm -e unrar-5.4.5-1.el7.x86_64
rpm -e unrar-5.4
rpm -e unrar-5
```

3. 使用 RPM 升级软件

使用 RPM 升级软件的操作十分方便，使用 rpm -Uvh [包文件名]命令即可，其可以使用的选项和安装软件命令的选项基本相同。使用 rpm 命令升级软件时，其格式如下。

```
rpm [选项] [包文件名]
```

RPM 升级软件命令各选项及其功能说明如表 6.3 所示。

表 6.3 RPM 升级软件命令各选项及其功能说明

选项	功能说明
-U,--upgrade	升级软件包
-v	显示命令执行过程和附加信息
-h,--hash	在软件包安装的时候列出哈希标记（和-v 选项一起使用效果会更好）
--test	不真正安装软件，只是判断当前能否安装软件
--percent	安装软件包时输出安装百分比
--allfiles	安装全部文件，包含配置文件，否则配置文件会被跳过
--excludedocs	安装程序文档
--force	忽略软件包及文件的冲突
--ignorearch	不验证软件包架构
--ignoreos	不验证软件包操作系统

续表

选项	功能说明
--ignoresize	在安装前不检查磁盘空间
--nodeps	不验证软件包依赖关系
--vv	显示调试信息

【实例 6.3】使用 rpm 命令升级 unrar 软件，如图 6.5 所示。

```
[root@localhost mnt]# rpm -Uvh unrar-5.4.5-1.el7.x86_64.rpm
警告：unrar-5.4.5-1.el7.x86_64.rpm: 头V4 RSA/SHA1 Signature, 密钥 ID a3108f6c: NOKEY
准备中...                          ################################# [100%]
        软件包 unrar-5.4.5-1.el7.x86_64 已经安装
```

图6.5　使用 rpm 命令升级 unrar 软件

4. 使用 RPM 查询软件

使用 RPM 查询软件的时候，其实查询的是/var/lin/rpm 目录下的数据库文件，也可以查询未安装的 RPM 文件内容的信息。

使用 rpm 命令查询软件时，其格式如下。

```
rpm ［选项］［文件名］
```

RPM 查询软件命令各选项及其功能说明如表 6.4 所示。

表 6.4　RPM 查询软件命令各选项及其功能说明

选项	功能说明
-q, --query	查询已经安装的软件包
-a	查询所有安装的软件包
-c, --configfiles	显示配置文件列表
-d	显示文档文件列表
-f	查询软件属于哪个软件包
-i	显示软件包的概要信息
-l	显示软件包中的文件列表
-s	显示软件包中的文件列表并显示每个文件的状态
-v	显示附加信息
--vv	显示调试信息

【实例 6.4】使用 rpm 命令查询软件，操作如下。

（1）查询系统是否安装了 unrar 软件，执行命令如下。

```
[root@localhost mnt]# rpm  -q  unrar
unrar-5.4.5-1.el7.x86_64                        //说明已经安装了此软件
[root@localhost mnt]#
```

（2）查询 unrar 软件提供的所有目录和文件，执行命令如下。

```
[root@localhost mnt]# rpm  -ql  unrar
/usr/bin/unrar
/usr/bin/unrar-nonfree
/usr/share/doc/unrar-5.4.5
......
[root@localhost mnt]# which  unrar                 //搜索软件所在路径及别名
/usr/local/bin/unrar
[root@localhost mnt]# ls  -l  /usr/local/bin/unrar
lrwxrwxrwx. 1 root root 20 9月  3 04:54 /usr/local/bin/unrar -> /usr/local/rar/unrar
```

（3）查询 unrar 软件的配置文件列表与文档文件列表，执行命令如下。

```
[root@localhost ~]# rpm  -qc  unrar              //查询配置文件列表
[root@localhost ~]# rpm  -qd  unrar              //查询文档文件列表
/usr/share/doc/unrar-5.4.5/readme.txt
/usr/share/man/man1/unrar-nonfree.1.gz
[root@localhost ~]#
```

（4）查询 unrar 软件的相关概要信息，如图 6.6 所示。

```
[root@localhost mnt]# rpm -qi  unrar
Name        : unrar
Version     : 5.4.5
Release     : 1.el7
Architecture: x86_64
Install Date: 2020年09月03日 星期四 05时47分52秒
Group       : Applications/Archiving
Size        : 310256
License     : Freeware with further limitations
Signature   : RSA/SHA1, 2017年01月25日 星期三 23时00分49秒, Key ID c8f76df1a3108f6c
Source RPM  : unrar-5.4.5-1.el7.src.rpm
Build Date  : 2016年08月24日 星期三 04时10分45秒
Build Host  : buildvm-02.online.rpmfusion.net
Relocations : (not relocatable)
Packager    : RPM Fusion
Vendor      : RPM Fusion
URL         : http://www.rarlab.com/rar_add.htm
Summary     : Utility for extracting, testing and viewing RAR archives
Description :
The unrar utility is a freeware program for extracting, testing and
viewing the contents of archives created with the RAR archiver version
1.50 and above.
```

图 6.6　查询 unrar 软件的相关概要信息

6.2 YUM 安装软件包

YUM（Yellowdog Updater Modified）是 Fedora、Red Hat 和 SUSE 中的 Shell 前端软件包管理器。基于 RPM 包管理，YUM 能够从指定的服务器自动下载并安装 RPM 包，可以处理依赖关系，并可以一次性安装所有依赖的软件包，无须一次次下载、安装软件包。rpm 命令只能安装下载到本地的 RPM 格式的安装包，但是不能处理软件包之间的依赖关系，尤其是由多个 RPM 包组成的软件，此时可以使用 yum 命令。

6.2.1 YUM 简介

YUM 能够更加方便地添加、删除、更新 RPM 包，能够自动处理软件包之间的依赖关系，方便系统更新及软件管理。YUM 通过软件仓库进行软件的下载、安装等。软件仓库可以是一个 HTTP 或 FTP 站点，也可以是一个本地软件池。软件仓库可以有多个，在/etc/yum.conf 文件中进行相关配置即可。YUM 的资源库包括 RPM 的头文件，头文件中包含软件的功能描述、依赖关系等信息。通过分析这些信息，YUM 可计算出依赖关系并进行相关的升级、安装、删除等操作。

V6.4　YUM 简介

6.2.2 认识 YUM 配置文件

YUM 的配置文件分为主体配置文件和 YUM 仓库源文件两部分。

（1）主体配置文件。

主体配置文件定义了全局配置选项，该文件只有一个，通常为/etc/yum.conf。

（2）YUM 仓库源文件。

YUM 仓库源文件定义了源服务器的具体配置，该文件可以有一个或多个，通常为/etc/yum.repos.d/*.repo。可以通过命令查看 YUM 仓库源文件的配置。

1. 认识主体配置文件

（1）使用 cat /etc/yum.conf 命令查看默认主体配置文件，如图 6.7 所示，执行命令如下。

```
[root@localhost ~]#cat  /etc/yum.conf
```

```
[root@localhost ~]# cat  /etc/yum.conf
[main]
gpgcheck=1
installonly_limit=3
clean_requirements_on_remove=True
best=True
skip_if_unavailable=False
[root@localhost ~]#
```

图 6.7 查看默认主体配置文件

（2）主体配置文件的全局配置信息的参数及其功能说明如表 6.5 所示。

表 6.5 主体配置文件的全局配置信息的参数及其功能说明

参数	功能说明
cachedir	YUM 的缓存目录，YUM 将下载的 RPM 包存放在 cachedir 参数指定的目录下
keepcache	安装完成后是否保留软件包，0 表示不保留（默认为 0），1 表示保留
debuglevel	Debug 信息输出等级，其值为 0～10，默认为 2
logfile	YUM 日志文件位置，用户可以通过该文件查询做过的更新
exactarch	是否只安装和系统架构匹配的软件包。可选项为 1、0，默认为 1。设置为 1 时表示不会将 i686 的软件包安装在适用于 i386 的系统中
obsoletes	是否允许更新陈旧的 RPM 包
gpgcheck	是否进行 GNU 隐私卫士（GNU Privacy Guard，GnuPG）校验，以确定 RPM 包的来源有效、安全。当这个参数设置在[main]部分时，表示对每个仓库源文件都有效
plugins	是否启用插件，默认为 1，即表示允许启用插件，0 表示不允许启用插件
installonly_limit	可同时安装程序包的数量
bugtracker_url	漏洞追踪路径
distroverpkg	当前发行版的版本号

2. 认识 YUM 仓库源文件

（1）使用 ls -l /etc/yum.repos.d/命令查看当前目录 YUM 仓库源文件信息，执行命令如下。

```
[root@localhost ~]# ls  -l  /etc/yum.repos.d/
总用量 44
-rw-r--r--. 1 root root  713 1月  19 2022 CentOS-Stream-AppStream.repo
-rw-r--r--. 1 root root  698 1月  19 2022 CentOS-Stream-BaseOS.repo
-rw-r--r--. 1 root root  316 1月  19 2022 CentOS-Stream-Debuginfo.repo
-rw-r--r--. 1 root root  698 1月  19 2022 CentOS-Stream-Extras.repo
-rw-r--r--. 1 root root  734 1月  19 2022 CentOS-Stream-HighAvailability.repo
-rw-r--r--. 1 root root  696 1月  19 2022 CentOS-Stream-Media.repo
-rw-r--r--. 1 root root  683 1月  19 2022 CentOS-Stream-NFV.repo
-rw-r--r--. 1 root root  718 1月  19 2022 CentOS-Stream-PowerTools.repo
-rw-r--r--. 1 root root  690 1月  19 2022 CentOS-Stream-RealTime.repo
-rw-r--r--. 1 root root  748 1月  19 2022 CentOS-Stream-ResilientStorage.repo
-rw-r--r--. 1 root root 1771 1月  19 2022 CentOS-Stream-Sources.repo
[root@localhost ~]#
```

（2）以当前显示的 CentOS-Stream-BaseOS.repo 文件为例，查看 YUM 仓库源文件信息，如图 6.8 所示，执行命令如下。

```
[root@localhost ~]#cat  /etc/yum.repos.d/ CentOS-Stream-BaseOS.repo
```

```
[root@localhost ~]# cat  /etc/yum.repos.d/CentOS-Stream-BaseOS.repo
# CentOS-Stream-BaseOS.repo
#
# The mirrorlist system uses the connecting IP address of the client and the
# update status of each mirror to pick current mirrors that are geographically
# close to the client.  You should use this for CentOS updates unless you are
# manually picking other mirrors.
#
# If the mirrorlist does not work for you, you can try the commented out
# baseurl line instead.

[baseos]
name=CentOS Stream $releasever - BaseOS
mirrorlist=http://mirrorlist.centos.org/?release=$stream&arch=$basearch&repo=BaseOS&infra=$infra
#baseurl=http://mirror.centos.org/$contentdir/$stream/BaseOS/$basearch/os/
gpgcheck=1
enabled=1
gpgkey=file:///etc/pki/rpm-gpg/RPM-GPG-KEY-centosofficial
[root@localhost ~]#
```

图 6.8　查看 YUM 仓库源文件信息

（3）YUM 仓库源文件信息的参数及其功能说明如表 6.6 所示。

表 6.6　YUM 仓库源文件信息的参数及其功能说明

参数	功能说明
<名称>	用于区分不同的 YUM 仓库源文件，必须有一个独一无二的名称
name	对 YUM 仓库源文件的描述
#baseurl	指向 YUM 仓库源文件的父目录（即/repodata 目录），这是服务器设置中最重要的部分，只有设置正确才能获取软件包，URL 支持 http://、ftp://和 file://这 3 种格式
enabled	其值为 0 时表示禁止使用这个 YUM 仓库源文件；其值为 1 时表示允许使用这个 YUM 仓库源文件。如果没有使用 enabled 参数，则默认 enabled=1
gpgcheck	其值为 0 时表示安装前不对 RPM 包进行检测；其值为 1 时表示安装前对 RPM 包进行检测
gpgkey	密钥文件的位置

6.2.3　YUM 的使用

YUM 的基本操作包括软件的搜索、查询、安装（本地、网络）、删除、升级（本地、网络），以及使用 YUM 清除缓存等。

1. 使用 YUM 搜索、查询软件

当使用 yum 命令搜索、查询软件时，其格式如下。

```
yum  [选项]  [查询工作项目]
```

YUM 搜索、查询命令及其功能说明如表 6.7 所示。

表 6.7　YUM 搜索、查询命令及其功能说明

搜索、查询命令	功能说明
search<keyword>	搜索匹配特定字符的 RPM 包
list	列出资源库中所有可以安装或更新的 RPM 包
list updates	列出资源库中所有可以更新的 RPM 包
list installed	列出所有已经安装的 RPM 包
list extras	列出所有已安装但不在资源库中的软件包
list <package_name>	列出指定名称的软件包
deplist<软件名>	查看程序对软件包的依赖情况
groupinfo<组名>	显示程序组信息
info	列出资源库中所有可以安装或更新的 RPM 包
info<package_name>	使用 YUM 获取软件包信息
info updates	列出资源库中所有可以更新的 RPM 包
info installed	列出所有已经安装的 RPM 包
info extras	列出所有已安装但不在资源库中的软件包
provides<package_name>	列出软件包提供的文件

【实例 6.5】使用 yum 命令查询软件，操作如下。

（1）使用 yum 命令查询 Firefox 相关软件，如图 6.9 所示，执行命令如下。

```
[root@localhost ~]# yum  search  firefox
```

```
[root@localhost ~]# yum search firefox
已加载插件：fastestmirror, langpacks
Loading mirror speeds from cached hostfile
 * base: mirrors.neusoft.edu.cn
 * extras: mirrors.neusoft.edu.cn
 * updates: mirrors.neusoft.edu.cn
=========================== N/S matched: firefox ===========================
firefox.x86_64 : Mozilla Firefox Web browser
firefox.i686 : Mozilla Firefox Web browser
firefox-noscript.noarch : JavaScript white list extension for Mozilla Firefox
firefox-pkcs11-loader.x86_64 : Helper script for Firefox that sets up the browser for authentication with
                             : Estonian ID-card
mozilla-adblockplus.noarch : Adblocking extension for Mozilla Firefox, Thunderbird, and SeaMonkey
mozilla-https-everywhere.noarch : HTTPS enforcement extension for Mozilla Firefox
mozilla-noscript.noarch : JavaScript white list extension for Mozilla Firefox
mozilla-requestpolicy.noarch : Firefox and Seamonkey extension that gives you control over cross-site
                             : requests
mozilla-ublock-origin.noarch : An efficient blocker for Firefox
webextension-token-signing.x86_64 : Chrome and Firefox extension for signing with your eID on the web

  名称和简介匹配 only，使用"search all"试试。
```

图 6.9　使用 yum 命令查询 Firefox 相关软件

（2）列出提供 passwd 文件的软件，如图 6.10 所示，执行命令如下。

```
[root@localhost ~]# yum provides passwd
```

```
[root@localhost ~]# yum  provides  passwd
已加载插件：fastestmirror, langpacks
Loading mirror speeds from cached hostfile
 * base: mirrors.neusoft.edu.cn
 * extras: mirrors.neusoft.edu.cn
 * updates: mirrors.neusoft.edu.cn
passwd-0.79-6.el7.x86_64 : An utility for setting or changing passwords using PAM
源    : base



passwd-0.79-4.el7.x86_64 : An utility for setting or changing passwords using PAM
源    : @anaconda
```

图 6.10　列出提供 passwd 文件的软件

2. 使用 YUM 安装、删除、升级软件

当使用 yum 命令安装、删除、升级软件时，其格式如下。

```
yum  install/remove/update  [选项]
```

YUM 安装、删除、升级命令及其功能说明如表 6.8 所示。

表 6.8　YUM 安装、删除、升级命令及其功能说明

安装、删除、升级命令	功能说明
install<package_name>	安装指定的软件时会查询仓库源文件。如果其中有这个软件的软件包，则检查其依赖冲突关系。如果没有依赖冲突关系，则进行下载及安装操作；如果有依赖冲突关系，则会给出提示，询问是否同时安装依赖或删除冲突的包
localinstall<软件名>	安装一个本地已经下载的软件包
groupinstall<组名>	如果仓库为软件包分了组，则可以通过安装此组来安装其中所有的软件包
[-y] install<package_name>	安装指定的软件
[-y] remove<package_name>	删除指定的软件，同安装指定的软件一样，YUM 会查询仓库源文件，给出处理依赖关系的提示
[-y] rease<package_name>	删除指定的软件
groupremove<组名>	删除组中的软件
check-update	检查可升级的 RPM 包
update	升级所有可以升级的 RPM 包
update kernel kernel-source	升级指定的 RPM 包，如升级 Kernel 和 Kernel-source
-y update	升级所有可升级的软件包，-y 表示同意所有请求，而不用一次次确认升级请求
update<package_name>	仅升级指定的软件
upgrade	大规模的版本升级，与 update 选项不同的是，该选项会将旧的、淘汰的包也一起升级
groupupdate<组名>	升级组中的软件包

【实例 6.6】使用 yum 命令安装、删除、升级软件，操作如下。

（1）使用 yum -y install passwd-0.80-4.el8 命令安装软件，YUM 会自动处理依赖关系、安装好依赖的包并将其显示出来，如图 6.11 所示。如果不加-y 选项，则会弹出提示信息以确认操作，执行命令如下。

```
[root@localhost ~]# yum -y install passwd-0.80-4.el8
```

```
[root@localhost ~]# yum -y install passwd-0.80-4.el8
上次元数据过期检查：0:42:17 前，执行于 2024年02月23日 星期五 07时42分29秒。
依赖关系解决。
================================================================================
 软件包            架构            版本               仓库               大小
================================================================================
升级:
 passwd           x86_64          0.80-4.el8         baseos            115 k

事务概要
================================================================================
升级  1 软件包

总下载：115 k
下载软件包：
passwd-0.80-4.el8.x86_64.rpm                    329 kB/s | 115 kB     00:00
--------------------------------------------------------------------------------
总计                                            108 kB/s | 115 kB     00:01
CentOS Stream 8 - BaseOS                        1.6 MB/s | 1.6 kB     00:00
导入 GPG 公钥 0x8483C65D:
 Userid: "CentOS (CentOS Official Signing Key) <security@centos.org>"
 指纹: 99DB 70FA E1D7 CE22 7FB6 4882 05B5 55B3 8483 C65D
 来自: /etc/pki/rpm-gpg/RPM-GPG-KEY-centosofficial
导入公钥成功
运行事务检查
事务检查成功。
运行事务测试
事务测试成功。
运行事务
  准备中  :                                                                 1/1
  升级    : passwd-0.80-4.el8.x86_64                                        1/2
  清理    : passwd-0.80-3.el8.x86_64                                        2/2
  运行脚本: passwd-0.80-3.el8.x86_64                                        2/2
  验证    : passwd-0.80-4.el8.x86_64                                        1/2
  验证    : passwd-0.80-3.el8.x86_64                                        2/2

已升级:
  passwd-0.80-4.el8.x86_64

完毕!
[root@localhost ~]#
```

图 6.11 使用 yum 命令安装软件

（2）使用 yum remove unrar 命令删除软件，如图 6.12 所示，执行命令如下。

```
[root@localhost ~]# yum remove unrar
```

```
[root@localhost ~]# yum remove unrar
已加载插件：fastestmirror, langpacks
正在解决依赖关系
--> 正在检查事务
---> 软件包 unrar.x86_64.0.5.4.5-1.el7 将被 删除
--> 解决依赖关系完成

依赖关系解决

================================================================================
 Package          架构            版本               源                 大小
================================================================================
正在删除:
 unrar            x86_64          5.4.5-1.el7        installed         303 k

事务概要
================================================================================
移除  1 软件包

安装大小：303 k
是否继续？[y/N]：y
Downloading packages:
Running transaction check
Running transaction test
Transaction test succeeded
Running transaction
警告：RPM 数据库已被非 yum 程序修改。

  正在删除    : unrar-5.4.5-1.el7.x86_64                                    1/1
  验证中      : unrar-5.4.5-1.el7.x86_64                                    1/1

删除:
  unrar.x86_64 0:5.4.5-1.el7

完毕!
```

图 6.12 使用 yum 命令删除软件

（3）使用yum -y update firefox命令升级软件，如图6.13所示，执行命令如下。

```
[root@localhost ~]# yum -y update firefox
```

```
[root@localhost ~]# yum  -y  update  firefox
上次元数据过期检查：0:45:22 前，执行于 2024年02月23日 星期五 07时42分29秒。
依赖关系解决。
================================================================================
 软件包                   架构          版本                  仓库           大小
================================================================================
升级:
 firefox                  x86_64        115.7.0-1.el8         appstream     115 M
 nspr                     x86_64        4.35.0-1.el8          appstream     143 k
 nss                      x86_64        3.90.0-6.el8          appstream     753 k
 nss-softokn              x86_64        3.90.0-6.el8          appstream     1.2 M
 nss-softokn-freebl       x86_64        3.90.0-6.el8          appstream     376 k
 nss-sysinit              x86_64        3.90.0-6.el8          appstream      75 k
 nss-util                 x86_64        3.90.0-6.el8          appstream     140 k

事务概要
================================================================================
升级  7 软件包

总下载：118 M
下载软件包：
(1/7): nspr-4.35.0-1.el8.x86_64.rpm                  453 kB/s | 143 kB     00:00
(2/7): nss-3.90.0-6.el8.x86_64.rpm                   1.4 MB/s | 753 kB     00:00
(3/7): nss-softokn-freebl-3.90.0-6.el8.x86_64.rpm    2.0 MB/s | 376 kB     00:00
(4/7): nss-softokn-3.90.0-6.el8.x86_64.rpm           2.9 MB/s | 1.2 MB     00:00
(5/7): nss-sysinit-3.90.0-6.el8.x86_64.rpm           677 kB/s |  75 kB     00:00
(6/7): nss-util-3.90.0-6.el8.x86_64.rpm              1.2 MB/s | 140 kB     00:00
(7/7): firefox-115.7.0-1.el8.x86_64.rpm              6.5 MB/s | 115 MB     00:17
--------------------------------------------------------------------------------
总计                                                 6.4 MB/s | 118 MB     00:18
运行事务检查
事务检查成功。
运行事务测试
事务测试成功。
运行事务
  准备中    :                                                              1/1
  升级      : nspr-4.35.0-1.el8.x86_64                                    1/14
  运行脚本  : nspr-4.35.0-1.el8.x86_64                                    1/14
  升级      : nss-util-3.90.0-6.el8.x86_64                                2/14
  升级      : nss-softokn-freebl-3.90.0-6.el8.x86_64                      3/14
  升级      : nss-softokn-3.90.0-6.el8.x86_64                             4/14
  升级      : nss-3.90.0-6.el8.x86_64                                     5/14
  升级      : nss-sysinit-3.90.0-6.el8.x86_64                             6/14
  升级      : firefox-115.7.0-1.el8.x86_64                                7/14
  运行脚本  : firefox-115.7.0-1.el8.x86_64                                7/14
  运行脚本  : firefox-91.6.0-1.el8_5.x86_64                               8/14
  清理      : firefox-91.6.0-1.el8_5.x86_64                               8/14
  运行脚本  : firefox-91.6.0-1.el8_5.x86_64                               8/14
  清理      : nss-3.67.0-7.el8_5.x86_64                                   9/14
  清理      : nss-softokn-3.67.0-7.el8_5.x86_64                          10/14
  清理      : nss-sysinit-3.67.0-7.el8_5.x86_64                          11/14
  清理      : nss-softokn-freebl-3.67.0-7.el8_5.x86_64                   12/14
  清理      : nss-util-3.67.0-7.el8_5.x86_64                             13/14
  清理      : nspr-4.32.0-1.el8_4.x86_64                                 14/14
  运行脚本  : nspr-4.32.0-1.el8_4.x86_64                                 14/14
  运行脚本  : nss-3.90.0-6.el8.x86_64                                    14/14
  运行脚本  : firefox-115.7.0-1.el8.x86_64                               14/14
  运行脚本  : nspr-4.32.0-1.el8_4.x86_64                                 14/14
  验证      : firefox-115.7.0-1.el8.x86_64                                1/14
  验证      : firefox-91.6.0-1.el8_5.x86_64                               2/14
  验证      : nspr-4.35.0-1.el8.x86_64                                    3/14
  验证      : nspr-4.32.0-1.el8_4.x86_64                                  4/14
  验证      : nss-3.90.0-6.el8.x86_64                                     5/14
  验证      : nss-3.67.0-7.el8_5.x86_64                                   6/14
  验证      : nss-softokn-3.90.0-6.el8.x86_64                             7/14
  验证      : nss-softokn-3.67.0-7.el8_5.x86_64                           8/14
  验证      : nss-softokn-freebl-3.90.0-6.el8.x86_64                      9/14
  验证      : nss-softokn-freebl-3.67.0-7.el8_5.x86_64                   10/14
  验证      : nss-sysinit-3.90.0-6.el8.x86_64                            11/14
  验证      : nss-sysinit-3.67.0-7.el8_5.x86_64                          12/14
  验证      : nss-util-3.90.0-6.el8.x86_64                               13/14
  验证      : nss-util-3.67.0-7.el8_5.x86_64                             14/14

已升级:
  firefox-115.7.0-1.el8.x86_64                    nspr-4.35.0-1.el8.x86_64
  nss-3.90.0-6.el8.x86_64                         nss-softokn-3.90.0-6.el8.x86_64
  nss-softokn-freebl-3.90.0-6.el8.x86_64          nss-sysinit-3.90.0-6.el8.x86_64
  nss-util-3.90.0-6.el8.x86_64

完毕！
[root@localhost ~]#
```

图6.13 使用yum命令升级软件

3. 使用YUM清除缓存

YUM会把下载的软件包和头文件存储在缓存中，而不会自动删除，如果用户觉得它们占用了磁盘空间，则可以对它们进行清除。其格式如下。

```
yum  [选项]  [软件包]
```

YUM 清除缓存命令及其功能说明如表 6.9 所示。

表 6.9　YUM 清除缓存命令及其功能说明

清除缓存命令	功能说明
clean packages	清除缓存目录（/var/cache/yum）下的 RPM 包
clean headers	清除缓存目录下的 RPM 头文件
clean oldheaders	清除缓存目录下的旧的 RPM 头文件
clean, clean all	清除缓存目录下的 RPM 包以及旧的 RPM 头文件

【实例 6.7】使用 yum clean all 命令清除缓存，以免使后面的软件因更新而发生异常。使用 yum repolist all 命令可以查看当前的所有容器，清除缓存只对启用的容器生效，如图 6.14 所示，执行命令如下。

```
[root@localhost ~]#yum  clean  all
[root@localhost ~]#yum  repolist  all
```

```
[root@localhost ~]# yum  clean  all
21 文件已删除
[root@localhost ~]# yum  repolist  all
仓库 id                     仓库名称                                        状态
appstream                   CentOS Stream 8 - AppStream                     启用
appstream-source            CentOS Stream 8 - AppStream - Source            禁用
baseos                      CentOS Stream 8 - BaseOS                        启用
baseos-source               CentOS Stream 8 - BaseOS - Source               禁用
debuginfo                   CentOS Stream 8 - Debuginfo                     禁用
extras                      CentOS Stream 8 - Extras                        启用
extras-source               CentOS Stream 8 - Extras - Source               禁用
ha                          CentOS Stream 8 - HighAvailability              禁用
ha-source                   CentOS Stream 8 - HighAvailability - Source     禁用
media-appstream             CentOS Stream 8 - Media - AppStream             禁用
media-baseos                CentOS Stream 8 - Media - BaseOS                禁用
nfv                         CentOS Stream 8 - NFV                           禁用
nfv-source                  CentOS Stream 8 - NFV - Source                  禁用
powertools                  CentOS Stream 8 - PowerTools                    禁用
powertools-source           CentOS Stream 8 - PowerTools - Source           禁用
resilientstorage            CentOS Stream 8 - ResilientStorage              禁用
resilientstorage-source     CentOS Stream 8 - ResilientStorage - Source     禁用
rt                          CentOS Stream 8 - RealTime                      禁用
rt-source                   CentOS Stream 8 - RT - Source                   禁用
[root@localhost ~]#
```

图 6.14　清除缓存并查看当前的所有容器

6.2.4　YUM 操作实例配置

使用 yum 命令进行软件的删除、安装、配置、查询等操作。

V6.5　YUM 操作实例配置

【实例 6.8】使用 yum 命令安装软件包、创建仓库源文件，以安装 Firefox 浏览器为例，操作如下。

（1）Firefox 浏览器在安装 CentOS　8 时已经自动安装了，所以需要先将其删除，执行命令如下。

```
[root@localhost ~]# rpm  -qa  firefox
firefox-115.7.0-1.el8.x86_64
root@localhost ~]# yum  -y  remove  firefox
```

使用 yum　-y　remove　firefox 命令后，YUM 会自动处理依赖关系、删除依赖的包并将其显示出来，如图 6.15 所示。

（2）备份本地 YUM 仓库源文件，执行相关操作，如图 6.16 所示。

```
[root@localhost ~]# yum -y remove firefox
已加载插件：fastestmirror, langpacks
正在解决依赖关系
--> 正在检查事务
---> 软件包 firefox.x86_64.0.68.12.0-1.el7.centos 将被 删除
--> 解决依赖关系完成
base/7/x86_64                                                                 | 3.6 kB  00:00:00
epel/x86_64                                                                   | 4.7 kB  00:00:00
extras/7/x86_64                                                               | 2.9 kB  00:00:00
updates/7/x86_64                                                              | 2.9 kB  00:00:00

依赖关系解决

==========================================================================================================
 Package            架构                 版本                              源                        大小
==========================================================================================================
正在删除:
 firefox            x86_64               68.12.0-1.el7.centos              @updates                 224 M

事务概要
==========================================================================================================
移除  1 软件包

安装大小：224 M
Downloading packages:
Running transaction check
Running transaction test
Transaction test succeeded
Running transaction
  正在删除    : firefox-68.12.0-1.el7.centos.x86_64                                                   1/1
警告：文件 /usr/lib64/firefox/distribution/extensions/langpack-zh@firefox.mozilla.org.xpi: 移除失败: 没有那个文件或目录
警告：文件 /usr/lib64/firefox/distribution/extensions/langpack-zh-TW@firefox.mozilla.org.xpi: 移除失败: 没有那个文件或目录
警告：文件 /usr/lib64/firefox/distribution/extensions/langpack-zh-CN@firefox.mozilla.org.xpi: 移除失败: 没有那个文件或目录
警告：文件 /usr/lib64/firefox/distribution/extensions/langpack-xh@firefox.mozilla.org.xpi: 移除失败: 没有那个文件或目录
警告：文件 /usr/lib64/firefox/distribution/extensions/langpack-vi@firefox.mozilla.org.xpi: 移除失败: 没有那个文件或目录
警告：文件 /usr/lib64/firefox/distribution/extensions/langpack-uz@firefox.mozilla.org.xpi: 移除失败: 没有那个文件或目录
警告：文件 /usr/lib64/firefox/distribution/extensions/langpack-ur@firefox.mozilla.org.xpi: 移除失败: 没有那个文件或目录
警告：文件 /usr/lib64/firefox/distribution/extensions/langpack-uk@firefox.mozilla.org.xpi: 移除失败: 没有那个文件或目录
警告：文件 /usr/lib64/firefox/distribution/extensions/langpack-tr@firefox.mozilla.org.xpi: 移除失败: 没有那个文件或目录
警告：文件 /usr/lib64/firefox/distribution/extensions/langpack-th@firefox.mozilla.org.xpi: 移除失败: 没有那个文件或目录
警告：文件 /usr/lib64/firefox/distribution/extensions/langpack-te@firefox.mozilla.org.xpi: 移除失败: 没有那个文件或目录
警告：文件 /usr/lib64/firefox/distribution/extensions/langpack-ta@firefox.mozilla.org.xpi: 移除失败: 没有那个文件或目录
警告：文件 /usr/lib64/firefox/distribution/extensions/langpack-sv@firefox.mozilla.org.xpi: 移除失败: 没有那个文件或目录
警告：文件 /usr/lib64/firefox/distribution/extensions/langpack-sv-SE@firefox.mozilla.org.xpi: 移除失败: 没有那个文件或目录
警告：文件 /usr/lib64/firefox/distribution/extensions/langpack-sr@firefox.mozilla.org.xpi: 移除失败: 没有那个文件或目录
警告：文件 /usr/lib64/firefox/distribution/extensions/langpack-sq@firefox.mozilla.org.xpi: 移除失败: 没有那个文件或目录
警告：文件 /usr/lib64/firefox/distribution/extensions/langpack-son@firefox.mozilla.org.xpi: 移除失败: 没有那个文件或目录
警告：文件 /usr/lib64/firefox/distribution/extensions/langpack-ast@firefox.mozilla.org.xpi: 移除失败: 没有那个文件或目录
警告：文件 /usr/lib64/firefox/distribution/extensions/langpack-ar@firefox.mozilla.org.xpi: 移除失败: 没有那个文件或目录
警告：文件 /usr/lib64/firefox/distribution/extensions/langpack-an@firefox.mozilla.org.xpi: 移除失败: 没有那个文件或目录
警告：文件 /usr/lib64/firefox/distribution/extensions/langpack-af@firefox.mozilla.org.xpi: 移除失败: 没有那个文件或目录
警告：文件 /usr/lib64/firefox/distribution/extensions/langpack-ach@firefox.mozilla.org.xpi: 移除失败: 没有那个文件或目录
警告：文件 /usr/lib64/firefox/distribution/extensions: 移除失败: 没有那个文件或目录
  验证中      : firefox-68.12.0-1.el7.centos.x86_64                                                   1/1

删除:
  firefox.x86_64 0:68.12.0-1.el7.centos

完毕!
```

图6.15　删除 Firefox 软件

```
[root@localhost ~]# ls  -l  /etc/yum.repos.d/
总用量 36
-rw-r--r--. 1 root root 1664 11月 23 2018 CentOS-Base.repo
-rw-r--r--. 1 root root 1309 11月 23 2018 CentOS-CR.repo
-rw-r--r--. 1 root root  649 11月 23 2018 CentOS-Debuginfo.repo
-rw-r--r--. 1 root root  314 11月 23 2018 CentOS-fasttrack.repo
-rw-r--r--. 1 root root  630 11月 23 2018 CentOS-Media.repo
-rw-r--r--. 1 root root 1331 11月 23 2018 CentOS-Sources.repo
-rw-r--r--. 1 root root 5701 11月 23 2018 CentOS-Vault.repo
-rw-r--r--. 1 root root  664 12月 25 2018 epel-7.repo
[root@localhost ~]# mv  /etc/yum.repos.d/*  /mnt/data01
[root@localhost ~]# ls  -l  /etc/yum.repos.d/
总用量 0
[root@localhost ~]# ls  -l   /mnt/data01/
总用量 356
-rw-r--r--. 1 root root   1664 11月 23 2018 CentOS-Base.repo
-rw-r--r--. 1 root root   1309 11月 23 2018 CentOS-CR.repo
-rw-r--r--. 1 root root    649 11月 23 2018 CentOS-Debuginfo.repo
-rw-r--r--. 1 root root    314 11月 23 2018 CentOS-fasttrack.repo
-rw-r--r--. 1 root root    630 11月 23 2018 CentOS-Media.repo
-rw-r--r--. 1 root root   1331 11月 23 2018 CentOS-Sources.repo
-rw-r--r--. 1 root root   5701 11月 23 2018 CentOS-Vault.repo
-rw-r--r--. 1 root root    664 12月 25 2018 epel-7.repo
-rw-r--r--. 1 root root  84769 9月   3 03:48 unrar-3.2.1-fr1.i386.rpm
-rw-r--r--. 1 root root  89043 9月   3 03:48 unrar-3.7.7-centos.gz
-rw-r--r--. 1 root root 150648 9月   3 03:48 unrar-5.4.5-1.el7.x86_64.rpm
[root@localhost ~]#
```

图6.16　备份本地 YUM 仓库源文件

（3）配置本地 YUM 仓库源文件（/etc/yum.repos.d/firefox.repo），执行命令如下。

```
[root@localhost ~]# vim  /etc/yum.repos.d/firefox.repo     //配置本地 YUM 仓库源文件
# /etc/yum.repos.d/firefox.repo
[firefox]
name=CentOS 8-Base-firefox.repo
baseurl=file:///mnt/cdrom
enabled=1
priority=1
gpgcheck=0
[root@localhost ~]#
```

（4）查询删除 Firefox 软件后的相关信息，清除缓存并查看当前使用的所有容器，如图 6.17 所示，执行命令如下。

```
[root@localhost ~]# rpm -qa firefox
[root@localhost ~]# yum clean all
[root@localhost ~]# yum repolist all
```

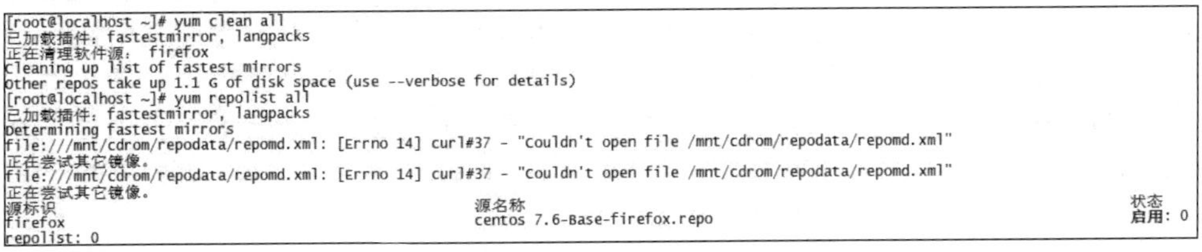

```
[root@localhost ~]# yum clean all
已加载插件：fastestmirror, langpacks
正在清理软件源： firefox
Cleaning up list of fastest mirrors
Other repos take up 1.1 G of disk space (use --verbose for details)
[root@localhost ~]# yum repolist all
已加载插件：fastestmirror, langpacks
Determining fastest mirrors
file:///mnt/cdrom/repodata/repomd.xml: [Errno 14] curl#37 - "Couldn't open file /mnt/cdrom/repodata/repomd.xml"
正在尝试其它镜像。
file:///mnt/cdrom/repodata/repomd.xml: [Errno 14] curl#37 - "Couldn't open file /mnt/cdrom/repodata/repomd.xml"
正在尝试其它镜像。
源标识                                  源名称                                        状态
firefox                                 centos 7.6-Base-firefox.repo                  启用: 0
repolist: 0
```

图 6.17　清除缓存并查看当前使用的所有容器

（5）挂载光盘镜像文件，并查看磁盘挂载情况，执行命令如下。

```
[root@localhost ~]# mkdir /mnt/cdrom
[root@localhost ~]# mount  /dev/sr0  /mnt/cdrom
mount: /dev/sr0 写保护，将以只读方式挂载
[root@localhost ~]# df -hT
文件系统                  类型      容量   已用   可用   已用%  挂载点
/dev/mapper/CentOS-root   xfs       36G    5.1G   31G    15%   /
devtmpfs                  devtmpfs  1.9G   0      1.9G   0%    /dev
tmpfs                     tmpfs     1.9G   0      1.9G   0%    /dev/shm
tmpfs                     tmpfs     1.9G   13M    1.9G   1%    /run
tmpfs                     tmpfs     1.9G   0      1.9G   0%    /sys/fs/cgroup
/dev/sda1                 xfs       1014M  179M   836M   18%   /boot
tmpfs                     tmpfs     378M   12K    378M   1%    /run/user/42
tmpfs                     tmpfs     378M    0     378M   0%    /run/user/0
/dev/sr0                  iso9660   4.3G   4.3G   0      100%  /mnt/cdrom
```

（6）使用 yum -y install firefox 命令安装 Firefox 软件，YUM 会自动处理依赖关系、安装好依赖的包并将其显示出来，并查看当前软件安装、容器使用情况，如图 6.18 所示，执行命令如下。

```
[root@localhost ~]#yum -y install firefox
```

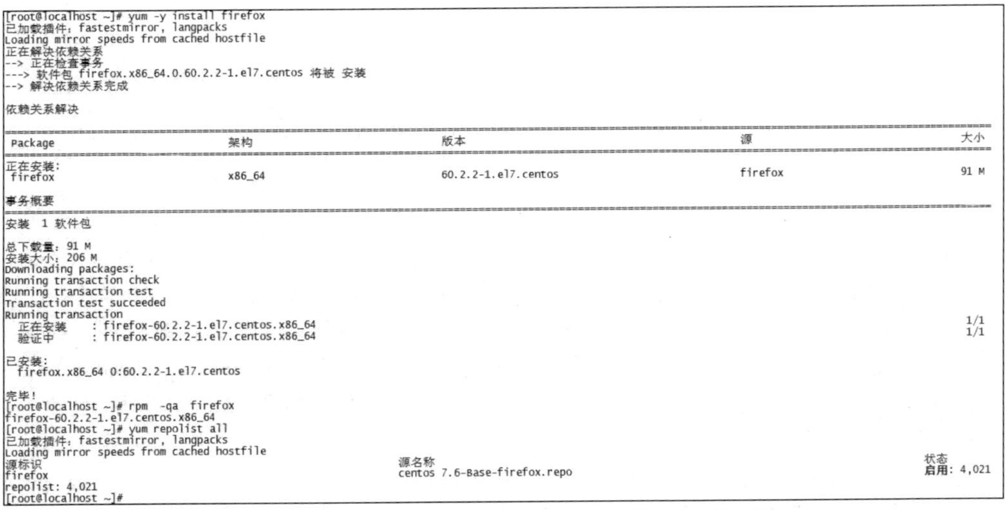

```
[root@localhost ~]# yum -y install firefox
已加载插件：fastestmirror, langpacks
Loading mirror speeds from cached hostfile
正在解决依赖关系
--> 正在检查事务
---> 软件包 firefox.x86_64.0.60.2.2-1.el7.centos 将被 安装
--> 解决依赖关系完成

依赖关系解决

================================================================================
 Package          架构              版本                        源           大小
================================================================================
正在安装:
 firefox          x86_64            60.2.2-1.el7.centos         firefox      91 M

事务概要
================================================================================
安装  1 软件包

总下载量：91 M
安装大小：206 M
Downloading packages:
Running transaction check
Running transaction test
Transaction test succeeded
Running transaction
  正在安装    : firefox-60.2.2-1.el7.centos.x86_64                           1/1
  验证中      : firefox-60.2.2-1.el7.centos.x86_64                           1/1

已安装:
  firefox.x86_64 0:60.2.2-1.el7.centos

完毕！
[root@localhost ~]# rpm  -qa  firefox
firefox-60.2.2-1.el7.centos.x86_64
[root@localhost ~]# yum repolist all
已加载插件：fastestmirror, langpacks
Loading mirror speeds from cached hostfile
源标识                                  源名称                                        状态
firefox                                 centos 7.6-Base-firefox.repo                  启用: 4,021
repolist: 4,021
[root@localhost ~]#
```

图 6.18　安装 Firefox 软件并查看当前软件安装、容器使用情况

6.3 DNF 安装软件包

Linux 操作系统的软件管理工具 YUM 是基于 RPM 包管理的，其可以从指定的服务器中自动下载 RPM 服务器并进行安装，可以作为软件仓库对软件包进行管理，相当于“管家”，同时能够解决软件包间的依赖关系，提升效率。既然如此，为什么还会出现 DNF（Dandified YUM）呢？这是因为 YUM 性能差、内存占用过多、依赖解析速度变慢等问题长期得不到解决，同时 YUM 过度依赖 YUM 仓库源文件。若仓库源文件出现问题，则 YUM 相关操作可能会失败。针对这种情况，DNF 应运而生。DNF 弥补了 YUM 的一些缺点，提升了用户体验、内存占用、依赖分析及运行速度等方面的性能。DNF 是 Fedora、Linux 操作系统中的一个包管理器，它是基于 YUM 开发的，它的主要特点是快速、可靠、易用和具有优秀的用户体验。

6.3.1 DNF 简介

DNF 是一个基于 RPM 的 Linux 发行版的软件包管理器。DNF 用于在 Fedora、RHEL 和 CentOS 中安装、更新和删除软件包；DNF 是 YUM 的下一代版本，旨在取代 YUM，它是 Fedora 22、CentOS 8 和 RHEL 8 的默认软件包管理器；DNF 功能强大，能够使维护包组变得很容易，并且能够自动解决依赖关系问题。

DNF 可以查询软件包的信息，从指定软件库获取所需软件包，并通过自动处理依赖关系来实现安装、删除及更新。DNF 与 YUM 完全兼容，提供了与 YUM 兼容的命令行，并为扩展和插件提供了 API。DNF 的使用需要管理员权限。

1. DNF 软件源服务

软件源（Software Sources）是 Linux 操作系统免费的应用程序安装仓库。软件源可以是网络服务器、光盘，甚至是磁盘上的一个目录。Linux 软件源的优点如下。

（1）当需要用到一款软件的时候，可以通过软件源自动地下载并自动地安装。

（2）软件源可以及时获取重要的安全更新，解决安全隐患问题。

（3）软件源可以解决软件依赖的复杂关系，提高软件安装效率。

DNF 的主要配置文件是/etc/dnf/dnf.conf，该文件的“main”部分中存储着 DNF 的全局配置。通过 cat /etc/dnf/dnf.conf 命令，可以查看“main”的具体参数，执行命令如下。

```
[root@localhost ~]# cat  /etc/dnf/dnf.conf
[main]
gpgcheck=1
installonly_limit=3
clean_requirements_on_remove=true
best=true
skip_if_unavailable=false
[root@localhost ~]#
```

其中，各参数说明如下。

gpgcheck：当 gpgcheck=1 时，这意味着在从仓库安装或更新软件包之前，包管理系统（如 YUM、DNF、APT 等）会强制验证软件包的 GPG 签名。gpgcheck=1 确保了软件包管理的安全性，是推荐启用的设置，除非在完全信任的环境中或出于特殊调试目的才可能考虑关闭（设为 gpgcheck=0）。

installonly_limit：设置可以同时安装“installonly_limit”命令列出包的数量。其默认值为 3，不建议减小此值。

clean_requirements_on_remove：删除在 dnf remove 命令执行期间不再使用的依赖项。如果软件包是通过 DNF 安装的，而不是通过普通用户请求安装的，则只能通过 clean_requirements_on_remove 删除软件包，即它是作为依赖项引入的。其默认值为 true。

best：升级包时，总是尝试安装其最高版本。如果无法安装最高版本，则提示无法安装的原因并停止安装。其默认值为 true。

skip_if_unavailable=false:指示程序在尝试访问某个资源或执行某项操作时，即使该资源暂时不可用或操作条件不满足，也不要直接跳过这个步骤或使用默认行为，而是应该尝试继续执行并可能抛出异常或返回一个明确的错误状态。

2. DNF 的功能

DNF 提供了许多强大的功能和命令行工具，包括安装和升级软件包、查询和列出软件包、删除软件包、清理系统、版本管理、软件包组管理、存储库管理等。常见的 DNF 命令及其功能说明如表 6.10 所示。

表 6.10 常见的 DNF 命令及其功能说明

常见的 DNF 命令	功能说明
dnf repolist all	列出所有仓库
dnf list all	列出仓库中的所有软件包
dnf search 软件包名称	搜索软件包
dnf download 软件包名称	下载软件包
dnf info 软件包名称	查看软件包信息
dnf install 软件包名称	安装软件包
dnf reinstall 软件包名称	重新安装软件包
dnf update 软件包名称	升级软件包
dnf remove 软件包名称	删除软件包
dnf clean all	清除所有仓库缓存
dnf check-update	检查可更新的软件包
dnf grouplist	查看系统中已经安装的软件包组
dnf groupinstall 软件包组	安装指定的软件包组
dnf groupremove 软件包组	删除指定的软件包组
dnf groupinfo 软件包组	查询指定的软件包组信息

3. DNF 与 YUM 比较

与 YUM 相比，DNF 有以下几个优点。

（1）性能更好。DNF 使用了更先进的依赖关系解决算法，因此性能更好。

（2）交互性更好。DNF 提供了更友好的命令行交互，支持自动补全、多个软件包同时安装、更好的错误信息提示等功能。

（3）依赖关系处理更加精确。DNF 可以非常准确地处理软件包之间的依赖关系，避免缺少依赖的包而导致安装失败的问题出现。

（4）提供更多的包信息。DNF 提供了更多、更详细的软件包信息，包括依赖关系、提供的功能、安装的文件以及其他相关信息。

（5）具有扩展性。DNF 是基于插件架构设计的，可以方便地扩展新的功能。

6.3.2 DNF 的使用

使用 dnf 命令可以进行软件包的查询、安装、升级、删除等操作，操作既方便又容易。

1. 查看 DNF 版本

查看 DNF 版本，执行命令如下。

```
[root@localhost ~]# dnf  --version
4.7.0
  已安装: dnf-0:4.7.0-20.el8.noarch 在 2024年02月23日 星期五 13时44分04秒
  构建   : builder@centos.org 在 2023年10月16日 星期一 13时48分29秒

  已安装: rpm-0:4.14.3-21.el8.x86_64 在 2024年02月22日 星期四 16时53分51秒
  构建   : CentOS Buildsys <bugs@centos.org> 在 2022年01月11日 星期二 05时06分54秒
[root@localhost ~]#
```

2. 查看 dnf 命令的帮助信息

查看 dnf 命令的帮助信息，执行命令如下。

```
[root@localhost ~]# dnf  --help
usage: dnf [options] COMMAND
主要命令列表:
alias                       列出或创建命令别名
autoremove                  删除所有因为依赖关系安装的不需要的软件包
check                       在包数据库中寻找问题
check-update                检查是否有软件包升级
clean                       删除已缓存的数据
distro-sync                 同步已经安装的软件包到最新可用版本
downgrade                   降级包
group                       显示或使用组信息
help                        显示一个有帮助的用法信息
history                     显示或使用事务历史
info                        显示关于软件包或软件包组的详细信息
install                     向系统中安装一个或多个软件包
list                        列出一个或一组软件包
makecache                   创建元数据缓存
mark                        在已安装的软件包中标记或者取消标记由用户安装的软件包
module                      与模块交互
provides                    查找提供指定内容的软件包
reinstall                   重装一个包
remove                      从系统中移除一个或多个软件包
repolist                    显示已配置的软件仓库
repoquery                   搜索匹配关键字的软件包
repository-packages         对指定仓库中的所有软件包运行命令
search                      在软件包详细信息中搜索指定字符串
shell                       运行一个交互式的 DNF shell
swap                        运行一个交互式的 DNF mod 以删除或安装 spec
updateinfo                  显示软件包的参考建议
upgrade                     升级系统中的一个或多个软件包
upgrade-minimal             升级，但只有“最新”的软件包已修复可能影响你的系统的问题
......
[root@localhost ~]#
```

3. 使用 dnf 命令搜索软件包

在安装软件包之前，需要确认它是否存在于服务器上。通常使用 dnf 命令搜索软件包的通用名称，执行命令如下。

```
[root@localhost ~]# dnf  search   firefox
上次元数据过期检查：19:22:07 前，执行于 2024 年 02 月 23 日 星期五 08 时 38 分 44 秒。
==================名称 和 概况 匹配：firefox=====================
firefox.x86_64 : Mozilla Firefox Web browser
[root@localhost ~]#
```

4. 使用 dnf 命令下载软件包

使用 dnf 命令下载软件包，执行命令如下。

```
[root@localhost ~]# dnf  download  firefox
上次元数据过期检查：19:22:25 前，执行于 2024 年 02 月 23 日 星期五 08 时 38 分 44 秒。
firefox-115.7.0-1.el8.x86_64.rpm               299 kB/s | 115 MB     06:33
[root@localhost ~]#
```

5. 使用 dnf 命令安装软件包

使用 dnf 命令安装软件包，执行命令如下。

```
[root@localhost ~]# dnf  install  firefox
上次元数据过期检查：0:10:24 前，执行于 2024 年 02 月 24 日 星期六 06 时 22 分 57 秒。
依赖关系解决。
=================================================================================== ==
 软件包              架构           版本                          仓库            大小
=====================================================================================
安装：
 firefox       x86_64         115.7.0-1.el8           appstream            115 M
安装依赖关系：
 centos-indexhtml    noarch     8.0-0.el8             appstream            246 k
事务概要
=====================================================================================
安装  2 软件包
总下载：115 M
安装大小：287 M
确定吗？[y/N]:  y
下载软件包：
(1/2): centos-indexhtml-8.0-0.el8.noarch.rpm              1.3 MB/s | 246 kB    00:00
(2/2): firefox-115.7.0-1.el8.x86_64.rpm                    36 MB/s | 115 MB    00:03
-------------------------------------------------------------------------------------
总计                                             30 MB/s | 115 MB     00:03
运行事务检查
事务检查成功。
运行事务测试
事务测试成功。
运行事务
准备中  :                                                                   1/1
  安装    : centos-indexhtml-8.0-0.el8.noarch                               1/2
```

```
  安装     : firefox-115.7.0-1.el8.x86_64                                    2/2
  运行脚本: firefox-115.7.0-1.el8.x86_64                                     2/2
  验证     : centos-indexhtml-8.0-0.el8.noarch                               1/2
  验证     : firefox-115.7.0-1.el8.x86_64                                    2/2
已安装:
  centos-indexhtml-8.0-0.el8.noarch                  firefox-115.7.0-1.el8.x86_64
完毕!
[root@localhost ~]#
```

6. 使用dnf命令查看软件包信息

使用dnf命令查看软件包信息，执行命令如下。

```
[root@localhost ~]# dnf  install  firefox
上次元数据过期检查: 0:14:49 前，执行于 2024年02月24日 星期六 06时22分57秒。
软件包 firefox-115.7.0-1.el8.x86_64 已安装。
依赖关系解决。
无需任何处理。
完毕!
[root@localhost ~]# dnf  info  firefox
上次元数据过期检查: 0:04:21 前，执行于 2024年02月24日 星期六 06时22分57秒。
已安装的软件包
名称         : firefox
版本         : 115.7.0
发布         : 1.el8
架构         : x86_64
大小         : 287 M
源           : firefox-115.7.0-1.el8.src.rpm
仓库         : @System
来自仓库     : appstream
概况         : Mozilla Firefox Web browser
URL          : https://www.mozilla.org/firefox/
协议         : MPLv1.1 or GPLv2+ or LGPLv2+
描述         : Mozilla Firefox is an open-source web browser, designed for standards
             : compliance, performance and portability.
[root@localhost ~]#
```

7. 使用dnf命令升级软件包

使用dnf命令升级软件包，执行命令如下。

```
[root@localhost ~]# dnf  update  firefox
上次元数据过期检查: 0:15:49 前，执行于 2024年02月24日 星期六 06时22分57秒。
依赖关系解决。
无需任何处理。
完毕!
[root@localhost ~]#
```

8. 使用dnf命令删除软件包

使用dnf命令删除软件包，执行命令如下。

```
[root@localhost ~]# dnf  remove  firefox
依赖关系解决。
==========================================================================
 软件包              架构          版本                  仓库          大小
==========================================================================
移除: firefox        x86_64    115.7.0-1.el8         @appstream        287 M
清除未被使用的依赖关系: centos-indexhtml   noarch   8.0-0.el8    @AppStream  505 k
事务概要
==========================================================================
移除  2 软件包
将会释放空间: 287 M
确定吗? [y/N]:  y
运行事务检查
事务检查成功。
运行事务测试
事务测试成功。
运行事务
  准备中  :                                           1/1
  运行脚本: firefox-115.7.0-1.el8.x86_64              1/2
  删除    : firefox-115.7.0-1.el8.x86_64              1/2
  运行脚本: firefox-115.7.0-1.el8.x86_64              1/2
  删除    : centos-indexhtml-8.0-0.el8.noarch         2/2
  运行脚本: centos-indexhtml-8.0-0.el8.noarch         2/2
  验证    : centos-indexhtml-8.0-0.el8.noarch         1/2
  验证    : firefox-115.7.0-1.el8.x86_64              2/2
已移除:
  centos-indexhtml-8.0-0.el8.noarch                firefox-115.7.0-1.el8.x86_64
完毕!
[root@localhost ~]#
```

实训

本实训的主要任务是熟练掌握使用 rpm 命令进行软件的安装、升级、删除和查询的方法，以及熟练掌握使用 yum 命令进行软件的安装、升级、删除、查询和配置的方法。

【实训目的】

（1）掌握使用 rpm 命令进行软件的安装、升级、删除和查询的方法。

（2）掌握使用 yum 命令进行软件的安装、升级、删除、查询和配置的方法。

（3）掌握 YUM 仓库源文件的配置方法。

【实训内容】

（1）使用 rpm 命令安装、升级、删除 unrar 软件。

（2）使用 yum 命令安装、升级、删除 Firefox 软件。

（3）配置 YUM 仓库源文件。

（4）使用 dnf 命令安装、升级、删除 Firefox 软件。

练习题

1. 选择题

（1）对于给定的 RPM 包 xyz-4.5.6-7.x86_64.rpm，其软件名为（　　）。

A. xyz　　B. xyz-4.5.6　　C. xyz-4.5.6-7　　D. x86_64

（2）对于给定的 RPM 包 xyz-4.5.6-7.x86_64.rpm，其体系号为（　　）。

A. xyz　　B. xyz-4.5.6　　C. xyz-4.5.6-7　　D. x86_64

（3）对于给定的 RPM 包 xyz-4.5.6-7.x86_64.rpm，其主版本号为（　　）。

A. 4　　B. 5　　C. 6　　D. 7

（4）对于给定的 RPM 包 xyz-4.5.6-7.x86_64.rpm，其修订版本号为（　　）。

A. 4　　B. 5　　C. 6　　D. 7

（5）对于给定的 RPM 包 xyz-4.5.6-7.x86_64.rpm，其释出号为（　　）。

A. 4　　B. 5　　C. 6　　D. 7

（6）使用 yum 命令，进行软件包安装的命令为（　　）。

A. remove　　B. install　　C. update　　D. clean

（7）使用 yum 命令，进行软件包升级的命令为（　　）。

A. remove　　B. install　　C. update　　D. clean

（8）使用 yum 命令，进行软件包删除的命令为（　　）。

A. remove　　B. install　　C. update　　D. clean

2. 简答题

（1）简述 RPM 软件包的优缺点。

（2）简述 RPM 软件包的命令格式。

（3）rpm 命令和 yum 命令有何区别？

（4）简述 YUM 软件包的安装过程。

（5）如何配置本地 YUM 仓库源文件？

第7章 Shell编程基础

07

在 Linux 操作系统环境中，Shell 不仅是常用的命令解释程序，还是高级编程语言。用户可以通过编写 Shell 程序来完成大量自动化的任务。Shell 可以解释和执行用户输入的命令，也可以进行程序设计，它提供了定义变量和参数的方法以及丰富的程序控制结构。使用 Shell 编写的程序被称为 Shell Script，即 Shell 程序或 Shell 脚本文件。要想管理好主机，就一定要学好 Shell Script。Shell Script 类似于早期的批处理，即将一些命令汇总起来运行，但是 Shell Script 拥有更强大的功能，即它可以进行类似程序编写的操作，且不需要经过编译就能够运行，使用非常方便。同时，用户可以通过 Shell Script 来简化日常的管理工作。在 Linux 操作系统环境中，众多服务的初始化启动过程依赖于 Shell Script。通过巧妙整合相关 Linux 命令，Shell Script 显著提升了编程效率与灵活性。借助 Linux 操作系统的高度开放性，用户可以自定义符合自身需求的操作环境。本章的重点在于介绍 Shell Script 的基本概念及其编写方法，帮助读者掌握 Shell Script 的运用。

【教学目标】

① 理解 Shell Script 的建立与执行方法。
② 理解 Shell 变量的种类和作用。
③ 掌握 Shell 运算符的使用方法。
④ 掌握 Shell Script 的运行方式以及程序设计的流程控制。

【素质目标】

① 通过 Shell 编程实践，强调精益求精的工匠精神，鼓励学生在解决实际问题时不断优化脚本、提高效率，培养对工作认真负责的态度。
② 增强学生的网络安全意识，提醒学生在编写脚本过程中遵守安全规范，防止出现因脚本漏洞而引发的信息安全事故。

7.1 认识 Shell Script

Shell Script 是针对 Shell 所写的“脚本”。Shell Script 是一种利用 Shell 功能编写的程序，它采用纯文本文件格式，融合了 Shell 命令、语法、正则表达式以及管道操作和数据流重定向等功能，能够实现预定的处理目标。

V7.1 Shell Script 简介

7.1.1 Shell Script 简介

简单地说，Shell Script 类似于早期的 DOS 中的批处理命令，其最简单的功能是将许多命令汇总起来，让用户能够轻松地处理复杂的操作。用户只要运行 Shell Script 文件，就能够一次运行多个命令。Shell Script 能提供数组循环、条件与逻辑判断等重要功能，使得用户可以直接使用 Shell 来编写程序，而不必使用 C 语言等传统程序设计语言来编写程序。

Shell Script 可以被简单地看作批处理文件，也可以被看作一种程序设计语言，且这种程序设计语言是由 Shell 与相关工具命令组成的，所以不需要编译即可运行。另外，Shell Script 具有排错功能，可以帮助系统管理员快速地管理主机系统。

7.1.2 Shell Script 的编写和执行

1. Shell Script 的编写注意事项

（1）命令的执行是从上至下、从左至右进行的。

（2）命令、参数与选项间的多个空格都会被忽略。

（3）空白行会被忽略，按“Tab”键生成的空白行被视为空格。

（4）按“Enter”键后，尝试开始执行该行或该串命令。

（5）如果一行的内容太多，则可以使用“\[Enter]”来延伸至下一行。

（6）“#”可作为注释，加在“#”后面的数据将全部被视为注释而被忽略。

2. 执行 Shell Script

假设程序文件是/home/script/shell01.sh，执行 Shell Script 时可以采用以下 3 种方式。

（1）输入脚本的绝对路径或相对路径。

```
[root@localhost ~]# mkdir  /home/script
[root@localhost ~]# cd  /home/script/
[root@localhost script]# vim  shell01.sh     //编写 shell01.sh 文件
#!/bin/bash
echo  hello everyone welcome to here !
~
"shell01.sh" 1L, 41C 已写入
[root@localhost script]# chmod a+x  shell01.sh       //修改用户执行权限
[root@localhost script]# /home/script/shell01.sh    //以绝对路径方式执行文件
hello everyone welcome to here !
[root@localhost script]# .  /home/script/shell01.sh // “.”后面有空格
hello everyone welcome to here !
[root@localhost script]#
```

（2）执行 bash 或 sh 脚本。

```
[root@localhost script]# bash /home/script/shell01.sh
hello everyone welcome to here !
[root@localhost script]# sh /home/script/shell01.sh
hello everyone welcome to here !
[root@localhost script]#
```

（3）在脚本路径前加“.”或 source。

```
[root@localhost script]#  .  shell01.sh
hello everyone welcome to here !
[root@localhost script]# source  shell01.sh
hello everyone welcome to here !
[root@localhost script]# source /home/script/shell01.sh
hello everyone welcome to here !
[root@localhost script]#
```

3. 编写 Shell Script

V7.2 编写 Shell Script

一个 Shell Script 通常包括如下几部分。

（1）首行。首行表示脚本将要调用的 Shell 解释器。例如：

```
#! /bin/bash
```

其中，“#!”能够被内核识别为一个脚本的开始，其必须位于脚本的首行；“/bin/bash”是 bash 程序的绝对路径，表示后续的内容通过 bash 程序解释执行。

（2）注释。注释符号“#”放在需要注释内容的前面，建议备注 Shell Script 的功能以防日后忘记。

（3）可执行内容。可执行内容是使用的 Linux 命令或以程序设计语言编写而成的程序。

【实例 7.1】编写 Shell Script，实现 Firefox 软件包的自动安装、运行，执行命令如下。

```
#! /bin/bash
#Firefox 软件包安装
#version 1.1
#制作人：csg
#版权声明：free
rpm -qa firefox
yum -y remove firefox
mkdir /mnt/backup-repo
mv /etc/yum.repos.d/*  /mnt/backup-repo
umount /dev/sr0
mkdir /mnt/cdrom
mount /dev/sr0 /mnt/cdrom
touch /etc/yum.repos.d/local.repo
echo -e "[firefox]\nname=CentOS 8-Base-firefox.repo\nbaseurl=file:///mnt/cdrom" >
/etc/yum.repos.d/local.repo
#-e 表示启用解释反斜杠的转义功能；\n 为新行
echo -e "enabled=1\npriority=1\ngpgcheck=0" >> /etc/yum.repos.d/local.repo
yum clean all
yum repolist all
yum -y install firefox
rpm -qa firefox
```

4. 编写 Shell Script 的良好习惯

养成编写 Shell Script 的良好习惯是很重要的，但初学者在刚开始编写程序的时候，十分容易忽略良好习惯的培养，认为写出的程序只要能够运行即可。其实，程序的注释越清楚，日后维护越方便，对系统管理员的成长有很大帮助。

建议养成编写 Shell Script 的良好习惯，在每个 Shell Script 的文件头处包含如下内容。

（1）Shell Script 的功能。

（2）Shell Script 的版本信息。

（3）Shell Script 的制作人与联系方式。

（4）Shell Script 的版权声明。

（5）Shell Script 的历史记录。

（6）Shell Script 内较特殊的命令，使用绝对路径的方式来进行操作。

（7）预先声明与设置 Shell Script 运行时需要的环境变量。

V7.3 编写 Shell Script 的良好习惯

除了记录这些信息之外，在较为特殊的程序部分，建议加上注释。此外，程序的编写建议使用嵌套方式，建议按“Tab”键进行缩排，这样程序会显得非常整齐、有条理，便于阅读与调试程序；编写 Shell Script 的工具建议选择 Vim，而不是 Vi，因为 Vim 有语法检测机制，能够在第一阶段编写时发现语法方面的问题。

5. read 命令

read 命令的格式如下。

```
read [-ers] [-a 数组] [-d 分隔符] [-i 缓冲区文字] [-n 读取字符数] [-N 读取字符数] [-p 提示符] [-t 超时] [-u 文件描述符] [名称 ...]
```

使用 read 命令执行相关操作，命令如下。

```
[root@localhost ~]# read -p "请输入你的名字: " NAME
请输入你的名字: csg
[root@localhost ~]# echo $NAME
csg
[root@localhost ~]# read -n 1 -p "请输入你的性别(m/f:)" SEX
请输入你的性别(m/f:)f
[root@localhost ~]#
[root@localhost ~]# echo $SEX
f
[root@localhost ~]# read -n 1 -p "按任意键退出: "
按任意键退出:
[root@localhost ~]#
```

7.2 编写 Shell Script

在 Linux 操作系统中，当使用 Shell 来编写程序时，要掌握 Shell 变量、Shell 运算符、Shell 流程控制语句等。

7.2.1 Shell 变量

Shell 变量是 Shell 传递数据的一种方式，是用来代表每个取值的符号名。当 Shell Script 需要保存信息，如一个文件名或一个数字时，Shell 会将其存放在一个 Shell 变量中。

设置 Shell 变量的规则如下。

（1）变量名称可以由字母、数字和下画线组成，但是不能以数字开头，环境变量名称建议采用大写字母，以便于区分。

（2）在 bash 中，变量的默认类型都是字符串型，如果要进行数值运算，则必须指定变量类型为数值型。

（3）变量与值用等号连接，等号两侧不能有空格。

（4）如果变量的值包含空格，则需要使用单引号或者双引号将其引起来。

Shell 中的变量分为环境变量、位置参数变量、预定义变量和用户自定义变量，可以通过 set 命令查看系统中的所有变量。

（1）环境变量用于保存与系统操作环境相关的数据，如 HOME、PWD、SHELL、USER 等。

（2）位置参数变量主要用于向脚本中传递参数或数据，变量名不能自定义，变量的作用固定。

（3）预定义变量是 bash 中已经定义好的，变量名不能自定义，变量的作用固定。

（4）用户自定义变量以字母或下画线开头，由字母、数字和下画线组成，大小写字母的含义不同，变量名长度没有限制。

1. 变量的使用

通常使用大写字母来命名变量，变量名以字母或下画线开头。在使用变量时，要在变量名前面加上“$”。

（1）变量的赋值。

```
[root@localhost ~]# A=5 ; B=10                //等号两侧不能有空格
[root@localhost ~]# echo $A  $B
5 10
[root@localhost ~]# STR="hello everyone"   //赋值字符串
[root@localhost ~]# echo $STR
hello everyone
[root@localhost ~]#
```

（2）使用单引号和双引号的区别。

```
[root@localhost ~]# NUM=8
[root@localhost ~]# SUM="$NUM hello"
[root@localhost ~]# echo $SUM
8 hello
[root@localhost ~]# SUM2='$NUM hello '
[root@localhost ~]# echo $SUM2
$NUM hello
[root@localhost ~]#
```

单引号中的内容会全部输出，而双引号中的内容会有所变化，因为双引号会对所有特殊字符进行转义。

（3）列出所有变量。

```
[root@localhost ~]# set
```

（4）撤销变量。

```
[root@localhost ~]# unset  A           //撤销变量 A
[root@localhost ~]# echo  $A
[root@localhost ~]#
```

若声明的是静态变量，则不能使用 unset 命令进行撤销操作。

```
[root@localhost ~]# readonly B
[root@localhost ~]# echo $B
10
[root@localhost ~]#
```

2. 环境变量

用户自定义变量只在当前的 Shell 中生效，而环境变量会在当前 Shell 及其所有子 Shell 中生效。如果将环境变量写入相应的配置文件，则这个环境变量会在所有的 Shell 中生效。

3. 位置参数变量

$n：$0 代表命令本身，$1～$9 代表接收的第 1～9 个参数，10 及以上的参数需要用{}括起来。例如，${10}代表接收的第 10 个参数。

$*：代表接收所有参数，并将所有参数看作一个整体。

$@：代表接收所有参数，对每个参数分别进行处理。

$#：代表接收的参数个数。

4. 预定义变量

预定义变量是在 Shell 中已经定义的变量，和环境变量有一些类似。不同的是，预定义变量不能重新定义，用户只能根据 Shell 的定义来使用这些变量。预定义变量及其功能说明如表 7.1 所示。

表 7.1　预定义变量及其功能说明

预定义变量	功能说明
$?	最后一次执行的命令的返回状态。如果这个变量的值为 0，则证明上一条命令执行正确；如果这个变量的值不为 0（具体是什么数值由命令来决定），则证明上一条命令执行错误
$$	当前进程的进程号
$!	后台运行的最后一个进程的进程号

严格来说，位置参数变量也是预定义变量的一种，只是位置参数变量的作用比较统一，所以这里将位置参数变量单独划分为一类。

7.2.2 Shell 运算符

Shell 支持很多运算符，包括算术运算符、关系运算符、布尔运算符、字符串运算符、逻辑运算符、文件测试运算符、$()和''、${}、[ ]、(())和[[ ]]等。

1. 算术运算符

原生的 bash 并不支持算术运算，但可以通过其他命令来实现算术运算功能，如 awk 和 expr 命令，其中 expr 命令更为常用。expr 命令是一个表达式计算命令，使用它能完成表达式的求值操作。

例如，求两个数之和，编写 add.sh 文件，相关命令如下。

```
[root@localhost script]# vim add.sh
[root@localhost script]# cat add.sh
#!/bin/bash
#文件名：add.sh
#版本：v1.1
#功能：求和
VAR=`expr 3 + 6`
echo "两个数相加为" $VAR
[root@localhost script]# chmod a+x add.sh
[root@localhost script]# . add.sh
两个数相加为 9
[root@localhost script]#
```

表达式和运算符之间要有空格，例如，“3+6”是不对的，必须写成“3 + 6”，这与大多数程序设计语言不一样，且完整的表达式要用反引号（``）引起来。

注意　反引号在键盘左上角的“Esc”键的下方、“Tab”键的上方、数字键“1”的左侧，输入反引号时要使用英文半角模式。

算术运算符有以下几个。

（1）+（加法）：如 `expr　$X　+　$Y`。

（2）-（减法）：如 `expr　$X　-　$Y`。

（3）*（乘法）：如 `expr　$X　\*　$Y`。

（4）/（除法）：如 `expr　$X　/　$Y`。

（5）%（取余）：如 `expr　$X　%　$Y`。

（6）=（赋值）：如 X=$Y，表示把变量 Y 的值赋给变量 X。

（7）==（相等）：用于比较两个数字，相同则返回 true，否则返回 false。

（8）!=（不相等）：用于比较两个数字，不相同则返回 true。

【实例 7.2】运用算术运算符进行综合运算，相关命令如下。

```
[root@localhost script]# vim zhys.sh
[root@localhost script]# cat  zhys.sh
#!/bin/bash
#文件名：zhys.sh
#版本：v1.1
#功能：运用算术运算符进行综合运算
X=100
Y=5
VAR=`expr $X  +  $Y`
echo "X+Y=$VAR"
VAR=`expr $X  -  $Y`
echo "X-Y=$VAR"
VAR=`expr $X  \*   $Y`
echo "X*Y=$VAR"
VAR=`expr $X  /  $Y`
echo "X/Y=$VAR"
if [ $X == $Y ]; then
          echo "X 等于 Y"
fi
if [ $X != $Y ]; then
          echo "X 不等于 Y"
fi
[root@localhost script]#  .  zhys.sh
X+Y=105
X-Y=95
X*Y=500
X/Y=20
X 不等于 Y
[root@localhost script]#
```

注意　乘号（*）前必须加反斜线（\），才能实现乘法运算。条件表达式必须放在方括号内，并且运算符两侧必须要有空格。

2. 关系运算符

关系运算符只支持数字，不支持字符串，除非字符串是数字形式。

常用的关系运算符如表 7.2 所示，其中假设变量 X 为 10，变量 Y 为 20。

表 7.2　常用的关系运算符

运算符	功能说明	举例
-eq	检测两个数是否相等，相等则返回 true，否则返回 false	[$X -eq $Y] 返回 false
-ne	检测两个数是否不相等，不相等则返回 true，否则返回 false	[$X -ne $Y] 返回 true
-gt	检测运算符左侧的数是否大于运算符右侧的数，如果是，则返回 true，否则返回 false	[$X -gt $Y] 返回 false
-lt	检测运算符左侧的数是否小于运算符右侧的数，如果是，则返回 true，否则返回 false	[$X -lt $Y] 返回 true
-ge	检测运算符左侧的数是否大于或等于运算符右侧的数，如果是，则返回 true，否则返回 false	[$X -ge $Y] 返回 false
-le	检测运算符左侧的数是否小于或等于运算符右侧的数，如果是，则返回 true，否则返回 false	[$X -le $Y] 返回 true

【实例 7.3】运用关系运算符进行综合运算，相关命令如下。

```
[root@localhost script]# vim  gxys.sh
[root@localhost script]# cat  gxys.sh
#!/bin/bash
#文件名: gxys.sh
#版本: v1.1
#功能: 运用关系运算符进行综合运算

X=10
Y=20
if [ $X -eq $Y ]
then
   echo "$X -eq $Y : X 等于 Y"
else
   echo "$X -eq $Y: X 不等于 Y"
fi
if [ $X -ne $Y ]
then
   echo "$X -ne $Y: X 不等于 Y"
else
   echo "$X -ne $Y : X 等于 Y"
fi
if [ $X -gt $Y ]
then
  echo "$X -gt $Y: X 大于 Y"
else
  echo "$X -gt $Y: X 不大于 Y"
fi
if [ $X -lt $Y ]
then
   echo "$X -lt $Y: X 小于 Y"
else
   echo "$X -lt $Y: X 不小于 Y"
fi
if [ $X -ge $Y ]
then
   echo "$X -ge $Y: X 大于或等于 Y"
else
  echo "$X -ge $Y: X 小于 Y"
fi
if [ $X -le $Y ]
then
  echo "$X -le $Y: X 小于或等于 Y"
else
  echo "$X -le $Y: X 大于 Y"
fi
[root@localhost script]# . gxys.sh          //执行脚本
10 -eq 20: X 不等于 Y
10 -ne 20: X 不等于 Y
```

```
10 -gt 20: X 不大于 Y
10 -lt 20: X 小于 Y
10 -ge 20: X 小于 Y
10 -le 20: X 小于或等于 Y
[root@localhost script]#
```

3. 布尔运算符

常用的布尔运算符如表 7.3 所示，其中假设变量 X 为 10，变量 Y 为 20。

表 7.3　常用的布尔运算符

运算符	功能说明	举例
-a	与运算，两个表达式都为 true 时才返回 true	[$X -lt 20 -a $Y -gt 10] 返回 true
-o	或运算，只要有一个表达式为 true，就返回 true，否则返回 false	[$X -lt 20 -o $Y -gt 10] 返回 true
!	非运算，表达式为 true 时返回 false，否则返回 true	[! false] 返回 true

运用布尔运算符进行运算，执行命令如下。

```
#! /bin/bash
#文件名: brys.sh
#版本: v1.1
#功能: 运用布尔运算符进行运算
read -p  "请输入数值 X:" X
read -p  "请输入数值 Y:" Y

if [  $X -lt 20 -o  $Y -gt 10 ]
  then
    echo "true"
 else
    echo "false"
fi
```

4. 字符串运算符

常用的字符串运算符如表 7.4 所示，其中假设变量 X 为 10，变量 Y 为 20。

表 7.4　常用的字符串运算符

运算符	功能说明	举例
=	检测两个字符串是否相等，相等则返回 true，否则返回 false	[$X = $Y] 返回 false
!=	检测两个字符串是否不相等，不相等则返回 true，否则返回 false	[$X != $Y] 返回 true
-z	检测字符串长度是否为 0，为 0 则返回 true，否则返回 false	[-z $X] 返回 false
-n	检测字符串长度是否不为 0，不为 0 则返回 true，否则返回 false	[-n "$X"] 返回 true
$	检测字符串是否为空，不为空则返回 true，否则返回 false	[$X] 返回 true

检测两个字符串是否相等，执行命令如下。

```
#! /bin/bash
#文件名: zfcys.sh
#版本: v1.1
#功能: 检测两个字符串是否相等
```

```
read -p  "请输入字符串X:" X
read -p  "请输入字符串Y:" Y
if [ $X = $Y ]
  then
    echo "true"
  else
    echo "false"
fi
```

检测字符串长度是否为0，执行命令如下。

```
#! /bin/bash
#文件名: jczfc.sh
#版本: v1.1
#功能: 检测字符串长度是否为0
read -p  "请输入字符串X:" X
if [ -z $X ]
  then
    echo "true"
  else
    echo "false"
fi
```

5. 逻辑运算符

常用的逻辑运算符如表7.5所示，其中假设变量X为10，变量Y为20。

表7.5　常用的逻辑运算符

运算符	功能说明	举例
&&	逻辑与运算	[$X -lt 100 && $Y -gt 100] 返回 false
||	逻辑或运算	[$X -lt 100 || $Y -gt 100] 返回 true

运用逻辑运算符进行运算，执行命令如下。

```
#! /bin/bash
#文件名: ljysf.sh
#版本: v1.1
#功能: 运用逻辑运算符进行运算
read -p  "请输入数值X:" X
read -p  "请输入数值Y:" Y
if [[ $X  -lt  100  &&  $Y  -gt  100  ]]
  then
    echo "true"
  else
    echo "false"
fi
```

6. 文件测试运算符

常用的文件测试运算符如表7.6所示。

表7.6　常用的文件测试运算符

运算符	功能说明	举例
-b file	检测文件是否为块设备文件，如果是，则返回 true，否则返回 false	[-b $file] 返回 false
-c file	检测文件是否为字符设备文件，如果是，则返回 true，否则返回 false	[-c $file] 返回 false

续表

运算符	功能说明	举例
-d file	检测文件是否为目录文件，如果是，则返回 true，否则返回 false	[-d $file] 返回 false
-f file	检测文件是否为普通文件（既不是目录文件，又不是设备文件），如果是，则返回 true，否则返回 false	[-f $file] 返回 true
-g file	检测文件是否设置了 SGID 位，如果是，则返回 true，否则返回 false	[-g $file] 返回 false
-k file	检测文件是否设置了黏着位（Sticky Bit），如果是，则返回 true，否则返回 false	[-k $file] 返回 false
-p file	检测文件是否为有名管道，如果是，则返回 true，否则返回 false	[-p $file] 返回 false
-u file	检测文件是否设置了 SUID 位，如果是，则返回 true，否则返回 false	[-u $file] 返回 false
-r file	检测文件是否可读取，如果是，则返回 true，否则返回 false	[-r $file] 返回 true
-w file	检测文件是否可写入，如果是，则返回 true，否则返回 false	[-w $file] 返回 true
-x file	检测文件是否可执行，如果是，则返回 true，否则返回 false	[-x $file] 返回 true
-s file	检测文件是否为空（文件大小是否大于 0），如果不为空，则返回 true，否则返回 false	[-s $file] 返回 true
-e file	检测文件（包括目录）是否存在，如果是，则返回 true，否则返回 false	[-e $file] 返回 true

7. $( )和''

在 Shell 中，$( )和''都可用于命令替换。例如：

```
[root@localhost script]# version=$(uname -r)
[root@localhost script]# echo $version
3.10.0-957.el7.x86_64
[root@localhost script]# version=`uname -r`
[root@localhost script]# echo $version
3.10.0-957.el7.x86_64
[root@localhost script]#
```

这两种方式都可以得到内核的版本号。其各自的优缺点如下。

（1）$( )的优缺点。

优点：输入直观，不容易输入错误或看错。

缺点：不是所有的 Shell 都支持$( )。

（2）''的优缺点。

优点：''基本上可在全部的 Linux Shell 中使用，若写成 Shell Script，则移植性比较高。

缺点：''很容易输入错误或看错。

8. ${}

${}用于变量替换，一般情况下，$VAR 与${VAR}并没有什么不同，但是${}能比较精确地限定变量名称的范围。例如：

```
[root@localhost script]# X=Y
[root@localhost script]# echo $XY
[root@localhost script]#
```

上述命令原本是打算先将$X 的结果替换出来，再补 Y 于其后，但在命令行中，真正的结果是替换了变量名为 XY 的值。

使用${}就不会出现上述问题了。

```
[root@localhost script]# echo ${X}Y
YY
[root@localhost script]#
```

9. $[ ]和$(( ))

$[ ]和$(( ))的作用是一样的，都用于算术运算，支持+、-、*、/、%运算。但要注意的是，bash只能做整数运算，浮点数是被当作字符串处理的。例如：

```
[root@localhost script]# X=10;Y=20;Z=30
[root@localhost script]# echo $(( X+Y*Z  ))
610
[root@localhost script]# echo $(( ( X+Y )/Z ))
1
[root@localhost script]# echo $(( ( X+Y )%Z ))
0
[root@localhost script]#
```

10. [ ]

[ ]为test命令的另一种形式，使用时要注意以下几点。

（1）必须在其左括号的右侧和右括号的左侧各加一个空格，否则会报错。

（2）test命令使用标准的数学比较符号来表示字符串的比较，而[ ]使用文本符号来表示数值的比较。

（3）大于符号或小于符号必须进行转义，否则会被理解成重定向操作。

11. (( ))和[[ ]]

(( ))和[[ ]]分别是[ ]针对数学比较表达式和字符串表达式的加强版。

(( ))不需要将表达式中的大于符号或小于符号转义，其除了可以使用标准的算术运算符外，还增加了a++（后增）、a--（后减）、++a（先增）、--a（先减）、!（逻辑求反）、~（位求反）、**（幂运算）、<<（左位移）、>>（右位移）、&（位布尔与）、|（位布尔或）、&&（逻辑与）、||（逻辑或）等运算符。[[ ]]增加了模式匹配功能。

7.2.3 Shell流程控制语句

Shell流程控制语句是指改变Shell Script运行顺序的命令，可以是不同位置的命令，也可以在两段或多段程序中选择一个程序运行。Shell流程控制语句一般可以分为以下几种。

（1）无条件语句：继续运行位于不同位置的一段命令。

（2）条件语句：当特定条件成立时，运行一段命令，如单分支if条件语句、多分支if条件语句、case语句。

（3）循环语句：运行一段命令若干次，直到特定条件成立，如for循环语句、while循环语句、until循环语句。

（4）跳转语句：运行位于不同位置的一段命令，但完成后仍会继续运行原来要运行的命令。

（5）停止程序语句：不运行任何命令（无条件终止）。

1. 单分支if条件语句

单分支if条件语句的格式如下。

```
if  [ 条件判断 ]; then
     程序
fi
```

或者

```
if  [ 条件判断 ]
 then
    程序
fi
```

注意 （1）if 条件语句使用 fi 结尾，这和一般程序设计语言使用花括号结尾不同。

（2）[条件判断]就是使用 test 命令进行判断，所以方括号和条件判断之间必须有空格，否则会报错。

（3）then 后跟符合条件之后执行的程序，then 可以放在[条件判断]之后，用“;”分隔，也可以换行写入，此时不再需要“;”。

2. 多分支 if 条件语句

多分支 if 条件语句格式如下。

```
if  [ 条件判断 1 ]
    then
       当条件判断 1 成立时，执行程序 1
elif  [ 条件判断 2 ]
    then
       当条件判断 2 成立时，执行程序 2
    ……
else
       当所有条件都不成立时，最后执行的程序
fi
```

【实例 7.4】 运用多分支 if 条件语句编写一段脚本，输入一个测验成绩，根据以下标准输出成绩等级（A~E）。

A（优秀）：90~100。

B（良好）：80~89。

C（中等）：70~79。

D（合格）：60~69。

E（不合格）：0~59。

```
[root@localhost script]# vim if-select.sh
[root@localhost script]# cat if-select.sh
#!/bin/bash
#文件名：if-select.sh
#版本：v1.1
#功能：多分支 if 条件语句测试
read  -p  "请输入您的成绩：" X
if [ "$X" == ""  ]
     then
       echo "您没有输入成绩..."
     exit 5
fi
if  [ $X -lt  0 ] || [ $X -gt 100  ]
    then
    read  -p  "请再次输入您的成绩：" X
fi
if [ $X -ge 90 ] && [ $X  -le 100  ]
     then
       echo "您的成绩为 A（优秀）"
elif [ $X  -ge  80 ] && [ $X -le 89 ]
     then
```

```
        echo "您的成绩为B（良好）"
elif [ $X  -ge 70 ] &&  [ $X -le 79  ]
      then
        echo "您的成绩为C（中等）"
elif [ $X -ge  60 ] && [ $X -le  69 ]
      then
        echo "您的成绩为D（合格）"
elif [ $X -ge 0 ]  &&  [ $X -le 59  ]
      then
        echo "您的成绩为E（不合格）"
else
        echo "输入错误"
fi
[root@localhost script]# chmod a+x if-select.sh
[root@localhost script]#  . if-select.sh
请输入您的成绩:88
您的成绩为B（良好）
[root@localhost script]#
```

3. case语句

case语句相当于一个多分支if条件语句，case变量的值用来匹配value1、value2、value3、…、value*N*，匹配之后执行其后的命令，直到遇到双分号（;;）为止。case语句以esac作为终止符。

case语句的格式如下。

```
case 值 in
    value1)
    command1
    command2
    command3
    …
    commandN
;;
…
    valueN)
    command1
    command2
    command3
    …
    commandN
;;
esac
```

【实例7.5】运用case语句编写一段脚本，输入数值1~5，根据提示信息输出成绩等级（A~E）。

```
[root@localhost script]# vim case.sh
[root@localhost script]# cat  case.sh
#!/bin/bash
#文件名: case.sh
#版本: v1.1
#功能: case语句测试
read -p "【1: 优秀, 2: 良好, 3: 中等, 4: 合格, 5: 不合格】请输入数字(1~5):" x
case $x  in
        1)  echo "您的成绩为A（优秀）"
         ;;
```

```
        2)   echo "您的成绩为 B（良好）"
         ;;
        3)    echo "您的成绩为 C（中等）"
         ;;
        4)    echo "您的成绩为 D（合格）"
          ;;
        5)     echo "您的成绩为 E（不合格）"
         ;;
esac
[root@localhost script]# .  case.sh
【1：优秀，2：良好，3：中等，4：合格，5：不合格】请输入数字(1～5):3
您的成绩为 C（中等）
[root@localhost script]#
```

4. for 循环语句

for 循环语句用来在一个列表中执行有限次的命令。for 命令后跟一个自定义变量、一个关键字 in 和一个字符串列表（可以是变量）。第一次执行 for 循环语句时，字符串列表中的第一个字符会赋值给自定义变量，并执行循环体，直到遇到 done 语句；第二次执行 for 循环语句时，会将字符串列表中的第二个字符赋值给自定义变量，以此类推，直到字符串列表遍历完毕。

for 循环语句的格式如下。

```
for  NAME [in WORD…] ; do COMMANDS; done
for((exp1;exp2;exp3 ));do COMMANDS; done
NAME //变量
[in WORDS …          //执行列表
do COMMANDS          //执行操作
done //结束符
```

【实例 7.6】运用 for 循环语句编写一段脚本，从键盘上输入一个数字 *N*，计算 1+2+…+*N*，并得出结果。

```
[root@localhost script]# vim for.sh
[root@localhost script]# cat for.sh
#!/bin/bash
#文件名：for.sh
#版本：v1.1
#功能：运用 for 循环语句计算 1+2+…+N
read -p "请输入数字，将要计算 1+2+…+N:" N
sum=0
for ((  i=1; i<=$N; i=i+1 ))
do
   sum=$(( $sum + $i ))
done
echo  "结果为‘1+2+…+$N’==>$sum"
[root@localhost script]# chmod a+x for.sh
[root@localhost script]# .  for.sh               //执行脚本
请输入数字，将要计算 1+2+…+N:100                 //计算 1～100 的整数之和
结果为‘1+2+…+100’==>5050
[root@localhost script]#
```

5. while 循环语句

while 循环语句用于重复同一组命令。while 循环语句的格式如下。

```
while EXPRESSION; do COMMANDS; done
while ((exp1;exp2;exp3 ));do COMMANDS; done
```

【实例 7.7】运用 while 循环语句编写一段脚本，从键盘上输入一个数字 *N*，计算 1+2+…+*N*，并得出结果。

```
[root@localhost script]# vim while.sh
[root@localhost script]# cat while.sh
#!/bin/bash
#文件名：while.sh
#版本：v1.1
#功能：运用 while 循环语句计算 1+2+…+N
read -p "请输入数字，将要计算 1+2+…+N 之和:" N
sum=0
i=0
while (( $i  !=$N ))
 do
        i=$(( $i + 1))                              //或执行 let  i++命令
        sum=$(( $sum + $i ))
done
echo  "结果为‘1+2+…+$N’==>$sum"
[root@localhost script]# chmod a+x while.sh
[root@localhost script]# . while.sh                 //执行脚本
请输入数字，将要计算 1+2+…+N:100                      //计算 1～100 的整数之和
结果为‘1+2+…+100’==>5050
[root@localhost script]#
```

6. until 循环语句

until 循环语句和 while 循环语句类似，二者的区别是：until 循环语句在条件为真时退出循环，在条件为假时继续执行循环；而 while 循环语句在条件为假时退出循环，在条件为真时继续执行循环。until 循环语句的格式如下。

```
until EXPRESSION; do COMMANDS; done
until  ((exp1;exp2;exp3 ));do COMMANDS; done
```

【实例 7.8】运用 until 循环语句编写一段脚本，从键盘上输入一个数字 *N*，计算 1+2+…+*N*，并得出结果。

```
[root@localhost script]# vim until.sh
[root@localhost script]# cat until.sh
#!/bin/bash
#文件名：until.sh
#版本：v1.1
#功能：运用 until 循环语句计算 1+2+…+N
read -p "请输入数字，将要计算 1+2+…+N:" N
sum=0
i=0
until  (( $i ==$N  ))
do
        i=$(( $i + 1))                              //或执行 let  i++命令
        sum=$(( $sum + $i ))
done
 echo  "结果为‘1+2+…+$N’==>$sum"
[root@localhost script]# chmod a+x  until.sh       //添加执行权限
```

```
[root@localhost script]# . until.sh                   //执行脚本
请输入数字，将要计算 1+2+…+N:100                       //计算 1~100 的整数之和
结果为'1+2+…+100' ==>5050
```

 实训

本实训的主要任务是掌握 Shell 编程语句的语法结构，掌握 Shell 流程控制语句，如单分支 if 条件语句、多分支 if 条件语句、case 语句、for 循环语句、while 循环语句及 until 循环语句的使用。

【实训目的】

（1）掌握 Shell 变量的使用。

（2）掌握 Shell 运算符的使用。

（3）掌握 Shell 流程控制语句的使用。

【实训内容】

（1）单分支 if 条件语句。

（2）多分支 if 条件语句。

（3）case 语句。

（4）for 循环语句。

（5）while 循环语句。

（6）until 循环语句。

练习题

1. 选择题

（1）Shell 在定义变量时，通常用大写字母来命名变量，变量名以字母或下画线开头。在使用变量时，要在变量名前面加上（　　）。

A．!　　B．#　　C．$　　D．@

（2）可以使用（　　）命令对 Shell 变量进行算术运算。

A．read　　B．expr　　C．export　　D．echo

（3）在 read 命令中，可以输入提示符的是（　　）。

A．-n　　B．-a　　C．-t　　D．-p

（4）Shell Script 通常使用（　　）符号作为注释。

A．#　　B．//　　C．@　　D．#!

（5）Shell Script 通常使用（　　）符号作为脚本的开始。

A．#　　B．//　　C．@　　D．#!

（6）在关系运算符中，（　　）运算符表示检测运算符左边的数是否大于或等于运算符右边的数。

A．-gt　　B．-eq　　C．-ge　　D．-le

（7）在关系运算符中，（　　）运算符表示检测运算符左边的数是否小于或等于运算符右边的数。

A．-gt　　B．-eq　　C．-ge　　D．-le

（8）在关系运算符中，（　　）运算符表示检测两个数是否相等。

A．-gt　　B．-eq　　C．-ge　　D．-le

（9）在 Shell 中，用来读取用户在命令行模式下的输入命令的是（　　）。

A．tar　　B．head　　C．fold　　D．read

（10）（　　）不是 Shell 的循环控制结构。

A．for　　B．while　　C．switch　　D．until

（11）下列关于 Linux 的 Shell 的说法中错误的是（　　）。

A．其为编译型的程序设计语言　　B．其能执行外部命令

C．其能执行内部命令　　D．其为一个命令语言解释器

（12）Shell 变量的赋值有 4 种方法，其中采用 X=10 的方法称为（　　）。

A．使用 read 命令　　B．直接赋值

C．使用命令的输出　　D．使用命令行参数

2．简答题

（1）简述 Shell Script 编写中的注意事项。

（2）简述运行 Shell Script 的方法。

（3）一个 Shell Script 通常包括几部分？

（4）简述 Shell 变量的设置规则。

第8章 常用服务器配置与管理

Linux 操作系统中的 Samba、FTP、DHCP、DNS 和 Apache 服务器的安装、管理、配置及使用方法是网络管理员必须掌握的。网络文件共享、网络文件传输、IP 地址自动分配、域名解析及 Web 站点配置发布是网络中常用的服务器配置与管理操作，只有熟练掌握其工作原理才能更好地管理其服务配置。本章主要介绍 Samba 服务器、FTP 服务器、DHCP 服务器、DNS 服务器和 Apache 服务器的配置与管理。

【教学目标】

1. 掌握 Samba 服务器的安装、配置与管理。
2. 掌握 FTP 服务器的安装、配置与管理。
3. 掌握 DHCP 服务器的安装、配置与管理。
4. 掌握 DNS 服务器的安装、配置与管理。
5. 掌握 Apache 服务器的安装、配置与管理。

【素质目标】

1. 通过介绍服务器配置，培养学生精益求精的工匠精神和技术创新能力，鼓励学生在实践中不断寻求高效、安全、节能的解决方案。
2. 教育学生严格遵守国家法律法规和行业规范，在服务器配置与管理过程中高度重视信息安全，树立合法、合规使用信息技术资源的观念，降低信息安全风险。
3. 培养学生高度的专业责任感，理解服务器配置与管理对于保障信息系统稳定运行、维护网络安全以及支撑社会公共服务的重要性。

8.1 配置与管理 Samba 服务器

对于刚接触 Linux 操作系统的用户来说，使用最多的就是 Samba 服务，为什么是 Samba 呢？因为 Samba 最先在 Linux 和 Windows 两种操作系统之间架起了一座“桥梁”。Samba 服务器实现了不同类型的计算机之间的文件和打印机的共享，使得用户可以在 Linux 操作系统和 Windows 操作系统之间进行相互通信，甚至可以使用 Samba 服务器完全取代 Windows Server 2012、Windows Server 2016 等域控制器，使域管理工作变得非常方便。

V8.1 Samba 简介

8.1.1 Samba 简介

服务器信息块（Server Message Block，SMB）协议是一种在局域网中共享文件和打印机的通信协议，它为局域网内的不同操作系统的计算机之间提供了文件及打印机等资源的共享服务。SMB 协议是客户机/服务器协议，客户机通过该协议可以访问服务器中的共享文件系统、打印机及其他资源。

Samba 是一组使 Linux 支持 SMB 协议的软件包，基于 GPL 发行，源代码完全公开，可以将其安装到 Linux 操作系统中，实现 Linux 操作系统和 Windows 操作系统之间的相互通信。Samba 服务器的网络环境如图 8.1 所示。

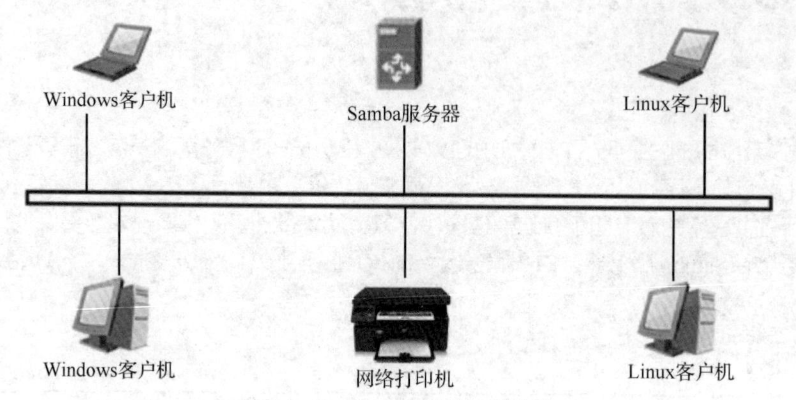

图 8.1　Samba 服务器的网络环境

随着 Internet 的流行，Microsoft 公司希望将 SMB 协议扩展到 Internet 中，使之成为 Internet 中计算机之间共享数据的一种标准。因此，Microsoft 公司对原本技术文档稀缺的 SMB 协议进行了全面整理和完善，随后将其重新命名为通用互联网文件系统（Common Internet File System，CIFS）。CIFS 使得应用程序能够访问并操作远程计算机上的文件，同时允许客户机向服务器发起服务请求，而服务器负责接收这些请求并反馈相应的服务。CIFS 是一个公开且开放的 SMB 协议迭代版本，由 Microsoft 公司推广使用。

1. Samba 的功能

Samba 的功能强大，这与其基于 SMB 协议有关。SMB 协议不仅提供文件和打印机共享功能，还支持认证、权限设置功能。早期的 SMB 协议运行于 NetBT（NetBIOS over TCP/IP）协议上，使用 UDP 的 137、138 端口及 TCP 的 139 端口；后期的 SMB 协议经过开发后，可以直接运行于 TCP/IP 上，没有额外的 NetBT 层，使用 TCP 的 445 端口。

Samba 服务器作为网络中的一台服务器，其主要功能体现在资源共享上，文件共享和打印机共享是 Samba 服务器的主要功能。为了方便文件共享和打印机共享，Samba 服务器还实现了相关控制和管理功能。具体来说，Samba 服务器完成的功能有以下几种。

（1）共享目录：在局域网中共享某些文件和目录，使同一个网络中的 Windows 用户可以在“网上邻居”窗口中访问该目录。

（2）目录权限：决定一个目录可以由哪些用户访问，具有哪些访问权限，Samba 服务器可以设置一个目录由一个用户、某些用户、组和所有用户访问。

（3）共享打印机：在局域网中共享打印机，使局域网和其他用户可以使用 Linux 操作系统的打印机。

（4）设置打印机使用权限：决定哪些用户可以使用打印机。

（5）提供 SMB 客户机功能：在 Linux 中使用类似 FTP 的方式访问 Windows 的计算机资源（包括使用 Windows 中的文件及打印机）。

2. Samba 的特点及作用

特点：可以实现跨平台文件传输，并支持在线修改文件内容。

作用：共享文件与打印机服务；提供用户登录 Samba 主机时的身份认证功能；进行 Windows 网络中的主机名解析操作。

8.1.2 Samba 服务器的安装、启动与停止

1. Samba 服务器的安装

在安装 Samba 服务器之前，建议使用 rpm -qa | grep samba 命令检测系统是否安装了 Samba 服务器相关软件包。

```
[root@localhost ~]# rpm -qa | grep samba
```

如果系统还没有安装 Samba 软件包，则可以使用 yum 命令安装 Samba 软件包。

（1）挂载 ISO 安装镜像。

```
[root@localhost ~]# mkdir /mnt/cdrom
[root@localhost ~]# mount /dev/sr0 /mnt/cdrom
mount: /dev/sr0 写保护，将以只读方式挂载
[root@localhost ~]# df -hT
```

（2）制作用于安装的 YUM 仓库源文件（详见 6.2 节）samba.repo，samba.repo 文件的内容如下。

```
[root@localhost yum.repos.d]# vim  samba.repo
# /etc/yum.repos.d/samba.repo
[samba]
name=CentOS 8-Base-samba.repo
baseurl=file:///mnt/cdrom
enabled=1
priority=1
gpgcheck=0
[root@localhost yum.repos.d]#
```

（3）使用 yum 命令查看 Samba 软件包的信息，如图 8.2 所示。

```
[root@localhost ~]# yum info samba
已加载插件：fastestmirror, langpacks
Loading mirror speeds from cached hostfile
已安装的软件包
名称      : samba
架构      : x86_64
版本      : 4.8.3
发布      : 4.el7
大小      : 1.9 M
源      : installed
来自源：samba
简介      :  Server and Client software to interoperate with Windows machines
网址      : http://www.samba.org/
协议      :  GPLv3+ and LGPLv3+
描述      :  Samba is the standard Windows interoperability suite of programs for Linux and
          : Unix.
```

图 8.2　使用 yum 命令查看 Samba 软件包的信息

（4）使用 yum 命令安装 Samba 服务器，如图 8.3 所示。

```
[root@localhost ~]# yum clean all
已加载插件：fastestmirror, langpacks
正在清理软件源：  samba
Cleaning up list of fastest mirrors
Other repos take up 1.1 G of disk space (use --verbose for details)
[root@localhost ~]# yum repolist all
已加载插件：fastestmirror, langpacks
Determining fastest mirrors
samba
(1/2): samba/group_gz
(2/2): samba/primary_db
源标识                                   源名称
samba                                    centos 7.6-Base-samba.repo
repolist: 4,021
[root@localhost ~]# yum install samba -y
已加载插件：fastestmirror, langpacks
Loading mirror speeds from cached hostfile
正在解决依赖关系
--> 正在检查事务
---> 软件包 samba.x86_64.0.4.8.3-4.el7 将被 安装
--> 解决依赖关系完成

依赖关系解决

================================================================================
 Package              架构              版本                     源
================================================================================
正在安装:
 samba                x86_64            4.8.3-4.el7              samba

事务概要
================================================================================
安装  1 软件包

总下载量：680 k
安装大小：1.9 M
Downloading packages:
Running transaction check
Running transaction test
Transaction test succeeded
Running transaction
  正在安装    : samba-4.8.3-4.el7.x86_64
  验证中      : samba-4.8.3-4.el7.x86_64

已安装:
  samba.x86_64 0:4.8.3-4.el7

完毕！
```

图 8.3　使用 yum 命令安装 Samba 服务器

（5）所有软件包安装完毕后，可以使用 rpm 命令查询服务器安装情况，执行命令如下。

```
[root@localhost ~]# rpm -qa | grep samba
samba-client-libs-4.8.3-4.el7.x86_64
samba-common-libs-4.8.3-4.el7.x86_64
samba-libs-4.8.3-4.el7.x86_64
samba-client-4.8.3-4.el7.x86_64
samba-common-4.8.3-4.el7.noarch
```

查看 Samba 软件包安装的具体目录，执行命令如下。

```
[root@localhost ~]# locate  samba | grep rpm
/var/cache/yum/x86_64/7/updates/packages/samba-client-4.10.4-11.el7_8.x86_64.rpm
/var/cache/yum/x86_64/7/updates/packages/samba-client-libs-4.10.4-11.el7_8.x86
_64.rpm
/var/cache/yum/x86_64/7/updates/packages/samba-common-4.10.4-11.el7_8.noarch.
rpm
/var/cache/yum/x86_64/7/updates/packages/samba-common-libs-4.10.4-11.el7_8.x86
_64.rpm
/var/cache/yum/x86_64/7/updates/packages/samba-libs-4.10.4-11.el7_8.x86_64.rpm
```

也可以执行以下命令。

```
[root@localhost ~]# find  /  -name  "samba*.rpm"
```

2. Samba 服务器的启动、停止

```
[root@localhost ~]# systemctl start smb
[root@localhost ~]# systemctl enable smb
Created symlink from /etc/systemd/system/multi-user.target.wants/smb.service to
/usr/lib/systemd/system/smb.service.
[root@localhost ~]# systemctl restart smb
[root@localhost ~]# systemctl stop smb
[root@localhost ~]# systemctl reload smb
```

注意　在 Linux 的服务器中，更改配置文件后，一定要重启服务器，使服务器重新加载配置文件，这样新的配置才可以生效。

3. Samba 服务器的搭建流程和工作流程

当 Samba 服务器安装完毕后，并不能直接使用 Windows 或 Linux 中的客户机访问 Samba 服务器，而必须对服务器进行设置，告诉 Samba 服务器哪些目录可以共享给客户机访问，并根据需要设置其他选项，如添加对共享目录内容的简单描述和访问权限等。

基本的 Samba 服务器的搭建流程主要分为以下 5 个步骤。

（1）编辑主配置文件 smb.conf，指定需要共享的目录，并为共享目录设置共享权限。

（2）在 smb.conf 文件中指定日志文件的名称和存放目录。

（3）设置共享目录的本地系统权限。

（4）重新加载配置文件或重新启动 SMB 服务器，使配置生效。

（5）关闭防火墙，同时设置 SELinux 为允许。

Samba 服务器的工作流程如图 8.4 所示，具体说明如下。

（1）客户机请求访问 Samba 服务器中的 Share 目录，如图 8.4 中的①所示。

（2）Samba 服务器接收请求后，查询主配置文件 smb.conf，查看其是否共享了 Share 目录。如果共享了此目录，则查看客户机是否有访问权限，如图 8.4 中的②所示。

（3）Samba 服务器会将本次访问的信息记录在日志文件中，日志文件的名称和存放目录需要用户

设置，如图 8.4 中的③所示。

（4）如果客户机有访问权限，则允许客户机进行访问，如图 8.4 中的④所示。

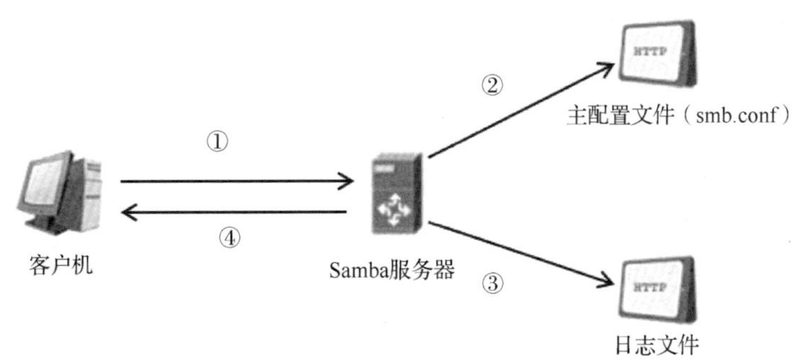

图 8.4　Samba 服务器的工作流程

4. 主配置文件

Samba 服务的配置文件一般位于/etc/samba 目录下，主配置文件名为 smb.conf。

（1）使用 ls -l　/etc/samba 命令，查看 smb.conf 文件的属性，如图 8.5 所示。使用 cat　/etc/samba/smb.conf 命令，查看 smb.conf 文件的内容，如图 8.6 所示。

```
[root@localhost ~]# ls  -l /etc/samba
总用量 20
-rw-r--r--. 1 root root    20 10月 31 2018 lmhosts
-rw-r--r--. 1 root root   706 10月 31 2018 smb.conf
-rw-r--r--. 1 root root 11327 10月 31 2018 smb.conf.example
[root@localhost ~]#
```

图 8.5　查看 smb.conf 文件的属性

```
[root@localhost ~]# cat /etc/samba/smb.conf
# See smb.conf.example for a more detailed config file or
# read the smb.conf manpage.
# Run 'testparm' to verify the config is correct after
# you modified it.

[global]
        workgroup = SAMBA
        security = user

        passdb backend = tdbsam

        printing = cups
        printcap name = cups
        load printers = yes
        cups options = raw

[homes]
        comment = Home Directories
        valid users = %S, %D%w%S
        browseable = No
        read only = No
        inherit acls = Yes

[printers]
        comment = All Printers
        path = /var/tmp
        printable = Yes
        create mask = 0600
        browseable = No

[print$]
        comment = Printer Drivers
        path = /var/lib/samba/drivers
        write list = @printadmin root
        force group = @printadmin
        create mask = 0664
        directory mask = 0775
[root@localhost ~]#
```

图 8.6　查看 smb.conf 文件的内容

从图 8.6 中可以看出 CentOS 8 的配置文件已经简化，文件内容只有 30 行左右。为了更清楚地了解配置文件，建议研读/etc/samba/smb.conf 文件。Samba 开发组按照功能的不同对 smb.conf 文件进行了分段划分，因此其条理非常清楚。

为了方便配置，建议先备份 smb.conf 文件，一旦发现错误，可以随时从备份文件中恢复主配置文件，执行命令如下。

```
[root@localhost ~]# cd  /etc/samba
[root@localhost samba]# ls
lmhosts  smb.conf  smb.conf.example
[root@localhost samba]# cp  smb.conf  smb.conf.bak
[root@localhost samba]# ls
lmhosts  smb.conf  smb.conf.bak  smb.conf.example
```

（2）共享定义（Share Definition）字段用于设置对象为共享目录或打印机。如果想发布共享资源，则需要对共享定义部分进行配置。共享定义字段提供的功能非常丰富，设置灵活。

① 设置共享名。发布共享资源后，必须为每个共享目录或打印机设置不同的共享名，供网络用户访问时使用，且共享名可以与原目录名不同。

共享名的设置格式如下。

```
[共享名]
```

② 共享资源描述。网络中存在各种共享资源，为了方便用户识别，可以为其添加描述信息。共享资源描述的设置格式如下。

```
comment=备注信息
```

③ 共享路径。共享资源的原始完整路径可以使用 path 字段进行发布，一定要正确指定路径。共享路径的设置格式如下。

```
path=绝对地址路径
```

④ 设置匿名访问。设置能否对共享资源进行匿名访问，可以更改 public 字段。匿名访问的设置格式如下。

```
public=yes   //允许匿名访问
public=no    //禁止匿名访问
```

【实例 8.1】 Samba 服务器中有一个目录为/share，需要发布该目录为共享目录，并定义共享名为 public，要求允许浏览、允许读取、允许匿名访问，具体设置如下。

```
[public]
        comment=public
        path = /share
        browseable = yes
        read only = yes
        public = yes
```

⑤ 设置访问用户。如果共享资源存在重要数据，则需要对访问用户进行审核，可以使用 valid users 字段来设置访问用户。访问用户的设置格式如下。

```
valid users = 用户名
valid users = @组名
```

【实例 8.2】 Samba 服务器的/share/devel 目录下存放了公司研发部的数据，这些数据只允许研发部的员工和经理访问，研发部组名为 devel，经理用户账号为 manager，具体设置如下。

```
[devel]
     comment=devel
     path = /share/devel
     valid users =manager,@ devel
```

⑥ 设置目录只读。如果共享目录需要限制用户的读写操作，则可以通过 read only 字段来实现。目录读写的设置格式如下。

```
read only = yes      //只读
read only = no       //读写
```

⑦ 设置过滤主机。注意网络地址的写法，相关示例如下。

```
hosts  allow = 192.168.1.0  server.xyz.com
```

上述命令表示允许来自 192.168.1.0 或 server.xyz.com 的主机访问当前 Samba 服务器的资源。

```
hosts deny=192.168.2.0
```

上述命令表示不允许来自 192.168.2.0 的主机访问当前 Samba 服务器的资源。

【实例 8.3】 Samba 服务器的目录/share 下存放了大量的共享数据，为保证目录安全，仅允许来自 192.168.1.0 的主机访问这些数据，且只允许读取数据，禁止写入数据。

```
[share]
        comment=share
        path = /share
        read only = yes
        public = yes
        hosts  allow = 192.168.1.0
```

⑧ 设置目录可写。

```
writeable= yes          //读写
writable = no           //只读
```

⑨ 设置用户名或组名，其设置格式如下。

```
write list = 用户名      //设置用户名
write list = @组名       //设置组名
```

注意　[homes]为特殊共享目录，表示用户主目录；[printer$]表示共享打印机。

5. Samba 服务器的日志文件和密码文件

（1）Samba 服务器的日志文件。

日志文件对于 Samba 服务器非常重要，它存储着客户机访问 Samba 服务器的信息，以及 Samba 服务器的错误提示信息等，可以通过分析日志文件来解决客户机访问和服务器维护等问题。

在/etc/samba/smb.conf 文件中，logfile 为设置 Samba 日志的字段。Samba 服务器的日志文件默认存放在/var/log/samba 下，其会为每个连接到 Samba 服务器的计算机分别建立一个日志文件。

（2）Samba 服务器的密码文件。

Samba 服务器发布共享资源后，客户机访问 Samba 服务器时，需要提交用户名和密码进行身份验证，验证合格后才可以登录。Samba 服务器为了实现用户身份验证功能，将用户名和密码信息存放在/etc/samba/smbpasswd 文件中。在客户机访问时，将用户提交的资料与 smbpasswd 文件存放的信息进行比对。如果相同，且 Samba 服务器其他安全设置允许，则客户机与 Samba 服务器的连接才能建立成功。

Samba 账号并不能直接建立，而需要先建立同名的 Linux 操作系统账号。例如，要建立一个名为 user01 的 Samba 账号，则 Linux 操作系统中必须存在一个同名的账号。

Samba 中添加账号的命令为 smbpasswd。其格式如下。

```
smbpasswd  -a 用户名
```

【实例 8.4】在 Samba 服务器中添加 Samba 账号 sam-user01。

（1）建立 Linux 操作系统账号 sam-user01。

```
[root@localhost ~]# useradd  -p  123456  sam-user01  //创建账号、密码
[root@localhost ~]# dir  /home
csg  sam-user01  script
```

（2）添加 sam-user01 用户的 Samba 账号。

```
[root@localhost ~]# smbpasswd  -a  sam-user01
New SMB password:
Retype new SMB password:
Added user sam-user01.
```

提 示　在建立 Samba 账号之前，一定要先建立一个与 Samba 账号同名的 Linux 操作系统账号。

经过设置，再次访问Samba共享文件时即可使用sam-user01账号。

8.1.3 Samba服务器配置实例

在CentOS 8中，Samba服务器默认使用的是用户密码认证模式，这种模式可以确保仅让有密码且信任的用户访问共享资源，且验证过程十分简单。

【实例8.5】某公司有多个部门，因工作需要，必须建立相应部门的目录。要求将技术部的资料存放在Samba服务器的/companydata/tech目录下，进行集中管理，以便技术人员浏览，且该目录只允许技术部的员工访问。

1. 实例配置

（1）建立共享目录，并在其下建立测试文件。

```
[root@localhost ~]# mkdir /companydata
[root@localhost ~]# mkdir /companydata/tech
[root@localhost ~]# touch /companydata/tech/share.test
```

（2）添加技术部用户和组，并添加相应的Samba账号。

① 添加Linux操作系统账号。

```
[root@localhost ~]# groupadd group-tech
[root@localhost ~]# useradd -p 123456 -g group-tech sam-tech01
[root@localhost ~]# useradd -p 123456 -g group-tech sam-tech02
[root@localhost ~]# useradd -p 123456  sam-test01
```

② 添加Samba账号。

```
[root@localhost ~]# smbpasswd -a sam-tech01
New SMB password:
Retype new SMB password:
Added user sam-tech01.
[root@localhost ~]# smbpasswd -a sam-tech02
New SMB password:
Retype new SMB password:
Added user sam-tech02.
```

（3）修改Samba主配置文件（/etc/samba/smb.conf）。

```
[root@localhost ~]# vim /etc/samba/smb.conf
[global]
        workgroup = SAMBA
        security = user             //默认使用user安全级别模式
        passdb backend = tdbsam
        printing = cups
        printcap name = cups
        load printers = yes
        cups options = raw
[tech]                              //设置共享名为tech
        comment=tech
        path = /companydata/tech    //设置共享路径
        writable = yes
        browseable = yes
        valid users = @group-tech //设置访问用户为group-tech组
"/etc/samba/smb.conf" 43L, 814C 已写入
[root@localhost ~]#
```

（4）设置共享目录的本地系统权限。

```
[root@localhost ~]# chmod  777  /companydata/tech  -R      //选项-R 是递归使用的
[root@localhost ~]# chown  sam-tech01:group-tech  /companydata/tech  -R
[root@localhost ~]# chown  sam-tech02:group-tech  /companydata/tech  -R
```

（5）更改共享目录的 context 值，或者禁用 SELinux。

```
[root@localhost ~]# chcon  -t  samba_share_t  /companydata/tech  -R
```

或者执行以下命令。

```
[root@localhost ~]# getenforce
Enforcing
[root@localhost ~]# setenforce Permissive
```

（6）设置防火墙放行此服务，这一步的设置很重要。

```
[root@localhost ~]# firewall-cmd --permanent --add-service=samba
success
[root@localhost ~]# firewall-cmd  --reload
success
[root@localhost ~]# firewall-cmd  --list-all
public (active)
  target: default
  icmp-block-inversion: no
  interfaces: ens160
  sources:
  services: ssh dhcpv6-client samba
......
```

（7）重新加载 Samba 服务。

```
[root@localhost ~]# systemctl restart smb
```

或者执行以下命令。

```
[root@localhost ~]# systemctl reload smb
```

2. 结果测试

Samba 服务器无论是部署在 Windows 操作系统中，还是部署在 Linux 操作系统中，其访问步骤是一样的。下面假设 Samba 服务器部署在 Linux 操作系统中，并通过 Windows 操作系统来访问 Samba 服务器。Samba 服务器和 Windows 客户机的主机名、操作系统及 IP 地址如表 8.1 所示。

表 8.1 Samba 服务器和 Windows 客户机的主机名、操作系统及 IP 地址

主机名	操作系统	IP 地址
Samba 服务器：CentOS8-1	CentOS 8	192.168.100.100
Windows 客户机：Windows10-1	Windows 10	192.168.100.1

（1）进入 Windows 客户机桌面，按“Win+R”组合键，弹出“运行”对话框，输入 Samba 服务器的 IP 地址，如图 8.7 所示。

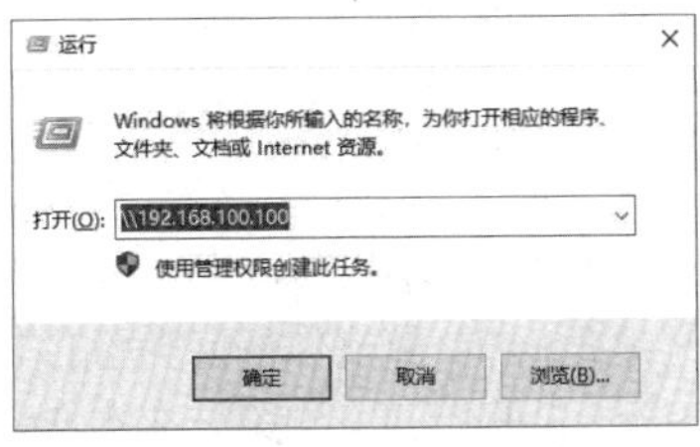

图 8.7 “运行”对话框

（2）单击“确定”按钮，弹出“Windows安全中心”对话框，输入用户名和密码，如图8.8所示。

（3）单击“确定”按钮，打开Samba服务器共享目录窗口，选择目录即可进行相应操作，如图8.9所示。

图8.8 “Windows安全中心”对话框

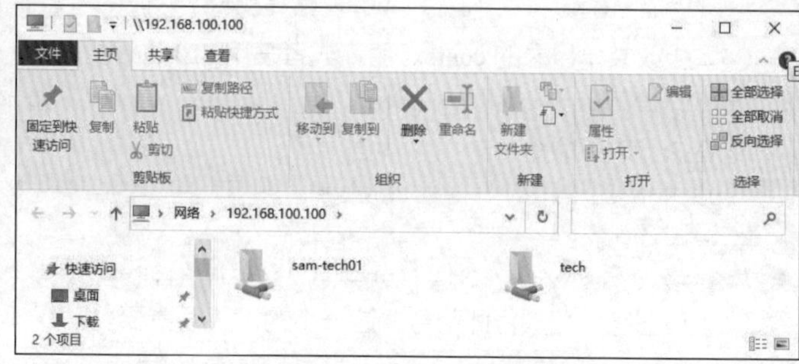

图8.9 Samba服务器共享目录窗口

8.2 配置与管理FTP服务器

一般来讲，人们将计算机联网的首要目的是获取资料，而文件传输是一种非常重要的获取资料的方式。如今的互联网是由海量个人计算机、工作站、服务器、小型计算机、大型计算机、巨型计算机等不同设备，具有不同架构的物理设备共同组成的，即便是个人计算机，也可能会安装Windows、Linux、UNIX、Mac OS等不同的操作系统。为了能够在如此复杂、多样的设备之间解决文件传输问题，FTP应运而生。

8.2.1 FTP简介

V8.2 FTP简介

文件传送协议（File Transfer Protocol，FTP）是一种在互联网中进行文件传输的协议，基于客户机/服务器模式，默认使用20、21端口，其中，20端口（数据端口）用于数据传输，21端口（命令端口）用于接收客户机发出的FTP相关命令与参数。FTP服务器普遍部署于内网中，具有容易搭建、方便管理的特点。有些FTP客户机工具支持文件的多点下载及断点续传技术，因此FTP服务器得到了广大用户的青睐。vsftpd是非常安全的FTP服务器进程，是各种Linux发行版中最主流的、完全免费的、开放源代码的FTP服务器程序，其优点是小巧轻便、安全易用、稳定高效、可伸缩性好、可限制带宽、可创建虚拟用户、支持IPv6、传输速率高，以及能够满足企业跨部门、多用户的使用需求等。vsftpd基于GPL发布，在中小型企业中得到了广泛应用。vsftpd基于虚拟用户方式，访问验证更加安全，可以快速上手；vsftpd基于MySQL数据库进行安全验证，实现了多重安全防护。CentOS 8默认未启用FTP服务器，必须手动启用。

FTP服务器是遵循FTP在互联网中提供文件存储和访问服务的主机；FTP客户机则是向服务器发送连接请求，以建立文件传送链路的主机。FTP有以下两种工作模式。

主动模式：FTP服务器主动向客户机发起连接请求。

被动模式：FTP服务器等待客户机发起连接请求，这是FTP的默认工作模式。

8.2.2 FTP的工作原理

V8.3 FTP的工作原理

FTP的目标是提高文件的共享性，提供非直接使用远程计算机的功能，使存储介质向用户透明、可靠、高效地传送数据。FTP能操作任何类型的文件且不需要进一步处理。但是，FTP有着极高的时延，从开始请求到第一次接收请求数据之间的时间非常长，且必须完成一些冗长的登录过程。

FTP 在客户机与服务器之间建立了两个连接。开发任何基于 FTP 的客户机软件都必须遵循 FTP 的工作原理。FTP 的独特优势是它在两台通信的主机之间使用了两条 TCP 连接：一条是数据连接，用于传送数据；另一条是控制连接，用于传送控制信息（命令和响应）。这种将命令和数据分开传送的模式大大提高了 FTP 的效率。而其他客户机/服务器应用程序一般只有一条 TCP 连接。

FTP 大大降低了文件传输的复杂性，它能使文件通过网络从一台计算机传送到另外一台计算机上而不受计算机和操作系统类型的限制。无论是个人计算机、服务器、大型计算机，还是 Mac OS、Linux、Windows 操作系统，只要双方都支持 FTP，就可以方便、可靠地进行文件的传输。

FTP 服务器的具体工作流程如下。

（1）客户机向服务器发出连接请求，同时客户机的操作系统动态地打开一个大于 1024 的端口（如 3012 端口），等候服务器连接。

（2）若 FTP 服务器在其 21 端口接收到该请求，则会在客户机的 3012 端口和服务器的 21 端口之间建立一个 FTP 连接。

（3）当需要传输数据时，FTP 客户机会动态地打开一个大于 1024 的端口（如 3013 端口）并连接到服务器的 20 端口，在这两个端口之间进行数据的传输。当数据传输完毕后，这两个端口会自动关闭。

（4）当 FTP 客户机断开与 FTP 服务器的连接时，客户机会自动释放分配的端口。

8.2.3 vsftpd 服务器的安装、启动与停止

1. vsftpd 服务器的安装

```
[root@localhost ~]# rpm -qa vsftpd
[root@localhost ~]# mkdir  /mnt/cdrom
[root@localhost ~]# mount  /dev/sr0  /mnt/cdrom
[root@localhost ~]# vim /etc/yum.repos.d/vsftpd.repo
# /etc/yum.repos.d/vsftpd.repo
[vsftpd]
name=CentOS 8-Base-vsftpd.repo
baseurl=file:///mnt/cdrom
enabled=1
priority=1
gpgcheck=0
```

查看当前 YUM 仓库源文件，安装 vsftpd、FTP 服务，如图 8.10～图 8.12 所示。

```
[root@localhost ~]# yum  clean  all
已加载插件：fastestmirror, langpacks
正在清理软件源：  vsftpd
Cleaning up list of fastest mirrors
Other repos take up 1.1 G of disk space (use --verbose for details)
[root@localhost ~]# yum repolist all
已加载插件：fastestmirror, langpacks
Determining fastest mirrors
vsftpd                                                    | 3.6 kB  00:00:00
(1/2): vsftpd/group_gz                                    | 166 kB  00:00:00
(2/2): vsftpd/primary_db                                  | 3.1 MB  00:00:00
源标识                  源名称                                      状态
vsftpd                  centos 7.6-Base-vsftpd.repo                 启用: 4,021
repolist: 4,021
```

图 8.10　查看当前 YUM 仓库源文件

2. vsftpd 服务器的启动、停止

安装完 vsftpd 服务器后，下一步就是启动该服务。vsftpd 服务器可以独立启动或被动启动，在 CentOS 8 中，默认以独立方式启动。

重新启动 vsftpd 服务器、随系统启动 vsftpd 服务器、开放防火墙、开放 SELinux，执行命令如下。

```
[root@localhost ~]# yum  install  vsftpd  -y
已加载插件：fastestmirror, langpacks
Loading mirror speeds from cached hostfile
正在解决依赖关系
--> 正在检查事务
---> 软件包 vsftpd.x86_64.0.3.0.2-25.el7 将被 安装
--> 解决依赖关系完成

依赖关系解决

================================================================================
 Package          架构            版本                   源               大小
================================================================================
正在安装:
 vsftpd           x86_64          3.0.2-25.el7           vsftpd          171 k

事务概要
================================================================================
安装  1 软件包

总下载量：171 k
安装大小：353 k
Downloading packages:
Running transaction check
Running transaction test
Transaction test succeeded
Running transaction
  正在安装    : vsftpd-3.0.2-25.el7.x86_64                                   1/1
  验证中      : vsftpd-3.0.2-25.el7.x86_64                                   1/1

已安装:
  vsftpd.x86_64 0:3.0.2-25.el7

完毕!
```

图 8.11　安装 vsftpd 服务

```
[root@localhost ~]# yum  install  ftp  -y
已加载插件：fastestmirror, langpacks
Loading mirror speeds from cached hostfile
正在解决依赖关系
--> 正在检查事务
---> 软件包 ftp.x86_64.0.0.17-67.el7 将被 安装
--> 解决依赖关系完成

依赖关系解决

================================================================================
 Package          架构            版本                   源               大小
================================================================================
正在安装:
 ftp              x86_64          0.17-67.el7            vsftpd           61 k

事务概要
================================================================================
安装  1 软件包

总下载量：61 k
安装大小：96 k
Downloading packages:
Running transaction check
Running transaction test
Transaction test succeeded
Running transaction
  正在安装    : ftp-0.17-67.el7.x86_64                                       1/1
  验证中      : ftp-0.17-67.el7.x86_64                                       1/1

已安装:
  ftp.x86_64 0:0.17-67.el7

完毕!
[root@localhost ~]# rpm -qa | grep ftp
vsftpd-3.0.2-25.el7.x86_64
ftp-0.17-67.el7.x86_64
```

图 8.12　安装 FTP 服务

```
[root@localhost ~]# systemctl start vsftpd
[root@localhost ~]# systemctl restart vsftpd
[root@localhost ~]# systemctl enable  vsftpd
 [root@localhost ~]# firewall-cmd  --permanent  --add-service=ftp
success
[root@localhost ~]# firewall-cmd  --reload
success
[root@localhost ~]# setsebool  -P  ftpd_full_access=on
[root@localhost ~]#
```

3. 查看 FTP 服务是否启动

执行相关操作，查看 FTP 服务是否启动，如图 8.13 所示。

```
[root@localhost ~]# ps -e | grep ftp
  9806 ?        00:00:00 vsftpd
[root@localhost ~]#
[root@localhost ~]# systemctl status vsftpd.service
● vsftpd.service - Vsftpd ftp daemon
   Loaded: loaded (/usr/lib/systemd/system/vsftpd.service; enabled; vendor preset: disabled)
   Active: active (running) since — 2020-09-07 05:12:45 CST; 11min ago
 Main PID: 9806 (vsftpd)
   CGroup: /system.slice/vsftpd.service
           └─9806 /usr/sbin/vsftpd /etc/vsftpd/vsftpd.conf

9月 07 05:12:45 localhost.localdomain systemd[1]: Starting Vsftpd ftp daemon...
9月 07 05:12:45 localhost.localdomain systemd[1]: Started Vsftpd ftp daemon.
[root@localhost ~]#
```

图 8.13　查看 FTP 服务是否启动

8.2.4　vsftpd 服务器的配置文件

vsftpd 服务器的配置主要通过以下几个文件来完成。

1. 主配置文件

vsftpd 服务器程序的主配置文件（/etc/vsftpd/vsftpd.conf）中的内容有 127 行，但其中大多数行在开头都添加了“#”，从而成为注释，目前没有必要在注释上花费太多的时间。可以使用 grep –v 命令，过滤并反选出不包含“#”的行（即过滤掉所有的注释），并将过滤后的行通过输出重定向符写回原始的主配置文件。为安全起见，应先备份主配置文件，执行命令如下。

```
[root@localhost ~]# mv /etc/vsftpd/vsftpd.conf  /etc/vsftpd/vsftpd.conf.bak
[root@localhost ~]# ls -l /etc/vsftpd/
总用量 20
-rw-------. 1 root root  125 10月 31 2018 ftpusers
-rw-------. 1 root root  361 10月 31 2018 user_list
-rw-------. 1 root root 5116 10月 31 2018 vsftpd.conf.bak
-rwxr--r--. 1 root root  338 10月 31 2018 vsftpd_conf_migrate.sh
[root@localhost ~]# grep -v "#"  /etc/vsftpd/vsftpd.conf.bak > /etc/vsftpd/vsftpd.conf
[root@localhost ~]# ls -l /etc/vsftpd/
总用量 24
 -rw-------. 1 root root  125 10月 31 2018 ftpusers
-rw-------. 1 root root  361 10月 31 2018 user_list
-rw-r--r--. 1 root root  248 9月   7 05:40 vsftpd.conf
-rw-------. 1 root root 5116 10月 31 2018 vsftpd.conf.bak
-rwxr--r--. 1 root root  338 10月 31 2018 vsftpd_conf_migrate.sh
[root@localhost ~]#
[root@localhost ~]# cat  /etc/vsftpd/vsftpd.conf  -n
     1  anonymous_enable=YES
     2  local_enable=YES
     3  write_enable=YES
     4  local_umask=022
     5  dirmessage_enable=YES
     6  xferlog_enable=YES
     7  connect_from_port_20=YES
     8  xferlog_std_format=YES
     9  listen=NO
    10  listen_ipv6=YES
    11
    12  pam_service_name=vsftpd
    13  userlist_enable=YES
    14  tcp_wrappers=YES
[root@localhost ~]#
```

vsftpd 服务器程序的主配置文件中常用的参数及其功能说明如表 8.2 所示。

表 8.2　vsftpd 服务器程序的主配置文件中常用的参数及其功能说明

参数	功能说明
listen=[YES|NO]	是否以独立运行的方式监听服务
listen_address=IP 地址	设置要监听的 IP 地址
listen_port=21	设置 FTP 服务器的监听端口
download_enable＝[YES|NO]	是否允许下载文件
userlist_enable=[YES|NO]、userlist_deny=[YES|NO]	设置允许操作和禁止操作的用户列表
max_clients=0	最大客户机连接数，为 0 时表示不限制
max_per_ip=0	同一个 IP 地址的最大连接数，为 0 时表示不限制
anonymous_enable=[YES|NO]	是否允许匿名用户访问
anon_upload_enable=[YES|NO]	是否允许匿名用户上传文件
anon_umask=022	匿名用户上传文件的 umask 值
anon_root=/var/ftp	匿名用户的 FTP 根目录
anon_mkdir_write_enable=[YES|NO]	是否允许匿名用户创建目录
anon_other_write_enable=[YES|NO]	是否开放匿名用户的其他写入权限（包括重命名、删除等操作权限）
anon_max_rate=0	匿名用户的最大传输速率（单位为 B/s），为 0 时表示不限制
local_enable=[YES|NO]	是否允许本地用户登录 FTP 服务器
local_umask=022	本地用户上传文件的 umask 值
local_root=/var/ftp	本地用户的 FTP 根目录
chroot_local_user=[YES|NO]	是否将用户权限锁定在 FTP 目录下，以确保安全
local_max_rate=0	本地用户最大传输速率（单位为 B/s），为 0 时表示不限制

2. /var/ftp 目录

/var/ftp 目录是 vsftpd 提供服务的文件集散地，它包括一个/pub 子目录。在默认配置下，所有的目录都只有读取权限，只有用户 root 有写入权限。

3. /etc/vsftpd/ftpusers 文件

所有位于/etc/vsftpd/ftpusers 文件内的用户都不能访问 vsftpd 服务，为安全起见，这个文件中默认包括 root、bin 和 daemon 等系统账号。查看/etc/vsftpd/ftpusers 文件的内容，如图 8.14 所示。

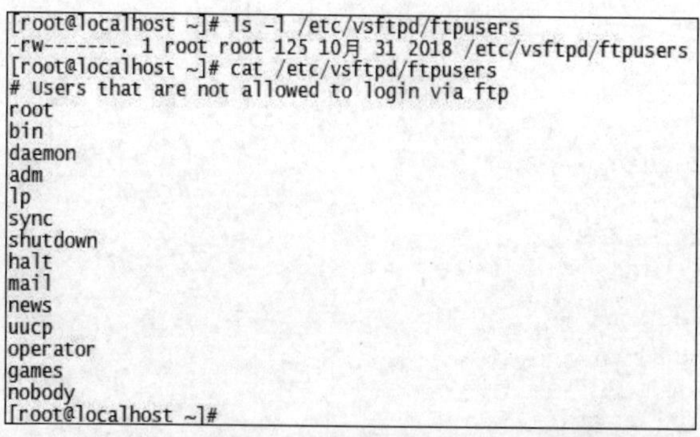

```
[root@localhost ~]# ls -l /etc/vsftpd/ftpusers
-rw-------. 1 root root 125 10月 31 2018 /etc/vsftpd/ftpusers
[root@localhost ~]# cat /etc/vsftpd/ftpusers
# Users that are not allowed to login via ftp
root
bin
daemon
adm
lp
sync
shutdown
halt
mail
news
uucp
operator
games
nobody
[root@localhost ~]#
```

图 8.14　查看/etc/vsftpd/ftpusers 文件的内容

4. /etc/vsftpd/user_list 文件

/etc/vsftpd/user_list 文件中包含的用户有可能是被禁止访问 vsftpd 服务器的，也有可能是允许访问 vsftpd 服务器的，这主要取决于 vsftpd 的主配置文件/etc/vsftpd/vsftpd.conf 中的 userlist_deny 参数是设置为“YES”（默认值）还是“NO”。

（1）当 userlist_deny=NO 时，仅允许文件列表中的用户访问 FTP 服务器。

（2）当 userlist_deny=YES 时，禁止文件列表中的用户访问 FTP 服务器。

5. /etc/pam.d/vsftpd 文件

vsftpd 的可插拔认证模块（Pluggable Authentication Modules，PAM）的配置文件为/etc/pam.d/vsftpd，其主要用来加强 vsftpd 服务器的用户认证功能。

8.2.5 vsftpd 服务器配置实例

1. vsftpd 的认证模式

vsftpd 作为更加安全的传输文件的服务程序，允许用户用以下 3 种认证模式登录 FTP 服务器。

（1）匿名开放模式。匿名开放模式是 3 种认证模式中最不安全的认证模式，任何用户都可以不经过密码验证而直接登录 FTP 服务器。

（2）本地用户模式。本地用户模式是通过 Linux 操作系统本地的账户及密码信息进行认证的模式，比匿名开放模式更安全，配置起来也很简单。但是如果黑客破解了账户的信息，则可以畅通无阻地登录 FTP 服务器，从而完全控制服务器。

（3）虚拟用户模式。虚拟用户模式是 3 种认证模式中最安全的认证模式，它需要为 FTP 服务器单独建立用户数据库文件，虚拟出用来进行密码验证的账户信息。实际上，这些账户信息在服务器系统中是不存在的，仅供 FTP 服务程序认证使用。这样，即使黑客破解了账户信息也无法登录服务器，从而有效缩小了黑客的破坏范围并降低了其破坏的影响。

2. 匿名用户登录的权限参数

匿名用户登录的权限参数及其功能说明如表 8.3 所示。

表 8.3　匿名用户登录的权限参数及其功能说明

权限参数	功能说明
anonymous_enable=YES	允许使用匿名开放模式
anon_umask=022	匿名用户上传文件的 umask 值
anon_upload_enable=YES	允许匿名用户上传文件
anon_mkdir_write_enable=YES	允许匿名用户创建目录
anon_other_write_enable=YES	允许匿名用户修改目录名或删除目录

3. 配置匿名用户登录 FTP 服务器实例

【实例 8.6】搭建一台 FTP 服务器，允许匿名用户上传和下载文件，并将匿名用户的根目录设置为/var/ftp。FTP 服务器和 Windows 客户机的主机名、操作系统及 IP 地址如表 8.4 所示。

表 8.4　FTP 服务器和 Windows 客户机的主机名、操作系统及 IP 地址

主机名	操作系统	IP 地址
FTP 服务器：CentOS8-1	CentOS 8	192.168.100.100
Windows 客户机：Windows10-1	Windows 10	192.168.100.1

（1）新建测试文件/var/ftp/pub/test01.tar，编辑/etc/vsftpd/vsftpd.conf 文件，执行命令如下。

```
[root@localhost ~]# touch  /var/ftp/pub/test01.tar
[root@localhost ~]# vim  /etc/vsftpd/vsftpd.conf
anonymous_enable=YES          //允许匿名用户登录
local_enable=YES
```

```
write_enable=YES
local_umask=022
......

anon_root=/var/ftp                    //设置匿名用户的根目录为/var/ftp
anon_upload_enable=YES                //允许匿名用户上传文件
anon_mkdir_write_enable=YES           //允许匿名用户创建目录
```

（2）启用 SELinux，让防火墙放行 FTP 服务器，重启 vsftpd 服务器。

SELinux 有以下 3 种工作模式。

① enforcing：强制模式，即违反 SELinux 规则的行为将被阻止并记录到日志中。

② permissive：宽容模式，即违反 SELinux 规则的行为只会被记录到日志中，一般在调试时使用。

③ disabled：关闭 SELinux。

执行相关命令，设置防火墙放行 FTP 服务器，如图 8.15 所示。

```
[root@localhost ~]# setenforce  0
[root@localhost ~]# firewall-cmd --permanent --add-service=ftp
Warning: ALREADY_ENABLED: ftp
success
[root@localhost ~]# firewall-cmd --reload
success
[root@localhost ~]# firewall-cmd --list-all
public (active)
  target: default
  icmp-block-inversion: no
  interfaces: ens33
  sources:
  services: ssh dhcpv6-client samba ftp
  ports:
  protocols:
  masquerade: no
  forward-ports:
  source-ports:
  icmp-blocks:
  rich rules:

[root@localhost ~]# systemctl  restart vsftpd
[root@localhost ~]#
```

图 8.15　设置防火墙放行 FTP 服务器

在 Windows 客户机的资源管理器中输入 ftp://192.168.100.100，进入/pub 目录，新建一个目录，系统提示出错，如图 8.16 所示。

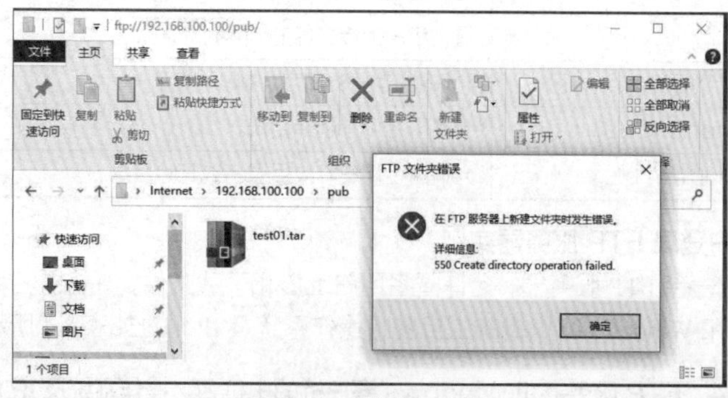

图 8.16　系统提示出错

是什么原因导致用户无法创建目录呢？这是因为没有设置系统的本地权限。

（3）设置系统的本地权限，将所有者设置为 ftp，或者对/var/ftp/pub 目录赋予其他用户的写入权限。

```
[root@localhost ~]# ls  -ld  /var/ftp/pub
drwxr-xr-x. 2 ftp root 24 9月  7 18:16 /var/ftp/pub  //其他用户没有写入权限
[root@localhost ~]# chown  ftp  /var/ftp/pub          //将所有者设置为匿名用户 ftp
[root@localhost ~]# chmod  o+w  /var/ftp/pub
                    //对/var/ftp/pub 目录赋予其他用户的写入权限
[root@localhost ~]# ls -ld  /var/ftp/pub
```

```
drwxr-xrwx. 2 ftp root 24 9月  7 18:16 /var/ftp/pub //已将所有者设置为匿名用户 ftp
[root@localhost ~]# systemctl  restart  vsftpd
```

再次在 Windows 客户机上进行测试，发现已经可以在/var/ftp/pub 目录下建立新目录。

（4）在 Linux 客户机上进行测试。此时，FTP 服务器和 Linux 客户机的主机名、操作系统及 IP 地址如表 8.5 所示，测试结果如图 8.17 所示。

表 8.5　FTP 服务器和 Linux 客户机的主机名、操作系统及 IP 地址

主机名	操作系统	IP 地址
FTP 服务器：CentOS8-1	CentOS 8	192.168.100.100
Linux 客户机：CentOS8-2	CentOS 8	192.168.100.101

图 8.17　测试结果

注意　如果要实现匿名用户创建文件等功能，则仅在配置文件中启用这些功能是不够的，还需要开放本地文件系统权限，使匿名用户拥有写入权限，或者将文件所有者设置为 ftp。另外，要特别注意防火墙和 SELinux 的设置，否则一样会出现问题。

4. 配置本地用户登录 FTP 服务器实例

（1）FTP 服务器配置要求。

某公司内部现有一台 FTP 服务器和 Web 服务器，主要用于维护公司的网络内容，包括上传文件、创建目录、更新网页等。公司现有两个部门负责维护任务，两个部门分别使用 team01 和 team02 账号进行管理，要求仅允许 team01 和 team02 账号登录 FTP 服务器，但不能登录本地系统，并将这两个账号的根目录锁定为/web/www/html，不能进入除该目录以外的任何目录。

（2）需求分析。

将 FTP 服务器和 Web 服务器配置在一台计算机上是企业经常采用的方法，这样方便进行网站的维护。为了增强安全性，首先，仅允许本地用户访问，禁止匿名用户访问；其次，使用 chroot 功能将 team01 和 team02 账号锁定在/web/www/html 目录下；最后，如果需要删除文件，则需要注意本地权限的设置。

（3）方案配置。

① 建立维护网络内容的 FTP 账号，并禁止匿名用户登录，为其设置密码，执行命令如下。

```
[root@localhost ~]# useradd  -p 123456  -s /sbin/nologin  team01
[root@localhost ~]# useradd  -p 123456  -s /sbin/nologin  team02
[root@localhost ~]# useradd  -p 123456  -s /sbin/nologin  test01
```

② 配置主配置文件 vsftpd.conf，并做相应修改。在修改配置文件时，注释一定要去掉，语句前后不要加空格；按照原始文件进行修改，以免互相影响，执行命令如下。

```
[root@localhost ~]# vim  /etc/vsftpd/vsftpd.conf
anonymous_enable=NO                              //禁止匿名用户登录
local_enable=YES                                 //允许本地用户登录
local_root=/web/www/html                         //设置本地用户的根目录为/web/www/html
chroot_local_user=NO                             //默认不限制本地用户
chroot_list_enable=YES                           //启用 chroot 功能
chroot_list_file=/etc/vsftpd/chroot_list         //设置锁定用户在根目录下的列表文件
allow_writeable_chroot=YES
//只要启用 chroot 功能，就一定要加入该命令，即允许 chroot 限制，否则会出现连接错误
```

③ 建立/etc/vsftpd/chroot_list 文件，添加 team01 和 team02 账号，执行命令如下。

```
[root@localhost ~]# vim  /etc/vsftpd/chroot_list
team01
team02
```

④ 开放防火墙和 SELinux，重启 FTP 服务器，执行命令如下。

```
[root@localhost ~]# setenforce 0
[root@localhost ~]# firewall-cmd --permanent --add-service=ftp
[root@localhost ~]# firewall-cmd -reload
[root@localhost ~]# firewall-cmd --list-all
[root@localhost ~]# systemctl restart vsftpd
```

⑤ 修改系统的本地权限，执行命令如下。

```
[root@localhost ~]# ls -ld /web/www/html
drwxr-xr-x. 2 root root 6 9月  7 20:58 /web/www/html
[root@localhost ~]# chmod -R o+w /web/www/html
[root@localhost ~]# ls -ld /web/www/html
drwxr-xrwx. 2 root root 6 9月  7 20:58 /web/www/html
[root@localhost ~]#
```

⑥ 在 Linux 客户机上安装 FTP 工具，并进行相关测试，执行命令如下。

```
[root@localhost ~]# mkdir  /mnt/cdrom
[root@localhost ~]# mount  /dev/sr0  /mnt/cdrom
[root@localhost ~]#yum  clean  all
[root@localhost ~]#yum  reoplist  all
[root@localhost ~]#yum  install  ftp  -y
```

⑦ 使用 team01 和 team02 账号登录时不能转换目录，但可以建立新目录，显示目录为根目录（/），实际上就是/web/www/html 目录，执行命令如下。

```
[root@localhost ~]# ftp 192.168.100.100
Connected to 192.168.100.100 (192.168.100.100).
220 (vsFTPd 3.0.2)
Name (192.168.100.100:root): team01     //锁定用户测试
331 Please specify the password.
Password:
230 Login successful.
Remote system type is UNIX.
Using binary mode to transfer files.
ftp> pwd                                //显示当前目录
257 "/"
```

```
ftp> mkdir testteam01                          //建立新目录
257"/ testteam01" created
ftp> ls  -l
227 Entering Passive Mode (192,168,100,100,106,224).
150 Here comes the directory listing.
drwxr-xr-x. 2 root root 6 9月   8 05:16 testteam01
-rw-r--r--. 1 root root 0 9月   8 05:14 test.txt
226 Directory send OK.
ftp> cd /etc
550 Failed to change directory.
ftp> exit
221 Goodbye.
```

5. 配置虚拟用户登录 FTP 服务器实例

FTP 服务器的搭建工作并不复杂，但需要按照服务器的用途合理地规划、配置。如果 FTP 服务器并不对互联网中的所有用户开放，则可以关闭匿名访问功能，启用本地账号或者虚拟账号的认证机制。但在实际操作中，如果使用本地账号访问，则 FTP 用户在拥有服务器真实用户和密码的情况下，会对服务器产生潜在的危害。如果 FTP 服务器设置不当，则用户有可能使用本地账号进行非法操作。因此，为了 FTP 服务器的安全，可以使用虚拟账号认证方式，即将虚拟的账号映射为服务器的本地账号，客户机使用虚拟账号访问 FTP 服务器。

要求：使用虚拟用户 user01、user02 登录 FTP 服务器，访问目录/var/ftp/vuser；用户只能查看文件，不能对文件进行上传、修改等操作。

虚拟用户的配置主要有以下几个步骤。

（1）创建用户数据库。

① 创建用户文本文件。建立保存虚拟账号和密码的文本文件，格式如下。

```
虚拟账号 1
密码
虚拟账号 2
密码
```

使用 vim 命令建立用户文件/vftp/vuser.txt，添加虚拟账号 user01、user02 及其密码，执行命令如下。

```
[root@localhost ~]# mkdir  /vftp
[root@localhost ~]# vim /vftp/vuser.txt
user01
123456
user02
123456
```

② 生成数据库文件。保存虚拟账号及密码的文本文件无法被系统直接调用，需要使用 db_load 命令生成数据库文件，执行命令如下。

```
[root@localhost ~]# db_load  -T  -t  hash  -f  /vftp/vuser.txt  /vftp/vuser.db
[root@localhost ~]# ls /vftp
vuser.db  vuser.txt
```

③ 设置数据库文件访问权限。数据库文件中保存着虚拟账号和密码，为了防止被非法用户盗取，可以修改该文件的访问权限，执行命令如下。

```
[root@localhost ~]# chmod 700  /vftp/vuser.db
[root@localhost ~]# ls  -l /vftp
总用量 16
```

```
-rwx------. 1 root root 12288 9月   8 05:43 vuser.db
-rw-r--r--. 1 root root    29 9月   8 05:39 vuser.txt
```

（2）配置PAM文件。

为了使服务器能够使用数据对客户机进行身份认证，需要调用系统的PAM。不必重新安装应用程序，通过修改指定的配置文件，调整对该程序的认证方式即可。PAM配置文件的目录为/etc/pam.d，该目录下保存着大量与认证相关的配置文件，并以服务器名称命名。

下面修改vsftpd对应的PAM配置文件/etc/pam.d/vsftpd，将默认配置用"#"全部注释掉，并添加相应字段，执行命令如下。

```
[root@localhost ~]# cp /etc/pam.d/vsftpd /etc/pam.d/vsftpd.bak
[root@localhost ~]# vim  /etc/pam.d/vsftpd
#%PAM-1.0
#session   optional    pam_keyinit.so    force revoke
#auth required pam_listfile.so item=user sense=deny file=/etc/vsftpd/ftpusers onerr=succeed
#auth       required   pam_shells.so
#auth       include    password-auth
#account    include    password-auth
#session    required   pam_loginuid.so
#session    include    password-auth
auth        required   pam_userdb.so    db=/vftp/vuser
account     required   pam_userdb.so    db=/vftp/vuser
```

（3）创建虚拟账号对应的Linux操作系统账号。

```
[root@localhost ~]# useradd -d /var/ftp/vuser  vuser        ①
[root@localhost ~]# chown  vuser.vuser  /var/ftp/vuser      ②
[root@localhost ~]# chmod 555  /var/ftp/vuser               ③
[root@localhost ~]# ls  -ld  /var/ftp/vuser                 ④
dr-xr-xr-x. 3 vuser vuser 78 9月   8 05:59 /var/ftp/vuser
```

以上代码中，其后带有序号的各行的功能说明如下。

① 使用useradd命令添加系统账号vuser，并将其/home目录指定为/var/ftp/vuser。

② 修改/vuser目录的所有者和所属组群，将其设置为vuser用户、vuser组。

③ 当匿名用户登录时会映射为系统用户，并登录/var/ftp/vuser目录，但其没有访问该目录的权限，需要为/vuser目录的所有者、所属组群以及其他用户、组添加读和执行的权限。

④ 使用ls命令查看/vuser目录的详细信息。

（4）修改主配置文件/etc/vsftpd/vsftpd.conf，修改内容如下。

```
anonymous_enable=NO                         ①
anon_upload_enable=NO
anon_mkdir_write_enalbe=NO
anon_other_write_enable=NO
local_enable=YES                            ②
chroot_local_user=YES                       ③
allow_writeable_chroot=YES
write_enable=YES                            ④
guest_enable=YES                            ⑤
guest_username=vuser                        ⑥
listen=YES                                  ⑦
pam_service_name=vsftpd                     ⑧
```

以上代码中，其后带有序号的各行的功能说明如下。

① 为了保证服务器的安全，关闭匿名访问及其他匿名相关设置。

② 虚拟用户会映射为服务器的系统用户，所以需要启用本地用户的支持。

③ 锁定用户的根目录。

④ 允许用户具有写权限。

⑤ 启用虚拟用户访问功能。

⑥ 设置虚拟用户对应的系统账号为 vuser。

⑦ 设置 FTP 服务器为独立运行方式。

⑧ 用来指定 vsftpd 在进行用户认证时所使用的 PAM 配置文件名为 vsftpd。

注意 “=”两边不要加空格。

（5）开放防火墙和 SELinux，重启 FTP 服务。

具体内容详见前文。

（6）在 Linux 客户机上进行相关测试。

具体内容详见前文。

8.3 配置与管理 DHCP 服务器

动态主机配置协议（Dynamic Host Configuration Protocol，DHCP）是一种应用层协议。当将客户机 IP 地址设置为动态获取时，DHCP 服务器会根据 DHCP 为客户机分配 IP 地址，使得客户机能够利用此 IP 地址联网。

8.3.1 DHCP 简介

V8.4 DHCP 简介

DHCP 采用了客户机/服务器模式，使用 UDP 传输，使用 67、68 端口，从 DHCP 客户机到 DHCP 服务器的报文使用目的端口 67，从 DHCP 服务器到 DHCP 客户机的报文使用源端口 68。其工作过程如下：首先，客户机以广播的形式发送一个 DHCP Discover 报文，用来发现 DHCP 服务器；其次，DHCP 服务器接收到客户机发送来的 Discover 报文，单播一个 DHCP Offer 报文来回复客户机，DHCP Offer 报文包含 IP 地址和租约信息；再次，客户机收到服务器发送的 DHCP Offer 报文，以广播的形式向 DHCP 服务器发送 DHCP Request 报文，用来请求服务器将该 IP 地址分配给它，之所以要广播发送，是因为要通知其他 DHCP 服务器，此客户机已经接收一台 DHCP 服务器的信息了，不会再接收其他 DHCP 服务器的信息；最后，DHCP 服务器接收到 DHCP Request 报文，以单播的形式发送 DHCP ACK 报文给客户机，如图 8.18 所示。

DHCP 租期更新：当客户机的租期剩下 50%时，客户机会向 DHCP 服务器单播一个 DHCP Request 报文，请求续约，DHCP 服务器接收到 DHCP Request 报文后，会单播一个 DHCP ACK 报文表示延长租期。

DHCP 重绑定：在客户机的租期超过 50%且原先的 DHCP 服务器没有同意客户机续约 IP 地址后，当客户机的租期只剩下 12.5%时，客户机会向网络中其他的 DHCP 服务器发送 DHCP Request 报文，请求续约，如果其他服务器有关于客户机当前 IP 地址的信息，则单播一个 DHCP ACK 报文回复客户机以续约；如果没有该信息，则回复一个 DHCP NAK 报文。此时，客户机会申请重新绑定 IP 地址。

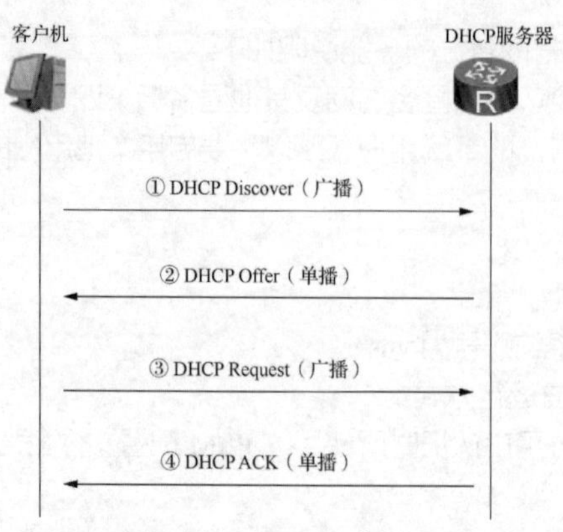

图8.18　DHCP工作过程

IP地址的释放：当客户机租期已满且还未收到DHCP服务器的回复时，会停止使用该IP地址；当客户机租期未满但不想再使用DHCP服务器提供的IP地址时，会发送一个Release报文，告知DHCP服务器清除相关的租约信息，释放该IP地址。

DHCP有以下3种分配IP地址的方式。

（1）手动分配。客户机的IP地址是由网络管理员指定的，DHCP服务器只是将指定的IP地址告知客户机。

（2）自动分配。DHCP服务器为客户机指定一个永久的IP地址，一旦客户机成功从DHCP服务器租用到该IP地址，就可以永久地使用该IP地址。

（3）动态分配。DHCP服务器给客户机指定一个具有时间限制的IP地址，在时间到期或客户机明确表示放弃后，该IP地址才可以被其他客户机使用。

在这3种IP地址分配方式中，只有动态分配可以重复使用客户机不再需要的IP地址。

DHCP服务器具有以下功能。

（1）可以给客户机分配永久的IP地址。

（2）保证任何IP地址在同一时刻只能由一台客户机使用。

（3）可以与那些用其他方法获得IP地址的客户机共存。

（4）可以向现有的无盘客户机分配动态IP地址。

8.3.2　DHCP服务器的安装、启动与停止

1. DHCP服务器的安装

（1）检测系统中是否已经安装了DHCP软件包。

```
[root@localhost ~]# rpm -qa | grep dhcp
```

（2）如果系统中没有安装DHCP软件包，则进行磁盘挂载，制作YUM仓库源文件，执行命令如下。

```
[root@localhost ~]# mkdir  /mnt/cdrom  -p
[root@localhost ~]# mount  /dev/sr0  /mnt/cdrom
mount: /dev/sr0 写保护，将以只读方式挂载
[root@localhost ~]# mv /etc/yum.repos.d/*  /mnt/data01
[root@localhost ~]# vim  /etc/yum.repos.d/dhcp.repo
# /etc/yum.repos.d/dhcp.repo
[dhcp]
name=CentOS 8-Base-dhcp.repo
```

```
baseurl=file:///mnt/cdrom
enabled=1
priority=1
gpgcheck=0
```

（3）使用 yum 命令安装 DHCP 服务器，如图 8.19 所示。

```
[root@localhost ~]# yum  clean all
已加载插件：fastestmirror, langpacks
正在清理软件源：  dhcp
Cleaning up list of fastest mirrors
Other repos take up 1.2 G of disk space (use --verbose for details)
[root@localhost ~]# yum repolist all
已加载插件：fastestmirror, langpacks
Determining fastest mirrors
dhcp                                                                  | 3.6 kB  00:00:00
(1/2): dhcp/group_gz                                                  | 166 kB  00:00:00
(2/2): dhcp/primary_db                                                | 3.1 MB  00:00:00
源标识                          源名称                                        状态
dhcp                            centos 7.6-Base-dhcp.repo                     启用: 4,021
repolist: 4,021
[root@localhost ~]# yum   install dhcp  -y
已加载插件：fastestmirror, langpacks
Loading mirror speeds from cached hostfile
正在解决依赖关系
--> 正在检查事务
---> 软件包 dhcp.x86_64.12.4.2.5-68.el7.centos.1 将被 安装
--> 解决依赖关系完成

依赖关系解决

==========================================================================================
 Package          架构              版本                              源              大小
==========================================================================================
正在安装:
 dhcp             x86_64            12:4.2.5-68.el7.centos.1          dhcp            513 k

事务概要
==========================================================================================
安装  1 软件包

总下载量：513 k
安装大小：1.4 M
Downloading packages:
Running transaction check
Running transaction test
Transaction test succeeded
Running transaction
  正在安装     : 12:dhcp-4.2.5-68.el7.centos.1.x86_64                                1/1
  验证中       : 12:dhcp-4.2.5-68.el7.centos.1.x86_64                                1/1

已安装:
  dhcp.x86_64 12:4.2.5-68.el7.centos.1

完毕!
[root@localhost ~]#
```

图 8.19　使用 yum 命令安装 DHCP 服务器

2．DHCP 服务器的启动、停止

DHCP 服务器启动和停止命令及其功能说明如表 8.6 所示。

表 8.6　DHCP 服务器启动和停止命令及其功能说明

命令	功能说明
systemctl　start　dhcpd.services	启动 DHCP 服务器，dhcpd.services 可简写为 dhcpd
systemctl　restart　dhcpd.services	重启 DHCP 服务器（先停止再启动）
systemctl　stop　dhcpd.services	停止 DHCP 服务器
systemctl　reload　dhcpd.services	重新加载 DHCP 服务器
systemctl　status　dhcpd.services	查看 DHCP 服务器的状态
systemctl　enable　dhcpd.services	设置 DHCP 服务器为开机自动启动
systemctl list-unit-files | grep dhcpd.services	查看 DHCP 服务器是否为开机自动启动

8.3.3　DHCP 服务器的主配置文件

DHCP 服务器的主配置文件是/etc/dhcp/dhcpd.conf，但在一些 Linux 发行版中，此文件在默认情况下是不存在的，需要手动创建。对于 CentOS 8 而言，在安装好 DHCP 软件之后会生成此文件，打开文件后，其默认内容如下。

```
[root@localhost ~]# cat  -n  /etc/dhcp/dhcpd.conf
     1  #
     2  # DHCP Server Configuration file.
```

```
     3  #   see /usr/share/doc/dhcp*/dhcpd.conf.example
     4  #   see dhcpd.conf(5) man page
     5  #
[root@localhost ~]#
```

其中，第3行提示用户可以参考/usr/share/doc/dhcp*/dhcpd.conf.example 文件格式来进行相关配置。与DHCP服务相关的另一个文件是/var/lib/dhcpd/dhcpd.leases，此文件保存了DHCP服务器动态分配的IP地址的租约信息，即租约的开始日期和结束日期。

下面重点介绍DHCP主配置文件（/etc/dhcp/dhcpd.conf），其结构如下。

```
#全局配置
参数或选项;

#局部配置
声明{
    参数或选项;
    }
```

主配置文件dhcpd.conf中通常包括3部分内容，即参数、声明、选项。

（1）参数：表明如何执行任务、是否执行任务或将哪些网络配置选项发送给客户。主配置文件dhcpd.conf中使用的参数及其功能说明如表8.7所示。

表8.7　主配置文件dhcpd.conf中使用的参数及其功能说明

参数	功能说明
ddns-update-style	配置DHCP-DNS互动更新模式
default-lease-time	指定默认租赁时间，单位是s
max-lease-time	指定最大租赁时间，单位是s
hardware	指定网卡接口类型和MAC地址
server-name	设置DHCP服务器名称
get-lease-hostnames flag	检查客户机使用的IP地址
fixed-address ip	分配给客户机一个固定的IP地址
authoritative	拒绝不正确的IP地址的要求

（2）声明：用来描述网络布局、提供用户的IP地址等。主配置文件dhcpd.conf中使用的声明及其功能说明如表8.8所示。

表8.8　主配置文件dhcpd.conf中使用的声明及其功能说明

声明	功能说明
shared-network	是否存在子网络共享相同网络
subnet	描述一个IP地址是否属于该子网络
range	提供动态分配IP地址的范围
host	主机名称，配置相应的主机
group	为一组参数提供声明
allow unknown-clients; deny unknown-client	是否动态分配IP地址给未知的用户
allow bootp；deny bootp	是否响应激活查询
allow booting；deny booting	是否响应用户查询
filename	开始启动文件的名称，应用于无盘工作站
next-server	设置服务器从引导文件中装入主机名，应用于无盘工作站

（3）选项：用来配置 DHCP 可选参数，全部以 option 关键字开头。主配置文件 dhcpd.conf 中使用的选项及其功能说明如表 8.9 所示。

表 8.9　主配置文件 dhcpd.conf 中使用的选项及其功能说明

选项	功能说明
subnet-mask	为客户机设置子网掩码
domain-name	为客户机设置 DNS 名称
domain-name-servers	为客户机设置 DNS 服务器的 IP 地址
host-name	为客户机设置主机名称
routers	为客户机设置默认网关
broadcast-address	为客户机设置广播地址
ntp-server	为客户机设置网络时间服务器的 IP 地址
time-offset	客户机设置与格林尼治时间的偏移时间，单位是 s

8.3.4　DHCP 服务器配置实例

1. DHCP 服务器配置实例需求分析

某公司研发部有 50 台计算机，需要使用 DHCP 服务器分配 IP 地址，各计算机的 IP 地址要求如下。

（1）DHCP 服务器和 DNS 服务器的 IP 地址都是 192.168.100.100，有效 IP 地址段为 192.168.100.1～192.168.100.254，子网掩码是 255.255.255.0，网关为 192.168.100.100。

（2）192.168.100.1～192.168.100.20、192.168.100.100～192.168.100.120 为服务器 IP 地址段。

（3）客户机可以使用的 IP 地址段为 192.168.100.21～192.168.100.99 和 192.168.100.121～192.168.199，192.168.100.200～192.168.254 为保留地址段，其中，192.168.100.200 保留给 Linux 客户机 Client2 使用。

（4）Windows 客户机 Client1 模拟所有的其他客户机，采用自动获取方式配置 IP 地址等信息。

DHCP 网络拓扑结构如图 8.20 所示。DHCP 服务器、Client1 与 Client2 都是安装在 VMware Workstation 上的虚拟机，网络连接采用了网络地址转换（Network Address Translation，NAT）模式。

2. 配置实例

（1）在 NAT 模式下，VMnet8 虚拟网卡默认启用了 DHCP 服务。为了保证后续测试顺利进行，这里要先关闭 VMnet8 的 DHCP 服务，如图 8.21 所示。

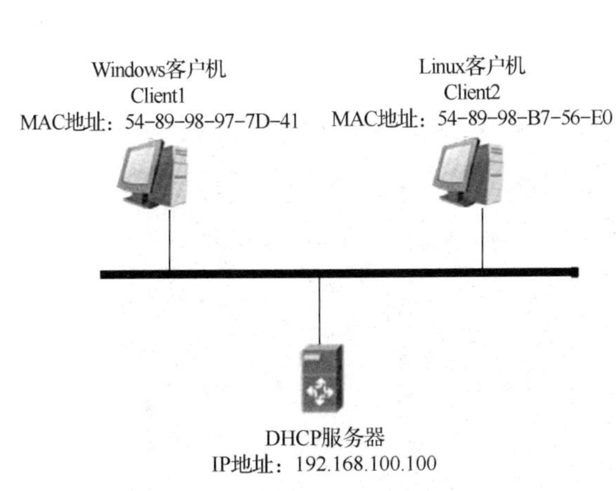

图 8.20　DHCP 网络拓扑结构

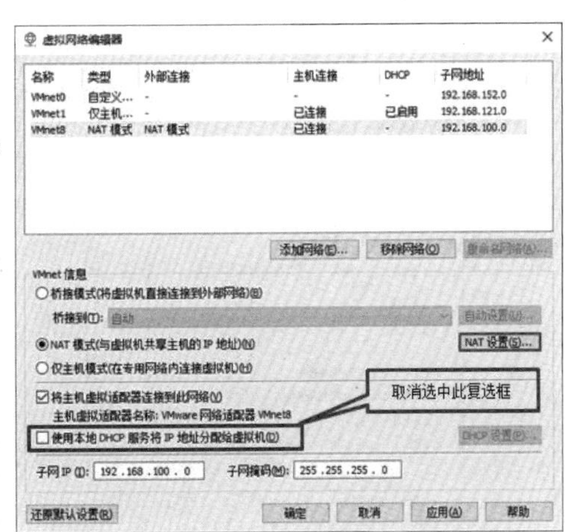

图 8.21　关闭 VMnet8 的 DHCP 服务

（2）修改 DHCP 主配置文件，相关操作如下。

```
[root@localhost ~]# vim  /etc/dhcp/dhcpd.conf
subnet 192.168.100.0 netmask 255.255.255.0 {
 option domain-name-servers 192.168.100.100;
 option routers 192.168.100.2;
 range 192.168.100.21 192.168.100.99;
 range 192.168.100.121 192.168.100.199;
option broadcast-address 192.168.100.255;
 default-lease-time 600;
 max-lease-time 7200;
}

host  Client2{
     hardware ethernet 54:89:98:B7:56:E0;
     fixed-address 192.168.100.200;
}
[root@localhost ~]# netstat -antupl | grep  dhcp
udp    0   0 0.0.0.0:67           0.0.0.0:*                       21876/dhcpd
[root@localhost ~]# systemctl restart  dhcpd        //重启 DHCP 服务（先停止再启用）
[root@localhost ~]# systemctl enable  dhcpd         //设置 DHCP 服务为开机自动启动
```

（3）查看 DHCP 服务的状态信息，如图 8.22 所示。

```
[root@localhost ~]# systemctl status  dhcpd
● dhcpd.service - DHCPv4 Server Daemon
   Loaded: loaded (/usr/lib/systemd/system/dhcpd.service; enabled; vendor preset: disabled)
   Active: active (running) since 四 2020-09-10 03:41:04 CST; 39min ago
     Docs: man:dhcpd(8)
           man:dhcpd.conf(5)
 Main PID: 10307 (dhcpd)
   Status: "Dispatching packets..."
    Tasks: 1
   CGroup: /system.slice/dhcpd.service
           └─10307 /usr/sbin/dhcpd -f -cf /etc/dhcp/dhcpd.conf -user dhcpd -group dhcpd --no-pid

9月 10 03:41:04 localhost.localdomain dhcpd[10307]: No subnet declaration for virbr0 (192.168.122.1).
9月 10 03:41:04 localhost.localdomain dhcpd[10307]: ** Ignoring requests on virbr0.  If this is not what
9月 10 03:41:04 localhost.localdomain dhcpd[10307]:    you want, please write a subnet declaration
9月 10 03:41:04 localhost.localdomain dhcpd[10307]:    in your dhcpd.conf file for the network segment
9月 10 03:41:04 localhost.localdomain dhcpd[10307]:    to which interface virbr0 is attached. **
9月 10 03:41:04 localhost.localdomain dhcpd[10307]: nt
9月 10 03:41:04 localhost.localdomain dhcpd[10307]: Listening on LPF/ens33/00:0c:29:3e:06:06/192.168.100.0/24
9月 10 03:41:04 localhost.localdomain dhcpd[10307]: Sending on   LPF/ens33/00:0c:29:3e:06:06/192.168.100.0/24
9月 10 03:41:04 localhost.localdomain dhcpd[10307]: Sending on   Socket/fallback/fallback-net
9月 10 03:41:04 localhost.localdomain systemd[1]: Started DHCPv4 Server Daemon.
[root@localhost ~]#
```

图 8.22　查看 DHCP 服务的状态信息

（4）在 Windows 客户机上验证 DHCP 服务，在“Internet 协议版本 4(TCP/IPv4)属性”对话框中，选中“自动获得 IP 地址”单选按钮，如图 8.23 所示。

在 Windows 命令行窗口中，先使用 ipconfig/release 命令释放 IP 地址，再使用 ipconfig/renew 命令重新获取 IP 地址，如图 8.24 所示。

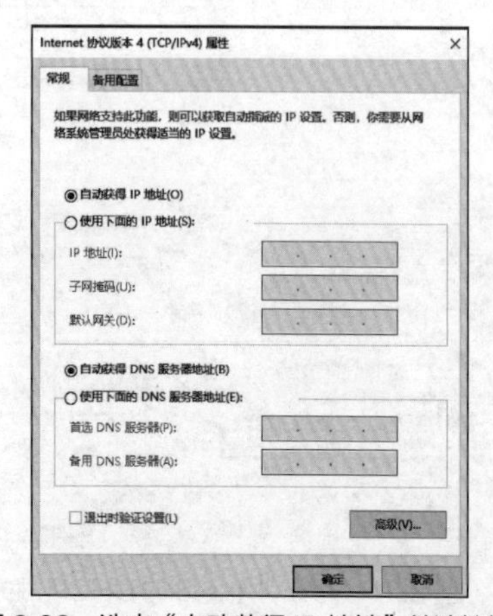

图 8.23　选中“自动获得 IP 地址”单选按钮

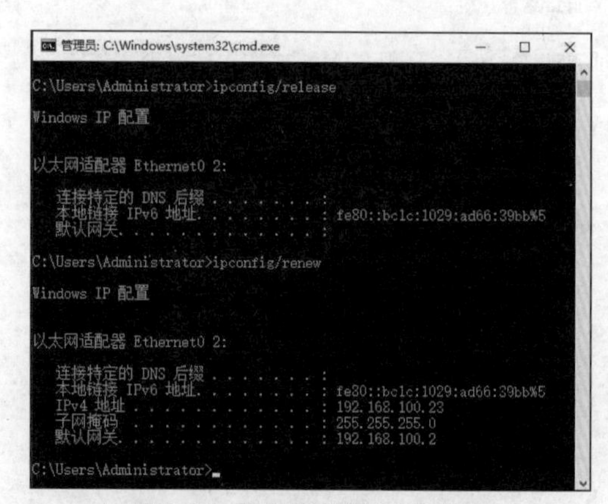

图 8.24　释放和重新获取 IP 地址

在 Linux 客户机上验证 DHCP 服务，配置网卡相关信息，配置 BOOTPROTO=dhcp，其他信息保持默认设置，如图 8.25 所示。

在 Linux 客户机上查看获取的 IP 地址信息，如图 8.26 所示。

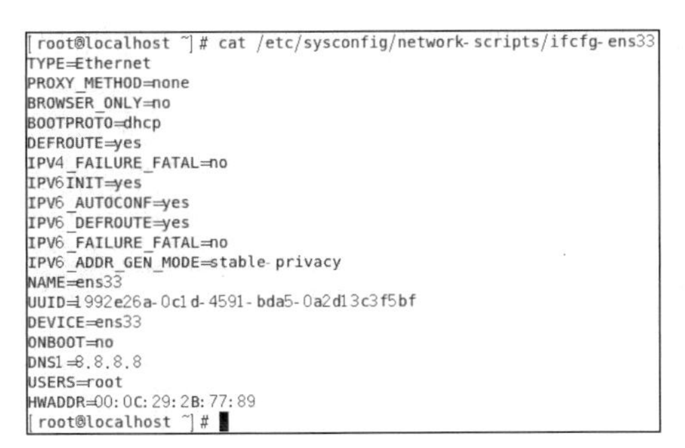

图 8.25　配置网卡相关信息

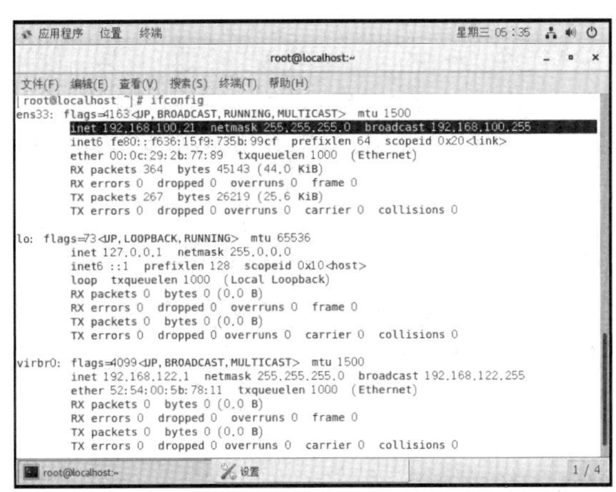

图 8.26　在 Linux 客户机上查看获取的 IP 地址信息

8.4 配置与管理 DNS 服务器

域名系统（Domain Name System，DNS）是对域名和与之对应的 IP 地址进行转换的服务器系统。DNS 中保存了一张域名和与之对应的 IP 地址表，以解析消息的域名。域名是 Internet 中某一台计算机或某一个计算机组的名称，用于在数据传输时标识计算机的电子方位（有时也指地理位置）。域名是由一串用点分隔的名称组成的，通常包含组织名，且一般包括两三个字母的扩展名，以指明组织的类型或该域名所在的国家或地区。

8.4.1 DNS 简介

1. 主机名和域名

IP 地址是主机的身份标识，但是记住大量诸如 192.168.1.89 形式的 IP 地址太难了。相对而言，主机名一般具有一定的含义，比较容易记忆。因此，如果计算机能够提供某种工具，使人们可以方便地根据主机名获得 IP 地址，那么这种工具会备受青睐。在网络发展的早期，一种简单的实现方法就是把域名和 IP 地址的对应关系保存在一个文件中。计算机利用这个文件进行域名解析。在 Linux 操作系统中，这个文件就是/etc/hosts，其内容如下。

```
[root@localhost ~]# cat /etc/hosts
127.0.0.1   localhost localhost.localdomain localhost4 localhost4.localdomain4
::1         localhost localhost.localdomain localhost6 localhost6.localdomain6
[root@localhost ~]#
```

这种方式实现起来很简单，但是它有一个非常大的缺点，即内容更新不灵活，每台主机都要配置这样的文件，并要及时更新内容，否则得不到最新的域名信息，因此它只适用于一些规模较小的网络。随着网络规模的不断扩大，用单一文件实现域名解析的方法显然不再适用，取而代之的是基于分布式数据库的 DNS。DNS 将域名解析的功能分散到不同层级的 DNS 服务器中，这些 DNS 服务器协同工作，提供可靠、灵活的域名解析服务。

以日常生活中的常见例子进行介绍。公路上行驶的汽车都有唯一的车牌号，如果有人说自己的车牌号是“80H80”，那么我们无法知道这个号码属于哪个城市，因为不同的城市都可以分配这个号码。

现在假设这个号码来自辽宁省沈阳市，而沈阳市在辽宁省的城市代码是“A”，现在把城市代码和车牌号组合在一起，即“A80H80”，是不是就可以确定这个车牌号的属地了呢？答案还是否定的，因为其他省份也有代码是“A”的城市，需要把辽宁省的简称“辽”加进去，即“辽A80H80”，这样才能确定车牌号的属地。

在这个例子中，辽宁省代表一个地址区域，即定义了一个命名空间，这个命名空间的名称是“辽”。辽宁省的各个城市也有自己的命名空间，如“辽A”表示沈阳市，“辽B”表示大连市等，只有在各个城市的命名空间中才能给汽车分配车牌号。在DNS中，域名空间就是“辽”或“辽A”这样的命名空间，而主机名就是实际的车牌号。

与车牌号的命名空间类似，DNS的域名空间也是分级的。在DNS的域名空间中，最上面一层被称为“根域”，用“.”表示。从根域开始向下依次划分为顶级域、二级域等各级子域，最下面一级是主机。子域和主机的名称分别称为域名和主机名，域名又有相对域名和绝对域名之分，就像Linux文件系统中的相对路径和绝对路径一样，如果从下向上将主机名及各级子域的所有绝对域名组合在一起，并用“.”分隔，就构成了主机的全限定域名（Fully Qualified Domain Name，FQDN）。例如，辽宁省交通高等专科学校的Web服务器的主机名为“www”，域名为“lncc.edu.cn”，那么其FQDN就是“www.lncc.edu.cn”，通过FQDN可以唯一地确定互联网中的一台主机。

2. DNS的工作原理

DNS服务器提供了域名解析服务，那么是不是所有的域名都可以交给一台DNS服务器来解析呢？这显然是不现实的，因为互联网中有不计其数的域名，且域名的数量在不断增长。一种可行的方法是把域名空间划分成若干区域进行独立管理，区域是连续的域名空间，每个区域都由特定的DNS服务器管理，一台DNS服务器可以管理多个区域，每个区域都在单独的区域文件中保存域名解析数据。

在DNS域名空间结构中，根域位于最顶层，管理根域的DNS服务器称为根域服务器，顶级域位于根域的下一层，常见的顶级域有“.com”“.edu”“.org”“.gov”“.net”“.pro”，以及代表国家和地区的“.cn”“.jp”等。顶级域服务器负责管理顶级域名的解析，在顶级域服务器下面还有二级域服务器等，假如把解析“www.lncc.edu.cn”的任务交给根域服务器，则根域服务器并不会直接返回这个主机名的IP地址，因为根域服务器只知道各个顶级域服务器的地址，它把解析“.cn”顶级域名的权限“授予”其中一台顶级域服务器（假设是服务器A）。如果根域服务器收到的请求中包括“.cn”顶级服务器的地址，则这个过程会一直继续下去，直到有一台负责处理“.lncc.edu.cn”的服务器直接返回“www.lncc.edu.cn”的IP地址。在这个过程中，DNS把域名的解析权限层层“授予”下一级DNS服务器，这种基于授权的域名解析就是DNS的分级管理机制，又称区域委派。

目前，全球共有13台根域服务器，这13台根域服务器的名称分别为A～M，其中10台放置在美国，另外3台分别放置在英国、瑞典和日本。在这13台根域服务器中，1台为主根服务器，放置在美国；其余12台均为辅根服务器，有9台放置在美国，1台放置在英国，1台放置在瑞典，1台放置在日本。所有根域服务器都由互联网名称与数字分配机构统一管理，其负责全球互联网域名根服务器、域名体系和IP地址等的管理。这13台根域服务器可以“指挥”类似Firefox或Internet Explorer等的Web浏览器和电子邮件程序控制互联网通信。

DNS的查询过程如下。

（1）当用户在浏览器的地址栏中输入域名www.163.com访问该网站时，操作系统会先检查本地的hosts文件中是否有这个网址映射关系。如果有，则先调用这个网址映射关系，完成域名解析。

（2）如果hosts文件中没有这个网址的映射关系，则查找本地DNS解析器缓存，查看其中是否有网址映射关系。如果有，则直接返回，完成域名解析。

（3）如果hosts文件与本地DNS解析器缓存中都没有对应的网址映射关系，则查找TCP/IP参数中设置的首选 DNS 服务器（称为本地 DNS 服务器）。此服务器收到查询命令时，如果要查询的域名包含在本地配置区域文件中，则返回解析结果给客户机，完成域名解析。此解析具有权威性。

（4）如果要查询的域名未由本地 DNS 服务器解析，但该服务器已缓存了此网址映射关系，则调用这个网址映射关系，完成域名解析。此解析不具有权威性。

（5）如果本地 DNS 服务器的本地区域文件和缓存解析都失效，则根据本地 DNS 服务器的设置（是否设置转发器）进行查询。

① 如果未使用转发模式，则本地 DNS 服务器会把请求转发至 13 台根域服务器。根域服务器收到请求后会判断这个域名（.com）是谁授权管理的，并会返回一个负责该顶级域服务器的 IP 地址。本地 DNS 服务器收到 IP 地址后，会联系负责.com 域的服务器。负责.com 域的服务器收到请求后，如果自己无法解析，则会发送一个管理.com 域的下一级 DNS 服务器的 IP 地址（163.com）给本地 DNS 服务器。当本地 DNS 服务器收到这个 IP 地址后，就会查找 163.com 域服务器。重复上面的操作进行查询，直至找到 www.163.com 主机。

② 如果使用的是转发模式，则此 DNS 服务器会把请求转发至上一级 DNS 服务器，由上一级 DNS 服务器进行解析。如果上一级 DNS 服务器无法解析，则查找根域服务器或把请求转发至上一级，直到完成解析。

8.4.2 DNS 服务器的安装、启动与停止

在 Linux 操作系统中架设 DNS 服务器通常使用伯克利互联网名称域（Berkeley Internet Name Domain，BIND）程序来实现，其守护进程是 named。

BIND 是一款实现 DNS 服务器的开放源代码软件，BIND 原本是美国国防部高等研究计划署（Defense Advanced Research Projects Agency，DARPA）资助的加利福尼亚大学伯克利分校开设的一个研究生课题，其经过多年的变化发展，已经成为世界上使用十分广泛的 DNS 服务器软件。目前的互联网中，大多数的 DNS 服务器是使用 BIND 来架设的。

BIND 能够运行在当前大多数的操作系统平台上。目前，BIND 由互联网系统协会（Internet Systems Consortium，ISC）负责开发和维护。

1. DNS 服务器的安装

（1）检测系统中是否已经安装了 BIND 软件包，执行命令如下。

```
[root@localhost ~]# rpm -qa | grep  bind
```

（2）如果系统中没有安装 BIND 软件包，则进行磁盘挂载，制作 YUM 仓库源文件，执行命令如下。

```
[root@localhost ~]# mkdir  /mnt/cdrom  -p
[root@localhost ~]# mount  /dev/sr0  /mnt/cdrom
mount: /dev/sr0 写保护，将以只读方式挂载
[root@localhost ~]# mv  /etc/yum.repos.d/*  /mnt/data01
[root@localhost ~]# vim  /etc/yum.repos.d/dns.repo
# /etc/yum.repos.d/dns.repo
[dns]
name=CentOS 8-Base-dns.repo
baseurl=file:///mnt/cdrom
enabled=1
priority=1
gpgcheck=0
[root@localhost ~]#
```

（3）使用 yum 命令安装 DNS 服务器，如图 8.27 所示。

```
[root@localhost ~]# yum  clean  all
已加载插件：fastestmirror, langpacks
正在清理软件源： dns
Cleaning up list of fastest mirrors
Other repos take up 98 M of disk space (use --verbose for details)
[root@localhost ~]# yum repolist  all
已加载插件：fastestmirror, langpacks
Determining fastest mirrors
dns                                                                    | 3.6 kB  00:00:00
(1/2): dns/group_gz                                                    | 166 kB  00:00:00
(2/2): dns/primary_db                                                  | 3.1 MB  00:00:00
源标识                          源名称                                            状态
dns                             centos 7.6-Base-dns.repo                       启用: 4,021
repolist: 4,021
[root@localhost ~]# yum install bind  bind-chroot.x86_64  -y
已加载插件：fastestmirror, langpacks
Loading mirror speeds from cached hostfile
正在解决依赖关系
--> 正在检查事务
---> 软件包 bind.x86_64.32.9.9.4-72.el7 将被 安装
---> 软件包 bind-chroot.x86_64.32.9.9.4-72.el7 将被 安装
--> 解决依赖关系完成

依赖关系解决

================================================================================================
 Package              架构              版本                        源                     大小
================================================================================================
正在安装:
 bind                 x86_64            32:9.9.4-72.el7             dns                   1.8 M
 bind-chroot          x86_64            32:9.9.4-72.el7             dns                    88 k

事务概要
================================================================================================
安装  2 软件包

总下载量：1.9 M
安装大小：4.5 M
Downloading packages:
------------------------------------------------------------------------------------------------
总计                                                        55 MB/s | 1.9 MB  00:00:00
Running transaction check
Running transaction test
Transaction test succeeded
Running transaction
  正在安装    : 32:bind-9.9.4-72.el7.x86_64                                                 1/2
  正在安装    : 32:bind-chroot-9.9.4-72.el7.x86_64                                          2/2
  验证中      : 32:bind-9.9.4-72.el7.x86_64                                                 1/2
  验证中      : 32:bind-chroot-9.9.4-72.el7.x86_64                                          2/2

已安装:
  bind.x86_64 32:9.9.4-72.el7                          bind-chroot.x86_64 32:9.9.4-72.el7

完毕！
[root@localhost ~]#
[root@localhost ~]# rpm  -qa | grep  bind
bind-libs-lite-9.9.4-72.el7.x86_64
bind-chroot-9.9.4-72.el7.x86_64
keybinder3-0.3.0-1.el7.x86_64
bind-utils-9.9.4-72.el7.x86_64
bind-license-9.9.4-72.el7.noarch
bind-9.9.4-72.el7.x86_64
rpcbind-0.2.0-47.el7.x86_64
bind-libs-9.9.4-72.el7.x86_64
[root@localhost ~]#
```

图 8.27 使用 yum 命令安装 DNS 服务器

2. DNS 服务器的启动、停止

（1）自动启动 DNS 服务器，并进行启动、停止与重启相关操作，执行命令如下。

```
[root@localhost ~]# systemctl  enable  named          //设置 DNS 服务器开机自动启动
Created symlink from /etc/systemd/system/multi-user.target.wants/named.service to /usr/lib/systemd/system/named.service.
[root@localhost ~]# systemctl  start  named
[root@localhost ~]# systemctl  stop  named
[root@localhost ~]# systemctl  restart  named
[root@localhost ~]#
```

（2）查询当前 DNS 服务器的状态信息，如图 8.28 所示。

```
[root@localhost ~]# systemctl status named
● named.service - Berkeley Internet Name Domain (DNS)
   Loaded: loaded (/usr/lib/systemd/system/named.service; enabled; vendor preset: disabled)
   Active: active (running) since 四 2020-09-10 03:57:54 CST; 2min 17s ago
  Process: 11224 ExecStart=/usr/sbin/named -u named -c ${NAMEDCONF} $OPTIONS (code=exited, status=0/SUCCESS)
  Process: 11221 ExecStartPre=/bin/bash -c if [ ! "$DISABLE_ZONE_CHECKING" == "yes" ]; then /usr/sbin/named-checkconf -z "$NAMEDCONF"; else echo "Checking of zone files is disabled"; fi (code=exited, status=0/SUCCESS)
 Main PID: 11225 (named)
    Tasks: 4
   CGroup: /system.slice/named.service
           └─11225 /usr/sbin/named -u named -c /etc/named.conf

9月 10 03:57:54 localhost.localdomain named[11225]: command channel listening on ::1#953
9月 10 03:57:54 localhost.localdomain named[11225]: managed-keys-zone: loaded serial 2
9月 10 03:57:54 localhost.localdomain named[11225]: zone 0.in-addr.arpa/IN: loaded serial 0
9月 10 03:57:54 localhost.localdomain named[11225]: zone localhost/IN: loaded serial 0
9月 10 03:57:54 localhost.localdomain named[11225]: zone 1.0.0.0.0.0.0.0.0.0.0.0.0.0.0.0.0.0.0.0.0.0.0.0.0.0.0.0.0.0...al 0
9月 10 03:57:54 localhost.localdomain named[11225]: zone 1.0.0.127.in-addr.arpa/IN: loaded serial 0
9月 10 03:57:54 localhost.localdomain named[11225]: zone localhost.localdomain/IN: loaded serial 0
9月 10 03:57:54 localhost.localdomain named[11225]: all zones loaded
9月 10 03:57:54 localhost.localdomain named[11225]: running
9月 10 03:57:54 localhost.localdomain systemd[1]: Started Berkeley Internet Name Domain (DNS).
Hint: Some lines were ellipsized, use -l to show in full.
[root@localhost ~]#
```

图 8.28 查询当前 DNS 服务器的状态信息

8.4.3 DNS 服务器的配置文件

搭建 DNS 服务器的过程很复杂，需要准备全套的配置文件，包括全局配置文件、主配置文件、正向解析区域文件和反向解析区域文件。下面介绍各配置文件的配置方法及 DNS 客户机配置。

1. 全局配置文件

DNS 服务器的全局配置文件是/etc/named.conf，其格式如下。

```
[root@localhost ~]# cat  /etc/named.conf
……                                                        //省略
options {
        listen-on port 53 { 127.0.0.1; };
        //指定 BIND 监听的 DNS 查询请求的本机 IP 地址及端口
        listen-on-v6 port 53 { ::1; };                  //限于 IPv6
        directory      "/var/named";                    //指定区域配置文件所在的路径
        dump-file   "/var/named/data/cache_dump.db";    //定义服务器的数据库文件
        statistics-file "/var/named/data/named_stats.txt"; //定义 named 服务的记录文件
        memstatistics-file "/var/named/data/named_mem_stats.txt";
        recursing-file  "/var/named/data/named.recursing";
        secroots-file   "/var/named/data/named.secroots";
        allow-query     { localhost; };         //指定接收 DNS 查询请求的客户机
        recursion yes; //定义递归式 DNS 服务器，若不启用递归式 DNS 服务，则将 yes 修改为 no
        dnssec-enable yes;
        dnssec-validation yes;                  //修改为 no 时可以忽略 SELinux 的影响
       ……
};

logging {
        channel default_debug {
                file "data/named.run";
                severity dynamic;
        };
};

zone "." IN {              //定义一个 DNS 区域
         type hint;        //定义区域的类型，有 master、hint、slave、forward 这 4 种类型
         file "named.ca";//定义区域的列表文件名，即区域数据库文件名
};
include "/etc/named.rfc1912.zones";
include "/etc/named.root.key";
[root@localhost ~]#
```

（1）options 配置段属于全局性的设置，其常用的配置项及功能如下。

① listen-on port 53 {}：指定守护进程 named 监听的端口和 IP 地址，默认的监听端口是 53。如果 DNS 服务器有多个 IP 地址要监听，则可以在花括号中分别列出，并用分号分隔。

② directory：指定区域配置文件所在的路径，默认的目录是/var/named。正向解析区域文件和反向解析区域文件都保存在这个目录下。

③ allow-query {}：指定允许哪些主机发起域名解析请求，默认只由本机开放服务，可以对某台主机或某个网络段的主机开放服务，也可以使用关键字指定开放主机的范围。

④ forward：有 only 和 first 两个值。其值为 only 时表示将 DNS 服务器配置为高速缓存服务器；其值为 first 时表示先将 DNS 查询请求转发给 forwarders 配置项定义的转发服务器，如果转发服务器无法解析，则 DNS 服务器会尝试解析。

⑤ forwarders {}：指定转发 DNS 服务器，如果有 forward only 配置项，则要指定一台上层 DNS 服务器进行传递，以将 DNS 查询请求转发给转发 DNS 服务器进行处理，这就是 forwarders{}配置项设定值的重要性。

（2）zone：用来定义区域，其后面的“.”表示根域。一般在主配置文件中定义区域的信息，这里保留默认值即可。

（3）include：用来引入其他相关配置文件，这里通过 include 配置项指定主配置文件的位置；一般不使用默认的主配置文件/etc/named.rfc1912.zones，而是根据实际需要创建新的主配置文件。

2. 主配置文件

主配置文件位于/etc 目录下，可将 named.rfc1912.zones 复制为全局配置文件中指定的主配置文件，这里为/etc/named.zones。

```
[root@localhost ~]# cp -p  /etc/named.rfc1912.zones  /etc/named.zones
[root@localhost ~]# ls  -l  /etc/named.zones
-rw-r-----. 1 root named    931 6月  21 2007 named.zones
[root@localhost ~]# cat  /etc/named.zones
// named.rfc1912.zones:
......                                          //省略
zone "localhost.localdomain" IN {
        type master;                            //主要区域
        file "named.localhost";                 //指定正向解析区域配置文件
        allow-update { none; };
};
zone "1.0.0.127.in-addr.arpa" IN {
        type master;
        file "named.loopback";                  //指定反向解析区域配置文件
        allow-update { none; };
};
......                                          //省略
```

zone 声明的格式如下。

```
zone "区域名称" IN {
        type DNS 服务器类型;
        file "区域文件名";
        allow-update { none; };
        master {主 DNS 服务器地址;};
};
```

（1）type：定义 DNS 服务器的类型，可取 hint、master、slave 和 forward 这 4 个值，分别表示根域服务器、主 DNS 服务器、从 DNS 服务器和转发服务器。

（2）file：指定区域文件名，区域文件中包含区域的解析数据。

（3）allow-update：指定允许更新区域文件信息的从 DNS 服务器地址。

（4）master：指定主 DNS 服务器地址，当 type 的值取 slave 时才有效。

3. 区域文件

DNS 服务器提供域名解析服务的关键是区域文件。区域文件和传统的/etc/hosts 文件类似，记录了域名和 IP 地址的对应关系，但是区域文件的结构更复杂，功能也更强大。/var/named 目录下的

named.localhost 和 named.loopback 两个文件是正向解析区域文件和反向解析区域文件的配置模板，如图 8.29 所示。

```
[root@localhost ~]# cat /var/named/named.localhost
$TTL 1D
@       IN SOA  @ rname.invalid. (
                                        0       ; serial
                                        1D      ; refresh
                                        1H      ; retry
                                        1W      ; expire
                                        3H )    ; minimum
        NS      @
        A       127.0.0.1
        AAAA    ::1
[root@localhost ~]# cat /var/named/named.loopback
$TTL 1D
@       IN SOA  @ rname.invalid. (
                                        0       ; serial
                                        1D      ; refresh
                                        1H      ; retry
                                        1W      ; expire
                                        3H )    ; minimum
        NS      @
        A       127.0.0.1
        AAAA    ::1
        PTR     localhost.
[root@localhost ~]#
```

图 8.29　正向解析区域文件和反向解析区域文件的配置模板

（1）SOA 资源记录。区域文件的第一条有效资源记录是 SOA，出现在 SOA 中的“@”表示当前域名，如“lncc.edu.com”或“100.168.192.in-addr.arpa.”。SOA 的值由 3 部分组成：第一部分是当前域名，即 SOA 中的“@”；第二部分是当前域名管理员的邮箱地址，但是地址中不能出现“@”，必须要用“.”代替；第三部分包括 5 个子属性，其具体含义分别如下。

① serial：表示本区域文件的版本号或序列号，用于从 DNS 服务器和主 DNS 服务器同步时间。每次修改区域文件的资源记录时，都要及时修改 serial 的值，以反映区域文件的变化。

② refresh：表示从 DNS 服务器的动态刷新时间间隔，从 DNS 服务器每隔一段时间就会根据区域文件版本号自动检查主 DNS 服务器区域文件是否发生变化，如果发生变化，则更新自己的区域文件。这里的“1D”表示 1 天。

③ retry：表示从 DNS 服务器的重试时间间隔，当从 DNS 服务器未能从主 DNS 服务器成功更新数据时，会在一段时间后再次尝试更新。这里的“1H”表示 1 小时。

④ expire：表示从 DNS 服务器上的资源记录的有效期，如果在有效期内未能从主 DNS 服务器更新数据，那么从 DNS 服务器将不能对外提供域名解析服务。这里的“1W”表示 1 周。

⑤ minimum：如果没有为资源记录指定存活期，则默认使用 minimum 指定的值。这里的“3H”表示 3 小时。

（2）NS 资源记录。其表示该区域的 DNS 服务器地址，一个区域可以有多台 DNS 服务器。例如：

```
@       IN      NS      ns1.lncc.edu.com.
@       IN      NS      ns2.lncc.edu.com.
```

（3）A 和 AAAA 资源记录。这两种资源记录是域名和 IP 地址的对应关系，A 资源记录用于 IPv4 地址，而 AAAA 资源记录用于 IPv6 地址。A 资源记录示例如下。

```
ns1     IN      192.168.100.100
ns2     IN      192.168.100.101
www     IN      192.168.100.102
mail    IN      192.168.100.103
ftp     IN      192.168.100.104
```

（4）CNAME 资源记录。CNAME 是 A 资源记录的别名，例如：

```
web     IN      CNAME   www.lncc.edu.com.
```

（5）MX 资源记录。其定义了本域的邮件服务器，例如：

```
@       MX      10      mail.lncc.edu.com.
```

提 示　在添加资源记录时，以“.”结尾的域名表示绝对域名，如 www.lncc.edu.com；其他的域名表示相对域名，如 ns1、www 分别表示 ns1.lncc.eu.cn、www.lncc.edu.com。

（6）PTR 资源记录。表示了 IP 地址和域名的对应关系，用于 DNS 反向解析，例如：

```
100        IN        PTR        www.lncc.edu.com.
```

这里的 100 是 IP 地址中的主机号，因此完整的记录名是 100.100.168.192.in-addr.arpa，表示 IP 地址是 192.168.100.100。

全局配置文件、主配置文件和区域文件对主 DNS 服务器而言是必不可少的，其关系如图 8.30 所示。

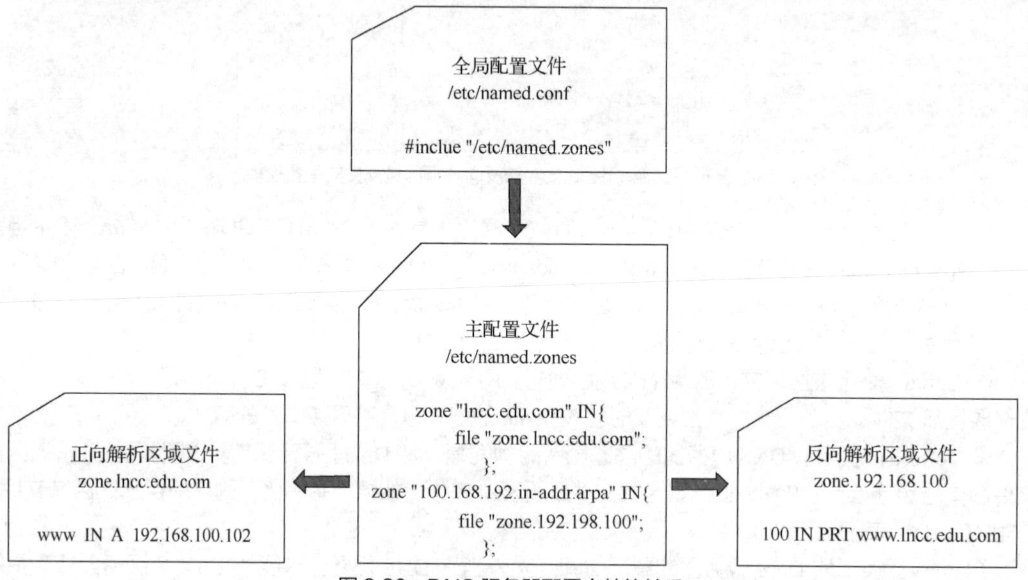

图 8.30　DNS 服务器配置文件的关系

4. DNS 客户机配置

（1）在 Windows 客户机上，配置 DNS 服务器的 IP 地址，如图 8.31 所示。

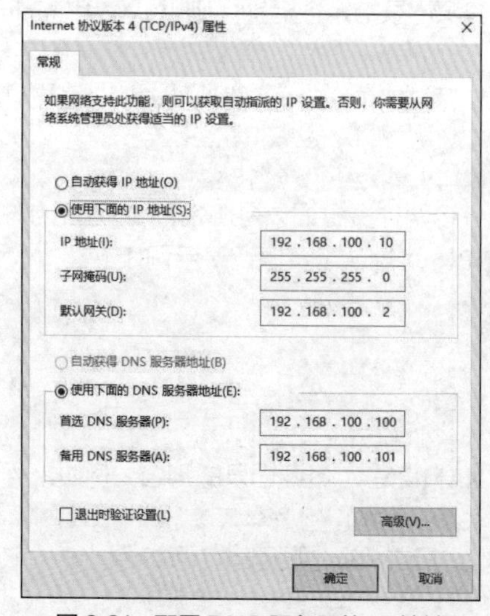

图 8.31　配置 DNS 服务器的 IP 地址

（2）在 Linux 客户机上，通过修改/etc/resolv.conf 文件来设置 DNS 服务器的 IP 地址，执行命令如下。

```
[root@localhost ~]# vim  /etc/resolv.conf
nameserer 192.168.100.100
nameserer 192.168.100.101
search  lncc.edu.com
```

8.4.4 DNS 服务器配置实例

1. DNS 服务器配置实例需求分析

某公司需要搭建自己的 DNS 服务器，具体需求如下。

（1）使用本地 YUM 仓库源文件安装 DNS 软件。

（2）搭建主 DNS 服务器，IP 地址为 192.168.100.100。

（3）主配置文件为/etc/named.zones。

（4）为域名 lncc.edu.com 创建正向解析区域文件/var/named/zone.lncc.edu.com，为网段 192.168.100.0/24 创建反向解析区域文件/var/named/zone.192.168.100。

（5）在正向解析区域文件中添加以下资源记录。

① 1 条 SOA 资源记录，保留默认值。

② 2 条 NS 资源记录，主机名分别为 ns1 和 ns2。

③ 1 条 MX 资源记录，主机名为 mail。

④ 5 条 A 资源记录，主机名分别为 ns1、ns2、mail、www 和 ftp，IP 地址分别为 192.168.100.100、192.168.100.101、192.168.100.102、192.168.100.103 和 192.168.100.104。

⑤ 1 条 CNAME 资源记录，为主机名 www 设置别名为 web。

（6）在反向解析区域文件中添加与正向解析区域文件对应的 PTR 资源记录。

（7）验证 DNS 服务。

DNS 服务器网络拓扑结构如图 8.32 所示。

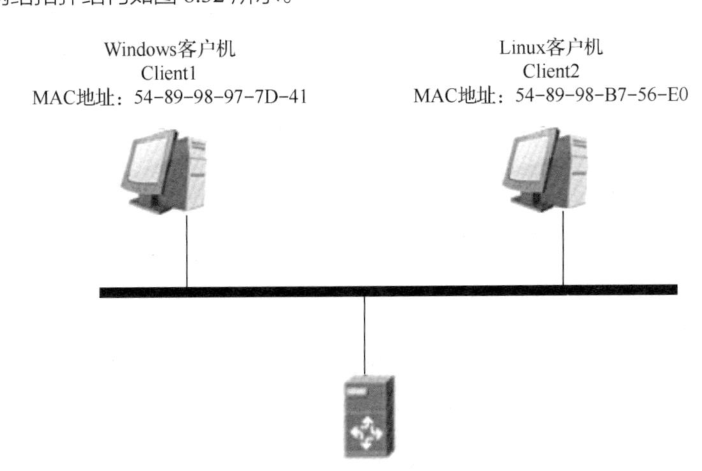

图 8.32　DNS 服务器网络拓扑结构

2. 配置实例

（1）设置 DNS 服务器的 IP 地址为 192.168.100.100，使用 yum install bind bind-chroot　-y 命令安装

DNS服务器。

（2）修改全局配置文件/etc/named.conf，执行命令如下。

```
[root@localhost ~]# cp /etc/named.conf  /etc/named.conf.bak  -p  //备份文件
[root@localhost ~]# vim /etc/named.conf
// named.conf
options {
        listen-on port 53 { any; };    //修改监听端口为 any
        listen-on-v6 port 53 { ::1; };
        allow-query     { any; };      //指定主机的范围为 any
......
#include "/etc/named.rfc1912.zones";   //修改主配置文件
include "/etc/named.zones";
include "/etc/named.root.key";
"/etc/named.conf" 62L, 1837C 已写入
[root@localhost ~]#
```

（3）在/etc目录下根据/etc/named.rfc1912.zones创建主配置文件/etc/named.zones并修改其内容，执行命令如下。

```
[root@localhost ~]# cp  /etc/named.rfc1912.zones  /etc/named.zones  -p  //备份文件
[root@localhost ~]# vim /etc/named.zones
zone "lncc.edu.com" IN{
        type master;
        file "zone.lncc.edu.com";
        allow-update {none;};
};
zone "100.168.192.in-addr.arpa" IN{
        type master;
        file "zone.192.168.100";
        allow-update {none;};
};
```

（4）在/var/named目录下创建正向解析区域文件zone.lncc.edu.com和反向解析区域文件zone.192.168.100，执行命令如下。

```
[root@localhost ~]# cd  /var/named
[root@localhost named]# cp  named.localhost  zone.lncc.edu.com  -p
[root@localhost named]# cp  named.loopback   zone.192.168.100  -p
[root@localhost named]# ls  -l  zone*
-rw-r-----. 1 root named 168 12月 15 2009 zone.192.168.100
-rw-r-----. 1 root named 152 6月  21 2007 zone.lncc.edu.com
[root@localhost named]#
```

查看正向解析区域文件的内容，执行命令如下。

```
[root@localhost named]# vim  zone.lncc.edu.com
$TTL 1D
@       IN SOA  @ lncc.edu.com. (
                                        0       ; serial
                                        1D      ; refresh
                                        1H      ; retry
                                        1W      ; expire
                                        3H )    ; minimum
@               IN              NS              ns1.lncc.edu.com.
@               IN              NS              ns2.lncc.edu.com.
```

```
@           IN          MX      10      mail.lncc.edu.com.
ns1         IN          A               192.168.100.100
ns2         IN          A               192.168.100.101
mail        IN          A               192.168.100.102
www         IN          A               192.168.100.103
ftp         IN          A               192.168.100.104
web         IN          CNAME           www.lncc.edu.com.
```

查看反向解析区域文件的内容，执行命令如下。

```
[root@localhost named]# vim  zone.192.168.100
$TTL 1D
@       IN SOA  @ lncc.edu.com. (
                                        0       ; serial
                                        1D      ; refresh
                                        1H      ; retry
                                        1W      ; expire
                                        3H )    ; minimum
@           IN          NS              ns1.lncc.edu.com.
@           IN          NS              ns2.lncc.edu.com.
@           IN          MX      10      mail.lncc.edu.com.
100         IN          PTR             ns1.lncc.edu.com.
101         IN          PTR             ns2.lncc.edu.com.
102         IN          PTR             mail.lncc.edu.com.
103         IN          PTR             www.lncc.edu.com.
104         IN          PTR             ftp.lncc.edu.com.
```

（5）重启 DNS 服务器，执行命令如下，查看当前 DNS 服务器运行状态，如图 8.33 所示。

```
[root@localhost named]# systemctl  restart  named
```

```
[root@localhost named]# systemctl status named
● named.service - Berkeley Internet Name Domain (DNS)
   Loaded: loaded (/usr/lib/systemd/system/named.service; enabled; vendor preset: disabled)
  Active:active(running) since 二 2024-06-07 10:15:20 CST; 5min 15s ago
  Process: 13009 ExecStop=/bin/sh -c /usr/sbin/rndc stop > /dev/null 2>&1 || /bin/kill -TERM $MAINPI
D (code=exited, status=0/SUCCESS)
  Process: 13023 ExecStart=/usr/sbin/named -u named -c ${NAMEDCONF} $OPTIONS (code=exited, status=0/
SUCCESS)
  Process: 13021 ExecStartPre=/bin/bash -c if [ ! "$DISABLE_ZONE_CHECKING" == "yes" ]; then /usr/sbi
n/named-checkconf -z "$NAMEDCONF"; else echo "Checking of zone files is disabled"; fi (code=exited,
status=0/SUCCESS)
 Main PID: 13025 (named)
    Tasks: 4
   CGroup: /system.slice/named.service
           └─13025 /usr/sbin/named -u named -c /etc/named.conf

9月 10 21:11:58 localhost.localdomain named[13025]: command channel listening on 127.0.0.1#953
9月 10 21:11:58 localhost.localdomain named[13025]: command channel listening on ::1#953
9月 10 21:11:58 localhost.localdomain named[13025]: managed-keys-zone: loaded serial 2
9月 10 21:11:58 localhost.localdomain named[13025]: zone 100.168.192.in-addr.arpa/IN: loaded s... 0
9月 10 21:11:58 localhost.localdomain named[13025]: zone lncc.edu.cn/IN: loaded serial 0
9月 10 21:11:58 localhost.localdomain named[13025]: all zones loaded
9月 10 21:11:58 localhost.localdomain named[13025]: running
9月 10 21:11:58 localhost.localdomain systemd[1]: Started Berkeley Internet Name Domain (DNS).
9月 10 21:11:58 localhost.localdomain named[13025]: zone lncc.edu.cn/IN: sending notifies (ser...0)
9月 10 21:11:58 localhost.localdomain named[13025]: zone 100.168.192.in-addr.arpa/IN: sending ...0)
Hint: Some lines were ellipsized, use -l to show in full.
[root@localhost named]#
```

图 8.33　查看当前 DNS 服务器运行状态

（6）重新启动 DNS 服务器，设置其开机自动启动，设置防火墙放行此服务，执行命令如下。

```
[root@localhost named]# systemctl  restart  named
[root@localhost named]# setenforce 0
[root@localhost named]# firewall-cmd --permanent --add-service=dns
success
[root@localhost named]# firewall-cmd --reload
success
[root@localhost named]# systemctl enable named
[root@localhost named]#
```

（7）配置客户机的DNS，执行命令如下。

```
[root@localhost ~]#vim  /etc/resolv.conf
nameserver     192.168.100.100
search  lncc.edu.com
[root@localhost ~]#
```

（8）使用nslookup和host命令验证DNS服务器。

① 使用nslookup命令验证DNS服务器，执行命令如下。

```
[root@localhost ~]# nslookup
> www.lncc.edu.com                              //正向解析
Server:         192.168.100.100                 //显示DNS服务器的IP地址
Address:       192.168.100.100#53
Name:   www.lncc.edu.com
Address: 192.168.100.103
> 192.168.100.104                               //反向解析
Server:         192.168.100.100
Address:       192.168.100.100#53
104.100.168.192.in-addr.arpa    name = ftp.lncc.edu.com.
> set type=NS                                   //查询区域的DNS服务器
> lncc.edu.com                                  //输入域名
Server:         192.168.100.100
Address:       192.168.100.100#53
lncc.edu.com    nameserver = ns2.lncc.edu.com.
lncc.edu.com    nameserver = ns1.lncc.edu.com.
> set type=MX                                   //查询区域的邮件服务器
> lncc.edu.com                                  //输入域名
Server:         192.168.100.100
Address:       192.168.100.100#53
lncc.edu.com    mail exchanger = 10 mail.lncc.edu.com.
> exit
[root@localhost ~]#
```

② 使用host命令验证DNS服务器，执行命令如下。

```
[root@localhost ~]# host www.lncc.edu.com
www.lncc.edu.com has address 192.168.100.103
[root@localhost ~]# host 192.168.100.104
104.100.168.192.in-addr.arpa domain name pointer ftp.lncc.edu.com.
[root@localhost ~]# host -t NS lncc.edu.com
lncc.edu.com name server ns2.lncc.edu.com.
lncc.edu.com name server ns1.lncc.edu.com.
[root@localhost ~]# host -t MX lncc.edu.com
lncc.edu.com mail is handled by 10 mail.lncc.edu.com.
[root@localhost ~]# host -l lncc.edu.com
lncc.edu.com name server ns1.lncc.edu.com.
lncc.edu.com name server ns2.lncc.edu.com.
ftp.lncc.edu.com has address 192.168.100.104
mail.lncc.edu.com has address 192.168.100.102
ns1.lncc.edu.com has address 192.168.100.100
ns2.lncc.edu.com has address 192.168.100.101
www.lncc.edu.com has address 192.168.100.103
[root@localhost ~]#
```

8.5 配置与管理 Apache 服务器

Apache 是世界上使用量排名第一的 Web 服务器软件。Apache 由美国伊利诺伊大学厄巴纳-香槟分校的国家超级计算机应用中心开发，此后，被开放源代码团体的成员不断发展和完善，成为最流行的 Web 服务器软件之一。Apache 可以运行在几乎所有广泛使用的计算机平台上，快速、可靠且可通过简单的 API 进行扩充，能将 Perl 和 Python 等解释器编译到服务器中。

8.5.1 Apache 简介

随着互联网的不断发展和普及，Web 服务早已经成为人们日常生活中必不可少的组成部分，只要在浏览器的地址栏中输入一个网址，即可进入网络世界，获得几乎所有想要的资源。Web 服务已经成为人们工作、学习、娱乐和社交等活动的重要工具。对于大多数的普通用户而言，万维网（World Wide Web，WWW）几乎就是 Web 服务的代名词。Web 服务提供的资源多种多样，可能是简单的文本，也可能是图片、音频和视频等多媒体数据。如今，随着移动网络的迅速发展，智能手机逐渐成为人们访问 Web 服务的入口，不管是使用浏览器还是使用智能手机，Web 服务的工作原理都是相同的。

1. Web 服务的工作原理

Web 是互联网中被广泛应用的一种信息服务技术，Web 采用的是客户机/服务器模式，其能整理和存储各种 Web 资源，并响应客户机软件的请求，把所需要的信息资源通过浏览器传送给用户。

V8.5 Apache 简介

Web 服务通常可以分为两种：静态服务和动态服务。Web 服务运行于 TCP 之上，每个网站都对应一台（或多台）Web 服务器，Web 服务器中有各种资源，客户机就是浏览器。Web 服务的工作原理并不复杂，一般可分为 4 个步骤，即连接过程、请求过程、应答过程及关闭连接。

（1）连接过程：浏览器和 Web 服务器建立 TCP 连接的过程。

（2）请求过程：浏览器向 Web 服务器发出资源查询请求，在浏览器中输入的统一资源定位符（Uniform Resource Locator，URL）表示资源在 Web 服务器中的具体位置。

（3）应答过程：Web 服务器根据 URL 把对应的资源返回给浏览器，浏览器以网页的形式把资源展示给用户。

（4）关闭连接：在应答过程完成之后，浏览器和 Web 服务器断开连接。

浏览器和 Web 服务器之间的一次交互被称为一次“会话”。

2. 超文本传送协议

超文本传送协议（Hypertext Transfer Protocol，HTTP）是互联网的一个重要组成部分，而 Apache、IIS 服务器是 HTTP 的服务器软件，Microsoft 公司的 Edge 和 Mozilla 的 Firefox 则是 HTTP 的客户机软件。

8.5.2 Apache 服务器的安装、启动与停止

1. Apache 服务器的安装

安装 Apache 服务器，执行命令如下。

```
[root@localhost ~]# mkdir  /mnt/cdrom  -p
[root@localhost ~]# mkdir  /mnt/data01  -p
[root@localhost ~]# mount  /dev/sr0  /mnt/cdrom
mount: /dev/sr0 写保护，将以只读方式挂载
```

```
[root@localhost ~]# mv  /etc/yum.repos.d/*  /mnt/data01
[root@localhost ~]# vim  /etc/yum.repos.d/apache.repo
# /etc/yum.repos.d/apache.repo
[apache]
name=CentOS 8-Base-apache.repo
baseurl=file:///mnt/cdrom
enabled=1
priority=1
gpgcheck=0
[root@localhost ~]# yum  clean  all
[root@localhost ~]# yum  repolist  all
```

安装 Apache 相关组件，执行命令如下，其安装过程如图 8.34 所示。

```
[root@localhost ~]# yum  install  httpd  -y
[root@localhost ~]# yum  install  firefox  -y
[root@localhost ~]# rpm  -qa | grep  httpd
```

```
[root@localhost ~]# yum  install  httpd  -y
已加载插件：fastestmirror, langpacks
Loading mirror speeds from cached hostfile
正在解决依赖关系
--> 正在检查事务
---> 软件包 httpd.x86_64.0.2.4.6-88.el7.centos 将被 安装
--> 正在处理依赖关系 httpd-tools = 2.4.6-88.el7.centos，它被软件包 httpd-2.4.6-88.el7
.centos.x86_64 需要
--> 正在处理依赖关系 /etc/mime.types，它被软件包 httpd-2.4.6-88.el7.centos.x86_64 需
要
--> 正在检查事务
---> 软件包 httpd-tools.x86_64.0.2.4.6-88.el7.centos 将被 安装
---> 软件包 mailcap.noarch.0.2.1.41-2.el7 将被 安装
--> 解决依赖关系完成

依赖关系解决

================================================================================
 Package           架构          版本                        源             大小
================================================================================
正在安装:
 httpd             x86_64        2.4.6-88.el7.centos         apache        2.7 M
为依赖而安装:
 httpd-tools       x86_64        2.4.6-88.el7.centos         apache         90 k
 mailcap           noarch        2.1.41-2.el7                apache         31 k

事务概要
================================================================================
安装  1 软件包 (+2 依赖软件包)

总下载量：2.8 M
安装大小：9.6 M
Downloading packages:
--------------------------------------------------------------------------------
总计                                                52 MB/s | 2.8 MB  00:00
Running transaction check
Running transaction test
Transaction test succeeded
Running transaction
  正在安装    : mailcap-2.1.41-2.el7.noarch                                 1/3
  正在安装    : httpd-tools-2.4.6-88.el7.centos.x86_64                      2/3
  正在安装    : httpd-2.4.6-88.el7.centos.x86_64                            3/3
  验证中      : httpd-tools-2.4.6-88.el7.centos.x86_64                      1/3
  验证中      : mailcap-2.1.41-2.el7.noarch                                 2/3
  验证中      : httpd-2.4.6-88.el7.centos.x86_64                            3/3

已安装:
  httpd.x86_64 0:2.4.6-88.el7.centos

作为依赖被安装:
  httpd-tools.x86_64 0:2.4.6-88.el7.centos       mailcap.noarch 0:2.1.41-2.el7

完毕！
[root@localhost ~]# ^C
[root@localhost ~]# yum  install  firefox  -y
已加载插件：fastestmirror, langpacks
Loading mirror speeds from cached hostfile
软件包 firefox-60.2.2-1.el7.centos.x86_64 已安装并且是最新版本
无须任何处理
[root@localhost ~]# rpm  -qa | grep  httpd
httpd-2.4.6-88.el7.centos.x86_64
httpd-tools-2.4.6-88.el7.centos.x86_64
[root@localhost ~]#
```

图 8.34　安装 Apache 相关组件的过程

注意

一般情况下，Firefox 默认已经安装，需要根据情况确定是否安装。

2. 设置防火墙放行，并设置 SELinux 为允许

需要注意的是，CentOS 8 采用了 SELinux 这种增强的安全模式。在默认配置下，只有 SSH 服务可以通过，Apache 等服务在安装、配置、启动完毕后，需要为 Apache 服务放行。

（1）设置防火墙放行 HTTP 服务。

```
[root@localhost ~]# firewall-cmd --permanent --add-service=http
success
[root@localhost ~]# firewall-cmd --reload
success
[root@localhost ~]# firewall-cmd --list-all
```

（2）更改当前的 SELinux 值，后面可以接 Enforcing、Permissive、1 或者 0。

```
[root@localhost ~]# getenforce
Enforcing
[root@localhost ~]# setenforce 0
[root@localhost ~]# getenforce
Permissive
```

注意

使用 setenforce 命令设置 SELinux 的值时，重启系统后会失效。如果再次使用 HTTP，则需重新设置 SELinux 的值，否则客户机无法访问 Web 服务器。如果想使其长期有效，则需要修改/etc/sysconfig/SELinux 文件。本书多次提到防火墙和 SELinux，请读者一定要注意，许多问题可能是由防火墙和 SELinux 引起的，应掌握关于系统重新启动后应用服务失效问题的解决方法。

3. Apache 服务的启动、停止

Apache 的后台守护进程是 httpd，因此，在启动和停止 Web 服务时要指定 httpd 作为参数使用。Web 服务的启动、停止命令及其功能说明如表 8.10 所示。

表 8.10 Web 服务的启动、停止命令及其功能说明

Web 服务的启动、停止命令	功能说明
systemctl start httpd.service	启动 Web 服务，httpd.service 可简写为 httpd
systemctl restart httpd.service	重启 Web 服务（先停止再启动该服务）
systemctl stop httpd.service	停止 Web 服务
systemctl reload httpd.service	重新加载 Web 服务
systemctl status httpd.service	查看 Web 服务的状态
systemctl enable httpd.service	设置 Web 服务为开机自动启动
systemctl list -unit-file | grep httpd.service	查看 Web 服务是否为开机自动启动

4. 测试 Apache 服务是否安装成功

安装完 Apache 服务器后，设置开机自动启动 Apache 服务，执行命令如下。

```
[root@localhost ~]# systemctl start httpd
[root@localhost ~]# systemctl  enable httpd
[root@localhost ~]# firefox  http://127.0.0.1
```

为了验证 Apache 服务器能否正常工作，可以直接在 Linux 终端窗口中使用 firefox http://127.0.0.1 命令启动 Firefox；或者在“应用程序”菜单中选择打开 Firefox 并在其地址栏中输入 127.0.0.1。如果 Apache 服务器正常运行，则会进入 Apache 服务的测试页面，如图 8.35 所示。

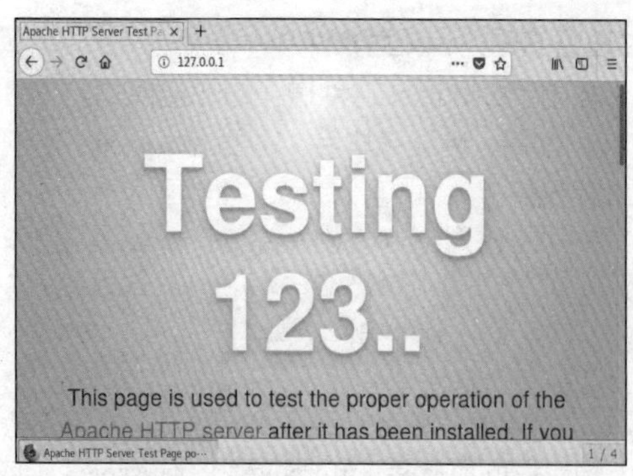

图 8.35　Apache 服务的测试页面

8.5.3　Apache 服务的配置文件

在 Linux 操作系统中配置服务其实就是修改服务的配置文件。Apache 服务程序的主要配置文件及其存放位置如表 8.11 所示。

表 8.11　Apache 服务程序的主要配置文件及其存放位置

主要配置文件	存放位置
服务目录	/etc/httpd
主配置文件	/etc/httpd/conf/httpd.conf
网站数据目录	/var/www/html
访问日志	/var/log/httpd/access_log
错误日志	/var/log/httpd/error_log

Apache 服务器的主配置文件是 httpd.conf，该文件通常存放在/etc/httpd/conf 目录下，文件内容看起来很复杂，但其实很多是注释。

httpd.conf 文件不区分字母大小写，在该文件中以“#”开始的行为注释行。除了注释行和空白行外，Apache 服务器认为其他行是完整的或部分的命令。为了保持主配置文件的简洁，降低学习难度，需要对此文件进行备份，并过滤掉所有的注释行，只保留有效行，执行命令如下。

```
[root@localhost ~]# cd  /etc/httpd/conf
[root@localhost conf]# cp   httpd.conf  httpd.conf.bak  -p
[root@localhost conf]# ls -l httpd*
-rw-r--r--. 1 root root 11753 10月 30 2018 httpd.conf
-rw-r--r--. 1 root root 11753 10月 30 2018 httpd.conf.bak
[root@localhost conf]# grep  -v  '#' httpd.conf.bak  > httpd.conf
[root@localhost conf]# cat httpd.conf
ServerRoot "/etc/httpd"            //单行命令
Listen 80
Include conf.modules.d/*.conf
User apache
Group apache
ServerAdmin root@localhost
<Directory />                      //配置段
   AllowOverride none
   Require all denied
</Directory>
......
```

在 Apache 服务程序的主配置文件中存在 3 种类型的信息，即注释行信息、全局配置、区域配置。配置 Apache 服务程序时常用的参数及其功能说明如表 8.12 所示。

表 8.12 配置 Apache 服务程序时常用的参数及其功能说明

常用的参数	功能说明
ServerRoot	服务目录
ServerAdmin	管理员邮箱
User	运行服务的用户
Group	运行服务的用户组
ServerName	网站服务器的域名
DocumentRoot	文档根目录（网站数据目录）
Directory	网站数据目录的权限
Listen	监听 IP 地址与端口号
DirectoryIndex	默认的索引页页面
ErrorLog	错误日志文件
CustomLog	访问日志文件
Timeout	网页超时时间，默认为 300s

DocumentRoot 参数用于定义网站数据的保存路径，其默认值是/var/www/html。而当前网站的首页名称是 index.html，因此可以在/var/www/html 目录下写入一个文件，替换掉 Apache 服务的默认首页，该操作会立即生效，执行命令如下。

```
[root@localhost ~]# echo "welcome to Apache Web" > /var/www/html/index.html
[root@localhost ~]# firefox  http://127.0.0.1
```

命令执行后的结果如图 8.36 所示。

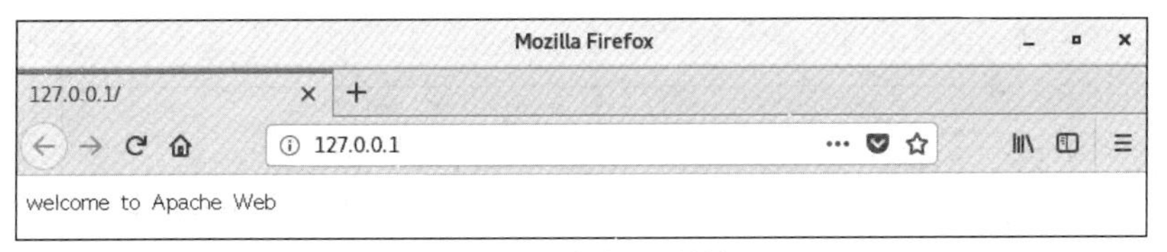

图 8.36 命令执行后的结果

8.5.4 Apache 服务器配置实例

1. 设置文档根目录和首页文件的实例配置

默认情况下，网站的文档根目录是/var/www/html，如果想把网站的文档根目录修改为/home/www，并将首页文件名修改为 myweb.html，则操作步骤如下。

（1）修改文档根目录为/home/www，并创建首页文件 myapacheweb.html。

```
[root@localhost ~]# mkdir  /home/www  -p
[root@localhost ~]# echo "This is my first Apache web site"  >  /home/www/
myapacheweb.html
```

（2）修改 Apache 主配置文件。

```
[root@localhost ~]# vim  /etc/httpd/conf/httpd.conf
......
DocumentRoot "/home/www"              //修改文档根目录
<Directory "/ home /www">             //网站数据目录的权限
    AllowOverride None
```

```
    Require all granted
</Directory>
<Directory "/home/www">
    Options Indexes FollowSymLinks
    AllowOverride None
    Require all granted
</Directory>
<IfModule dir_module>
    DirectoryIndex  myweb.html    //修改首页文件名为myweb.html
</IfModule>
......
```

（3）设置防火墙放行Apache服务，并重启Apache服务。

```
[root@localhost ~]# firewall-cmd --permanent --add-service=http
Warning: ALREADY_ENABLED: http
success
[root@localhost ~]# firewall-cmd --reload
successa
[root@localhost ~]# firewall-cmd --list-all
 [root@localhost ~]#
```

（4）在Linux客户机上进行测试（要保证网络联通），在浏览器的地址栏中输入192.168.100.100进行测试，发现测试失败，如图8.37所示。解决方法是在服务器端使用setenforce 0命令，设置SELinux为允许，执行命令如下。

```
[root@localhost ~]# setenforce  0
[root@localhost ~]# getenforce
Permissive
[root@localhost ~]#
```

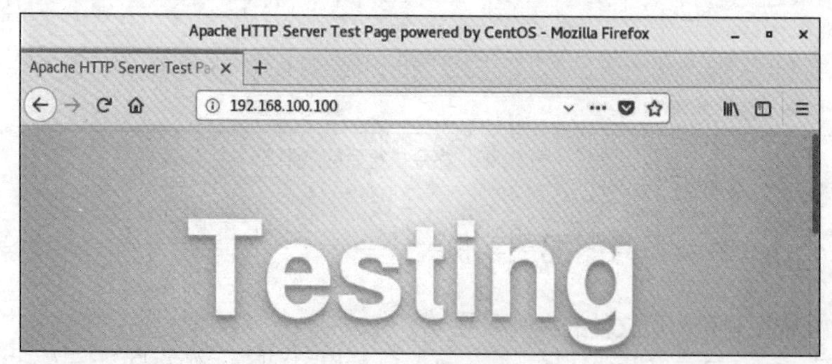

图8.37　测试失败

设置完成后，再次进行测试，发现测试成功，如图8.38所示。

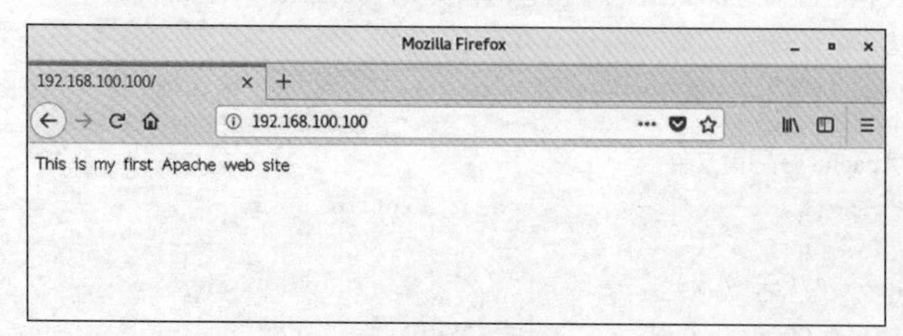

图8.38　测试成功

2. 用户个人主页实例配置

现在许多网站允许用户拥有主页空间，并且用户可以很容易地管理自己的主页空间。Apache 可以实现用户个人主页的访问，客户机在浏览器中浏览用户个人主页的 URL 的格式如下。

```
http://域名/~username
```

其中，“~username”在利用 Linux 操作系统中的 Apache 服务器实现时，表示 Linux 操作系统的合法用户名（该用户必须存在于 Linux 操作系统中）。

例如，在 IP 地址为 192.168.100.100 的 Apache 服务器中，为系统中的 csg 用户设置个人主页空间，该用户的主目录为/home/csg，个人主页空间所在的目录为/www_html，其操作步骤如下。

（1）修改用户的主目录权限，添加 csg 用户，使其他用户具有读取和执行的权限。

```
[root@localhost ~]# useradd  csg
[root@localhost ~]# passwd  csg
更改用户 csg 的密码。
新的 密码:
无效的密码： 密码少于 8 个字符
重新输入新的 密码:
passwd：所有的身份验证令牌已经成功更新。
[root@localhost ~]# chmod  705  /home/csg
```

（2）创建用于存放用户个人主页空间的目录。

```
[root@localhost ~]# mkdir  /home/csg/www_html  -p
```

（3）创建用户个人主页空间的默认首页。

```
[root@localhost ~]# cd  /home/csg/www_html
[root@localhost www_html]# echo "this is csg's web" > index.html
```

（4）在 Apache 服务程序中，默认没有启用用户个人主页功能，因此，需要编辑配置文件/etc/httpd/conf.d/userdir.conf，执行命令如下。

```
[root@localhost www_html]# vim /etc/httpd/conf.d/userdir.conf
......
        # UserDir disabled          //文件的第 17 行

        # UserDir public_html       //文件的第 24 行
         UserDir www_html
<Directory "/home/*/www_html">      //文件的第 31 行
    AllowOverride FileInfo AuthConfig Limit Indexes
    Options MultiViews Indexes SymLinksIfOwnerMatch IncludesNoExec
    Require method GET POST OPTIONS
</Directory>
......
```

（5）设置防火墙放行 Apache 服务，重启 Apache 服务，设置 SELinux 为允许，执行命令如下。

```
[root@localhost www_html]# firewall-cmd --permanent --add-service=http
Warning: ALREADY_ENABLED: http
success
[root@localhost www_html]# firewall-cmd --reload
success
[root@localhost www_html]# firewall-cmd --list-all
[root@localhost www_html]# systemctl restart httpd
[root@localhost www_html]# setenforce 0
```

（6）在客户机浏览器的地址栏中输入 192.168.100.100/～csg/，可以看到用户个人主页空间的访问效果，如图 8.39 所示。

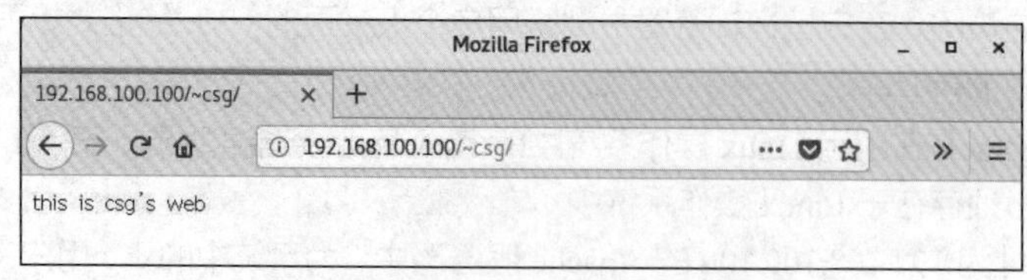

图 8.39　用户个人主页空间的访问效果

3．虚拟目录实例配置

要想从 Web 站点目录以外的目录发布站点，可以使用虚拟目录实现。虚拟目录是一个位于 Apache 服务器主目录之外的目录，但在访问 Web 站点的用户看来，它与位于主目录下的子目录是一样的。每一个虚拟目录都有一个别名，客户机可以通过别名来访问虚拟目录。

因为不同的虚拟目录可以设置不同的访问权限，所以非常适用于不同用户对不同目录拥有不同权限的情况。另外，只有知道虚拟目录的用户才可以访问此虚拟目录，即其他用户将无法访问虚拟目录。

在 Apache 服务器的主配置文件 httpd.conf 中，可以通过 alias 命令设置虚拟目录。

例如，在 IP 地址为 192.168.100.100 的 Apache 服务器中，创建名为/test01/的虚拟目录，其对应的物理目录是/www/virdir，并在客户机上进行测试。

（1）创建物理目录/www/virdir，执行命令如下。

```
[root@localhost ~]# mkdir  /www/virdir  -p
```

（2）创建虚拟目录中的默认首页。

```
[root@localhost ~]# cd /www/virdir
[root@localhost virdir]# echo  "This is Virtual Directory test" > index.html
```

（3）修改默认文件权限，使其他用户具有读和执行权限。

```
[root@localhost virdir]# chmod  705 index.html
[root@localhost virdir]# cd ~
[root@localhost ~]# chmod 705 /www/virdir  -R
```

（4）修改主配置文件/etc/httpd/conf/httpd.conf，添加如下语句。

```
alias  /test01   "/www/virdir"
<Directory "/www/virdir">
    AllowOverride None
    Options None
    Require all granted
</Directory>
```

（5）设置防火墙放行 Apache 服务，重启 Apache 服务，设置 SELinux 为允许。

（6）在客户机的浏览器的地址栏中输入 192.168.100.100/test01/后，可以看到虚拟目录的访问效果，如图 8.40 所示。

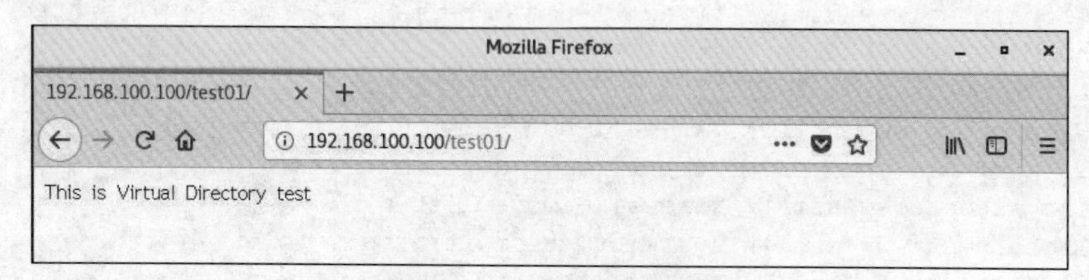

图 8.40　虚拟目录的访问效果

实训

本实训的主要任务是在 CentOS 8 中搭建 Samba 服务器、FTP 服务器、DHCP 服务器、DNS 服务器和 Apache 服务器，并在 Windows 和 Linux 客户机上分别进行测试及验证。

【实训目的】

（1）掌握配置本地 YUM 仓库源文件的方法，安装 Samba 服务器、FTP 服务器、DHCP 服务器、DNS 服务器和 Apache 服务器。

（2）掌握配置 Samba 服务器的方法。

（3）掌握配置 FTP 服务器的方法。

（4）掌握配置 DHCP 服务器的方法。

（5）掌握配置 DNS 服务器的方法。

（6）掌握配置 Apache 服务器的方法。

【实训内容】

（1）使用系统镜像文件搭建本地的 YUM 仓库源文件，安装 Samba 服务器、FTP 服务器、DHCP 服务器、DNS 服务器和 Apache 服务器，包括服务器软件和客户机软件。

（2）配置 Samba 服务器、FTP 服务器、DHCP 服务器、DNS 服务器和 Apache 服务器，并进行客户机的相关配置。

（3）在 Windows 和 Linux 客户机上分别进行测试及验证。

练习题

1. 选择题

（1）Samba 服务器的配置文件是（　　）。

A. smb.conf　　B. sam.conf　　C. http.conf　　D. rc.samba

（2）Samba 的主配置文件不包括（　　）。

A. global　　B. homes　　C. server　　D. printers

（3）FTP 服务器使用的端口号是（　　）。

A. 21　　B. 22　　C. 23　　D. 24

（4）rpm　-qa | grep vsftpd 命令的作用是（　　）。

A. 安装 vsftpd 程序　　B. 启动 vsftpd 程序

C. 运行 vsftpd 程序　　D. 检查是否已经安装 vsftpd 程序

（5）下列应用协议中，（　　）可以实现本地主机与远程主机的文件传输。

A. SNMP　　B. FTP　　C. ARP　　D. Telnet

（6）DHCP 采用了客户机/服务器模式，使用了（　　）。

A. TCP　　B. UDP　　C. IP　　D. TCP/IP

（7）DHCP 服务器使用的端口号为（　　）。

A. 53　　B. 20 和 21　　C. 67 和 68　　D. 80

（8）在 DNS 配置文件中，用于表示某主机别名的是（　　）。

A. NS　　B. CNAME　　C. MX　　D. NAME

（9）CentOS 提供的 Web 服务器是（　　）。

A. Apache　　B. IIS　　C. Firefox　　D. Internet Explorer

（10）Apache 服务器是（　　）。

A. DNS 服务器　　B. FTP 服务器　　C. Web 服务器　　D. 邮件服务器

2. 简答题

（1）简述 Samba 服务器的功能及特点。

（2）如何配置匿名用户、本地用户、虚拟用户登录 FTP 服务器？

（3）简述 DHCP 工作原理以及分配 IP 地址的机制。

（4）简述 DNS 工作原理以及 DNS 服务器的类型。

（5）如何配置 Apache 服务器？使用虚拟目录有何优势？